高职高专艺术设计教育系列教材

计算机辅助设计 Photoshop 的应用

程 刚 主 编
郎立永 副主编

东南大学出版社
·南京·

内容摘要

本书是高职高专院校艺术设计学科中 Photoshop 专业软件课程的一个标准教材。全书共分为 12 个章节，从最基础的 Photoshop 的简介、安装和界面使用方法开始，到选择、图层、文字、路径、颜色调整和滤镜等使用功能，再到通道、蒙版等软件核心功能讲述，以及最后一个章节中三个综合实例的精讲，均遵循循序渐进、由浅入深的方式逐步讲述了 Photoshop 的各项功能和使用技巧，可以说内容基本上涵盖了 Photoshop 中的全部工具与命令。

为了更好地体现与高职高专院校强调实践的理念相契合，在本书的大多数章节中均包括多个实例，通过对于这些具有代表性的例子的掌握，可以说也就完全掌握和吃透了该章节。

本书的配套光盘中包含了所有的素材文件以及实例最终的效果图，以方便各位在进行每一章节学习时能很好地上机实践。

本书适合高职高专院校相关专业的学生和各类培训班学员参考阅读，同时也适合广大图像处理爱好者及有志于从事平面设计、插画设计、包装设计和影视广告设计等领域工作的人员学习使用。

图书在版编目(CIP)数据

计算机辅助设计 Photoshop 的应用/程刚主编. —南京：东南大学出版社，2008.9
(高职高专艺术设计系列教材)
ISBN 978-7-5641-1381-0

Ⅰ.计… Ⅱ.程… Ⅲ.图形软件，Photoshop－高等学校：技术学校－教材 Ⅳ.TP391.41

中国版本图书馆 CIP 数据核字(2008)第 141313 号

计算机辅助设计 Photoshop 的应用

出版发行：东南大学出版社
社　　址：南京四牌楼 2 号　邮编：210096
出 版 人：江　汉
责任编辑：史建农
网　　址：http://press.seu.edu.cn
电子邮件：press@seu.edu.cn
经　　销：全国各地新华书店
印　　刷：扬州鑫华印刷有限公司
开　　本：787mm×1092mm　1/16
印　　张：13.5
字　　数：328 千字
版　　次：2008 年 10 月第 1 版
印　　次：2008 年 10 月第 1 次印刷
书　　号：ISBN 978-7-5641-1381-0/TP·232
印　　数：1～4 000 册
定　　价：26.50 元(附赠光盘)

总　序

现代艺术设计教育在我国已逾二十个年头，融入了国家经济强势发展，社会结构转型大背景下产生的现代设计产业之中。而近十年来，作为高等教育重要组成部分的高等职业教育呈现蓬勃向上、迅速扩展之势，一统高等教育的半壁江山，正在逐步自成体系。其中艺术设计专业因其专业适应性强、市场需求大、就业形势好而在全国各高职院校中遍地开花，招生规模已远胜于本科类院校。经多年打拼和磨合，高等职业艺术设计教育的办学特色、办学规模、人才培养质量等已初步凸现。

另一方面，这种跳越式、超常规的发展，难免显露出一定的盲目性和急功近利的色彩，与科学发展观不相适应的一些弊端日渐明显。如人才培养目标定位不清，课程体系近乎无序，教材建设令人堪忧，教学手段单一，内容陈旧，缺少应有的深度和广度，也缺少相互的衔接与联系。因此人们已逐渐意识到，在把“蛋糕”做大的过程中，我们是否少了一些冷静的思考和理智的心态：一味追求数量和规模，而忽视了对人才培养质量的提升必将后患无穷。随着第一轮全国高校人才培养水平评估工作的结束，使大家更自觉也更清醒地看到高职院校面临着无比艰巨的任务，很多事情光有认识还不够，还应有务实的精神和不畏艰难的勇气，不断加强内涵建设，夯实基础，提升竞争力，才能使高职艺术设计教育得到健康和可持续发展。

我国的设计艺术起步晚，艺术设计教育也很年轻，且长期处于一种模仿和经验型的状态。艺术设计专业涵盖平面、立体、空间、数字媒体等各种视觉系统的十多个类别，涉及材料、技术、工艺、科技、艺术等领域，知识面广、综合性强。怎么教，教什么，高职教育与本科教育有何区别与侧重，现代主义的“包豪斯”和后现代主义设计还有多少可资借鉴的价值，课程体系应如何体现学生的岗位职业能力，教学内容与知识体系如何应对行业与市场的发展等等，诸多问题一直困扰着我们，若明若暗，似清非清。多少年来大家做了很大的努力，左冲右突中不断廓清思路，明晰方向，拓展生存和发展空间，使高职艺术设计教育的发展渐入佳境，朝既快又好的目标迈进。

应该看到，高职艺术设计教育的建设与改革是一个庞杂的系统，且环环相扣，层层生发。其中人才培养目标是艺术设计教育的灵魂，它既是一切教学活动的出发点，也是人们判断学生质量和评价教学水平的依据，它决定人才培养模式的构架，即职业的指向性。应针对不同行业和岗位对艺术设计人才的能力和知识需求来设置课程体系和教材体系等。并印证国家的职业教育方针和政策，即以就业为导向，以能力为本位，以专业建设为龙头，突出“应用型”和“职业性”，强调以能力培养为中心，在课程建设和教材建设中突出能力培养的主线，兼顾理论知识和实践技能并重，把实训内容作为重要的教学环节加以实施，逐步形成“模块化”组合与“实践型”课程体系和教材特色。这种能力应是一种多指向的综合能力，也体现了艺术设计教育的基本目标，即认识目标、审美目标、情意目标、技术目标和创造目标。

基于这样的共识，东南大学出版社史建农编辑相约以我院教师为主体，编辑出版一套针对性强、特色鲜明的高职高专艺术设计教育系列教材，经一年多的磋商与探讨，我们为这套系列教材作出了如下构想和定位。

系列教材编写的指导思想是遵循高职高专艺术设计教育的基本规律，释放人文、综合、开放和现代的艺术教育新理念，采用单元制教学的体例架构，贴近行业、贴近生活、贴近社会，充分体现职业能力培养的价值取向，全面提升学生的素质和核心竞争力。并突出以下特点：一是系统性，即按照艺术设计理论教育与实践教育并重、相互渗透的原则，将基础知识、专业知识合理地组合成专业技术知识体系。二是实用性，即理论教学内容符合应用型人才培养的要求，不过多强调高深的理论知识，体现"够用为度"的原则，把侧重点放在动手操作环节上，在教学内容中，把各种岗位能力要求，以深入浅出的方式，逐个予以详细的介绍。三是适时性，即注重教材的时效性，以能反映最新的设计理念、行业资讯、项目实例、市场动向为追求，为学生提供更多有前瞻性的信息。

无锡工艺职业技术学院是以艺术设计教育为重点的高等职业技术学院，几十年的教育实践曲曲折折，也有过徬徨和迷茫，但没有停止过思考，在思考中梳理思路，大胆践行，形成一定的积累和认识。即将陆续推出的高职高专艺术设计教育系列教材，既是我院教师思考和积累的结果，也是我们试图通过对以往一些教材和教学研究成果进行整合，构建一套与新形势下人才培养目标和要求相适应的教材体系的新尝试。在知识和技术高速更新的时代，要把最新、最实用、最有价值的理论知识和实践技能传授给学生，本身是一件困难重重的事情。我们期望在给学生带来一点启发和帮助的同时，也请教育界、企业界的专家和朋友不吝赐教，使我们尽可能地走近预期目标，共同为高职艺术设计教育的健康与和谐发展添薪。

同时，笔者对为编写这套系列教材辛勤付出的各位作者和东南大学出版社史建农编辑的鼎力相助表示诚挚的谢意。

徐　南
2008 年 8 月 1 日于溪隐小筑

前 言

高职高专院校艺术设计专业中电脑软件设计占较大的一块比重。其重要性一方面体现出实践在高职类院校的重要性，毕竟现代设计都以电脑为载体；其次，电脑软件设计也是串联第一年基础课、第二年专业课和第三年毕业设计的重要环节。

纵观当下设计软件，Photoshop 的重要性和基础地位毋庸置疑，相信很多学生可能在高中便对其有所耳闻，不管对于高职院校或是本科学校，其大众普及性和强大的功能性是一门必须掌握的技能。在了解并掌握 Photoshop 基础和基本使用之后，可以举一反三地去解决平时学习中遇到的问题。此外，该软件的掌握也为今后其他设计软件（平面类）的学习有着很好的基础铺垫作用，上手更快，适应性更好。当今社会上尤其广告、设计公司应聘的基本要求便是能够熟练掌握和操作 Photoshop 等若干平面制作软件。相信大家在学习完本书后，再配合自己课下的练习，攻克这个软件并非难事。

本书书名为“计算机辅助设计 Photoshop 的应用”，核心是应用，自然举例、实践的比例理所当然会得以加强。其次，这些举例也是建立在对于 Photoshop 基础讲解之上的操练、掌握与提高，也体现出实践的重要性。本书结构分为前言、目录、Photoshop 概述、Photoshop 的界面与文件操作、选区、图层、通道与蒙版、形状与路径、文字编辑、图像调节、图像的编辑与修饰、滤镜、动作以及最后的实例与精讲这十四部分组成，大部分章节对于重点掌握命令和工具讲解时均配有相关举例与附证，尽可能做到图文并茂、循序渐进、有的放矢。本书尽量保证文笔通俗易懂，对于理论的阐述尽可能地站在够用的基础上，对于实践的篇幅适当加大，而对于过偏的部分则予以删除。最后一部分是实例与精讲，是在融会贯通之前所有知识以及操作情况下的一次大演练，即先给出最终效果，进而提供若干关键步骤的提示，最后才是步骤演示和讲解，这种方式既能增强学生的独立思维能力和综合问题分析能力，又具有较强的可行性。

本书在编写过程中，由郎立永和我共同参与资料的搜集整理及编写，并分工完成不同章节的编撰，第 1、第 2、第 5、第 8、第 9、第 10、第 11、第 12 章由程刚编写，第 3、第 4、第 6 以及第 7 章由郎立永编写完成。在编写过程中由于时间仓促和本人能力有限，难免存在疏漏与不足，还望广大读者批评与指正。

程 刚

2008 年 6 月

目　录

第 1 章　Photoshop 概述

1.1 Photoshop 简介

1.1.1　Photoshop 的诞生与发展

Adobe 是一家位于美国加利福尼亚州圣何塞市的软件公司，该公司成立于 1982 年。在 1987 年，美国密歇根大学的博士研究生托马斯·洛尔(Thomes Knoll)和其哥哥约翰·洛尔(John Knoll)共同开发了这个软件并更名为 Photoshop 0.87，进而转卖给了 Adobe 公司，通过 Adobe 公司的完善和改进，该软件正式走进了人们的生活。

1.1.2　Photoshop 的版本

如同 Microsoft Windows 有着自己的版本，即从最早的 Windows 1.0 到现在的 XP 版本和最新的 Vista 系统，Photoshop 亦有着自己的版本和更新，从最早的 1.0～7.0。在 2003 年 9 月，Adobe 公司将 Photoshop 与其他几个软件集成为 Adobe Creative Suite 套装，即我们现在看到的 CS，在其基础上新增了不少功能，到 2007 年已经推出了 Photoshop CS 3，其强大和完善的功能可满足每一个使用者。如图 1-1～1-6 所示。

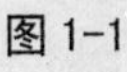

图 1-1

图 1-2

图 1-3

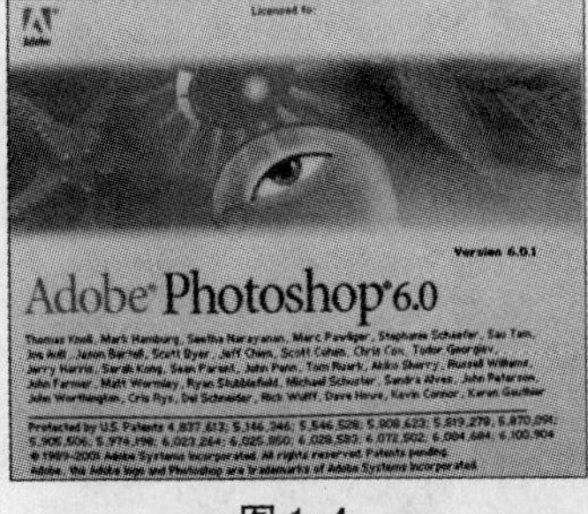

图 1-4

图 1-5

图 1-6

1.1.3 Photoshop 的应用领域

可以毫不夸张地说，Photoshop 可以称作是世界上最优秀的图像处理和编辑软件，应用范围极其广泛，涵盖的范围可以从最复杂的 3D 动画设计到我们生活中最简单的照片冲印，在每一个环节均发挥着不可替代的作用。

1）在平面设计中的应用

平面设计师们对于 Photoshop 的青睐是有目共睹的，因为它已经完全渗透到了平面设计中的各个环节，如招贴设计、包装设计、POP 等，如图 1－7、1－8、1－9 所示，而这些也是高等艺术院校艺术设计专业学生的专业必修课。

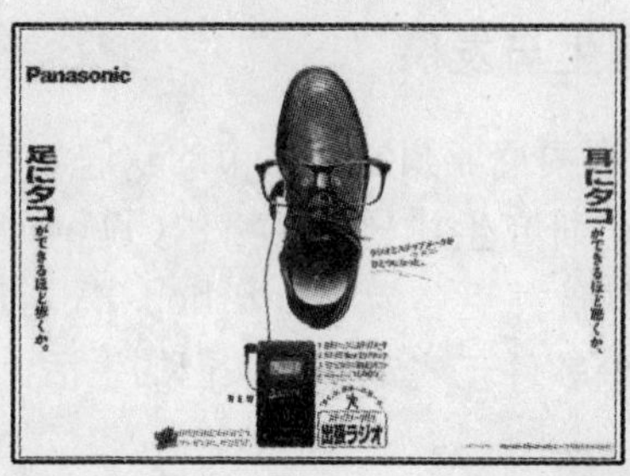

图 1-7

图 1-8

图 1-9

2）在网页设计中的应用

用 Photoshop 可以很轻松地完成页面设计工作，如图 1－10、1－11 所示，在这些静态页面中添加上 Flash 动画，再放入 Dreamweaver 进行整合，互动网站便诞生了。

图 1-10

图 1-11

3）在插画设计中的应用

在国外，插画是一个很有市场的行业，插画师是一类新潮的设计人群，当然，能完成插画的软件很多，有 Painter、Illustrator 等，Photoshop 也可以从事插画的工作，如果配合上手写板应用不同的笔触风格和特殊的滤镜效果，能绘制出风格迥异的插画。如图 1-12、1-13 所示。

图 1-12

图 1-13

4）在数码照片与图像中的修复

数码摄影对于传统胶片摄影是一种前所未有的冲击与挑战，不需要底片和暗房技术，照片可以直接成像，输入电脑后，可以应用 Photoshop 进行校色、图像上瑕疵的修补到最后输出等一系列完整环节，能令每个人都得到最满意的效果，如图 1-14、1-15 所示。

图 1-14

图 1-15

5）在效果图后期制作中的应用

在进行建筑和室内效果图制作时，都会用到 3DMAX 进行建模、渲染。而渲染出的图片由于种种原因会有诸如这样那样的不足之处，进而要在 Photoshop 中进行后期的修饰和调整，甚至有些室内效果图中的汽车、树木等，都是用 Photoshop 中的元素直接合成，这样既美化了画面，又节省了时间，如图 1-16、1-17 所示。

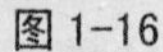

图 1-16

图 1-17

1.2 Photoshop 的安装与卸载

1.2.1 Photoshop 的安装

在安装或者卸载前请先检查是否已经关闭当前所有程序，如果没有，请手动关闭，然后根据提示进行操作，具体步骤如下：

(1) 将 Photoshop 光盘放入光驱，出现如图 1－18 所示界面，并双击“Setup. exe”文件，出现安装界面，如图 1－19 所示。

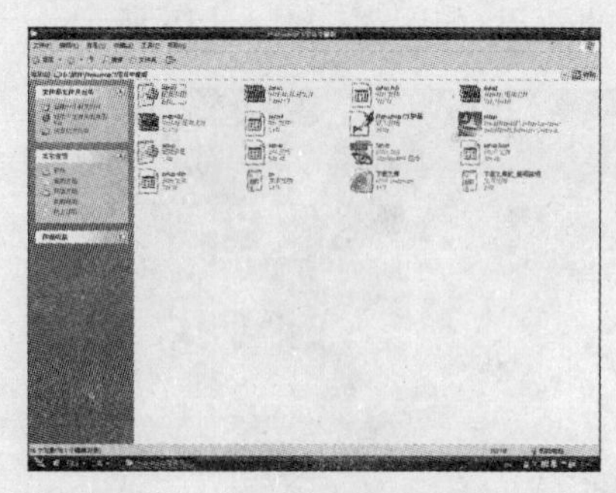

图 1-18

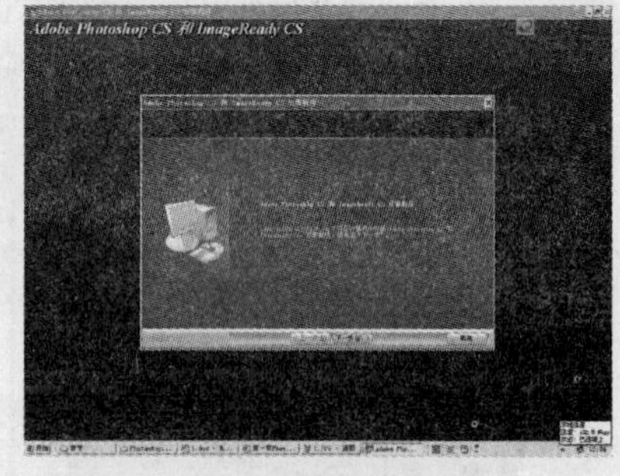

图 1-19

(2) 单击“下一步”按钮，出现“许可协议”，如图 1－20 所示，单击“是”按钮，出现序列号输入面板，在完成输入后单击“下一步”按钮，如图 1－21 所示。

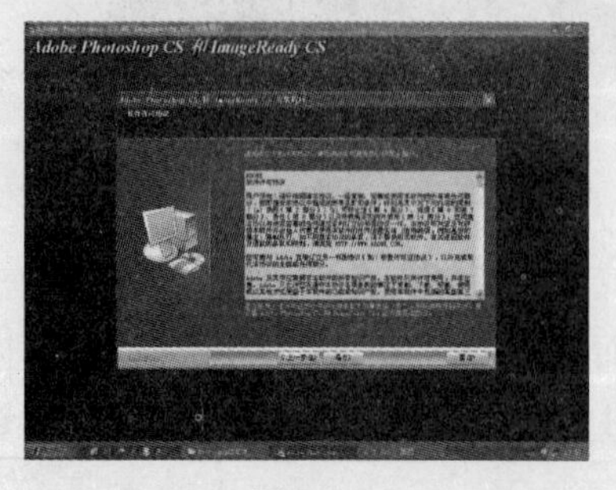

图 1-20

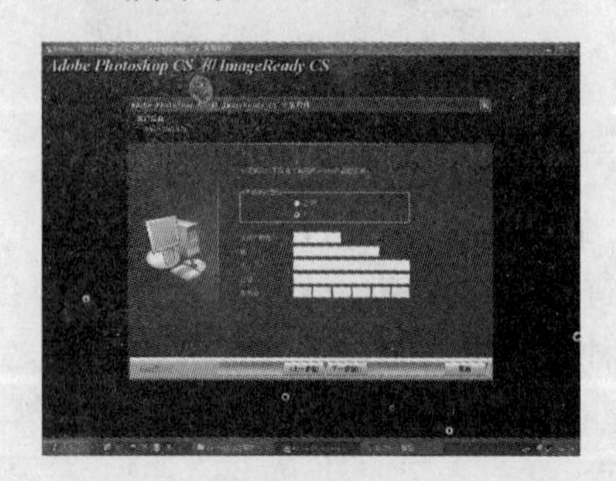

图 1-21

(3) 在目录安装文件夹中选择你需要安装 Photoshop 的位置，并单击“下一步”按钮，即可安装 Photoshop，如图 1－22 所示。

(4) 在安装过程中，会显示安装的进度，如图 1－23 所示，也可以点击“取消”按钮来终止安装。

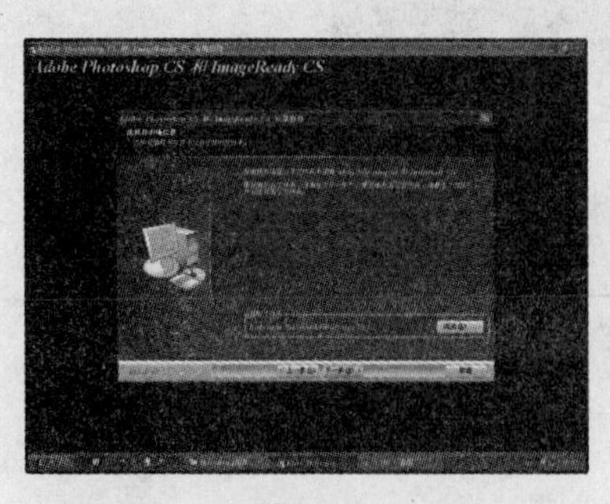

图 1-22

图 1-23

(5) 安装完成后，Photoshop 会弹出一个对话框，如图 1－24 所示，单击“完成”按钮，即可完成安装操作，同时在桌面上会创建一个 Photoshop 的快捷图标，当然也可以在“开始”菜单→“程序”→“Photoshop”中来启动 Photoshop，如图 1－25 所示。

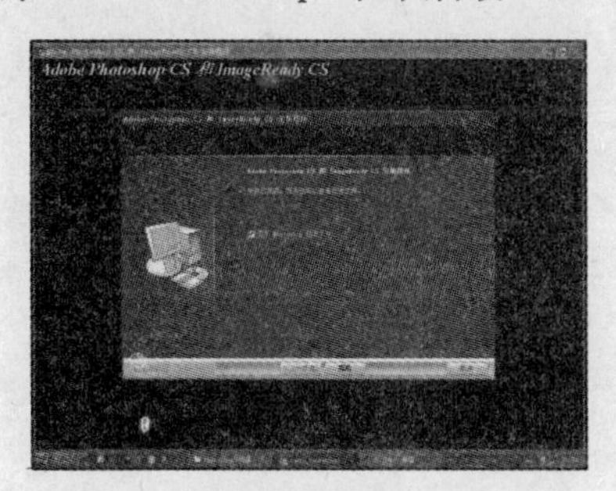

图 1-24

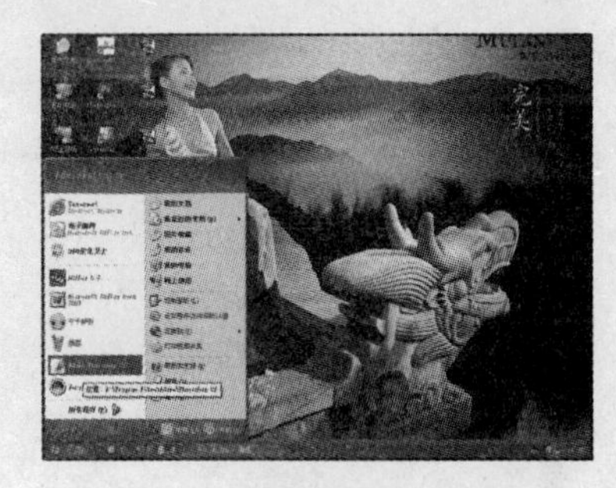

图 1-25

1.2.2　Photoshop 的卸载

当在运行 Photoshop 中遇到诸如死机、程序无法打开等问题时，则需要安装新的 Photoshop 版本，可先将其从电脑中删除(卸载)，具体操作步骤如下：

(1) 选择“开始”菜单→“设置”→“控制面板”，如图 1－26 所示。

(2) 双击“添加或删除程序”即可打开如图 1－27 所示对话框。

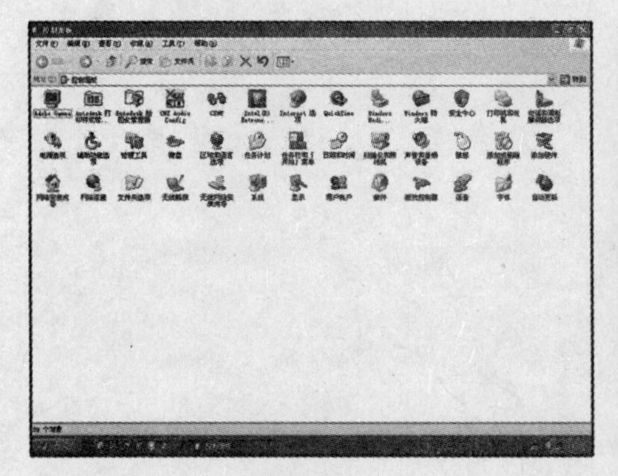

图 1-26

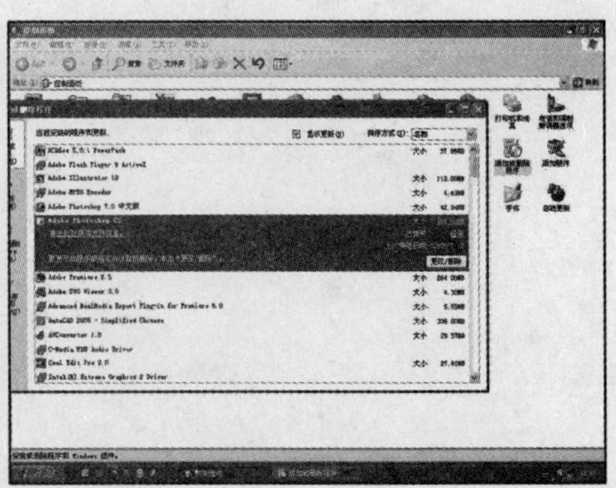

图 1-27

(3) 选择 Photoshop 程序，点击后面的“删除”按钮，出现如图 1-28 所示的卸载界面。

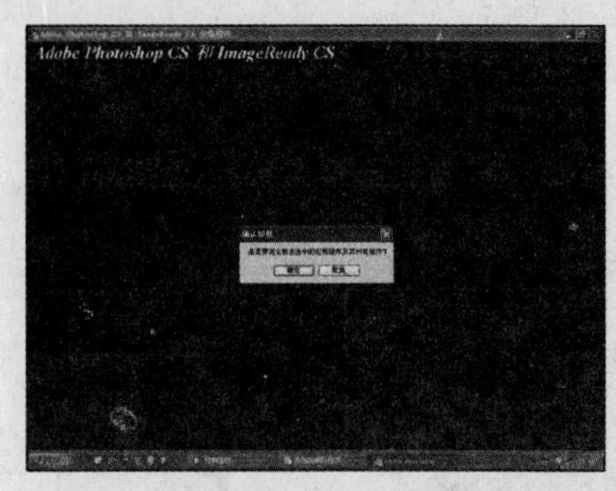

图 1-28

(4) 单击“是”按钮，则可以完成 Photoshop 的卸载。

第 2 章　Photoshop 的界面与文件操作

2.1　了解 Photoshop 的操作界面

在安装完 Photoshop 后，我们可以双击该程序图标，即可运行该软件。界面如图 2-1 所示。该主界面由标题栏、菜单栏、工具箱、工具选项栏、调板、图像窗口、状态栏等主要的七个部分构成。

图 2-1

(1) 标题栏：最左边显示当前运行的程序名称，右边三个按钮是最小化、最大化和关闭程序。图像标题栏上最左侧显示了该文件名称、显示比例与色彩模式，右边则包含最小化、最大化和关闭按钮。

(2) 菜单栏：在菜单栏中包含了所有可执行命令，并按功能被划分为 9 类，不同的主菜单下包含相应的子菜单。

(3) 工具箱：包含了所有在操作时的工具图标，以两列的形式排列于主界面的左侧。

• 工具箱的显示和隐藏可以通过键盘上的 Tab 键进行切换。

• 将鼠标放至工具箱上方蓝色区域，按住鼠标拖拽可以移动工具箱在主界面中的位置。

• 选择某一工具用鼠标单击，高亮度显示即可，如图 2 - 2 所示。

• 工具右下方的黑色三角表示该工具中含子工具，按住鼠标等待会出现所有工具显示，进而可以进行选择，如图 2 - 3 所示。

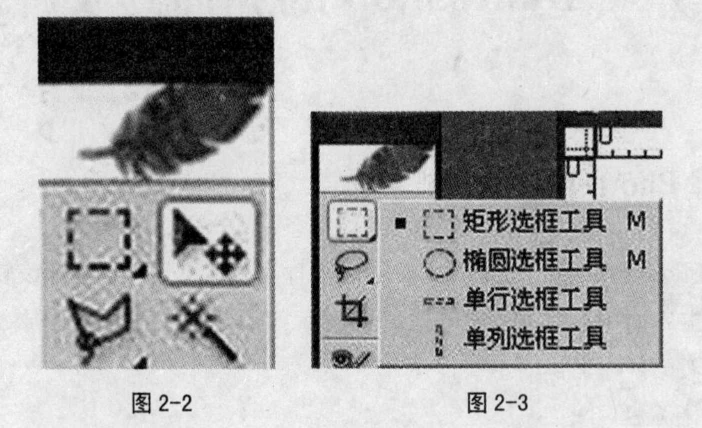

图 2-2　　图 2-3

• 下方三个横排按钮 表示三种不同视图模式的切换。

（4）工具选项栏：单击不同的工具，会在上方（即菜单栏下方）出现不同的工具选项进行设置，如图 2 - 4 所示。

图 2-4

（5）调板：为了帮助更好地编辑图像和进行参数设置的面板。

• 具有隐藏/显示，具体操作在“窗口”菜单下进行选择。

• 移动，分离，组合。如图 2 - 5 所示。

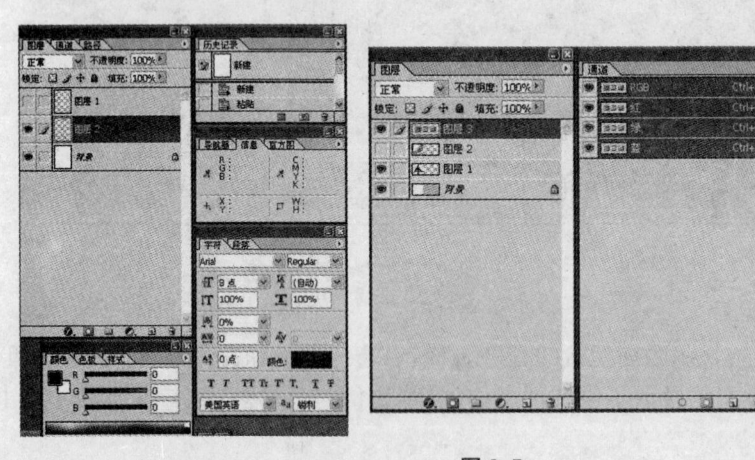

图 2-5

（6）图像窗口：图像显示和编辑的区域。图像标题栏中列出了文件的名称、格式、显示比例以及色彩模式，如图 2 - 6 所示。

（7）状态栏：位于软件最底部，用于显示文件图像比例，文档大小等信息，同时也会显示执行命令和操作时的状态情况。

图 2-6

2.2　文件的基本操作

2.2.1　打开/导入文件

打开文件：单击“文件”菜单，选择“打开”命令，在选择正确路径后，单击该文件，下方出现图片缩略图，单击“打开”按钮即可。如图 2-7、2-8 所示。

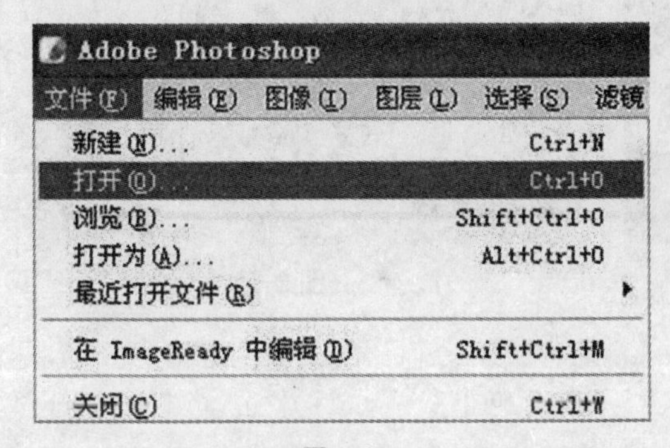

图 2-7

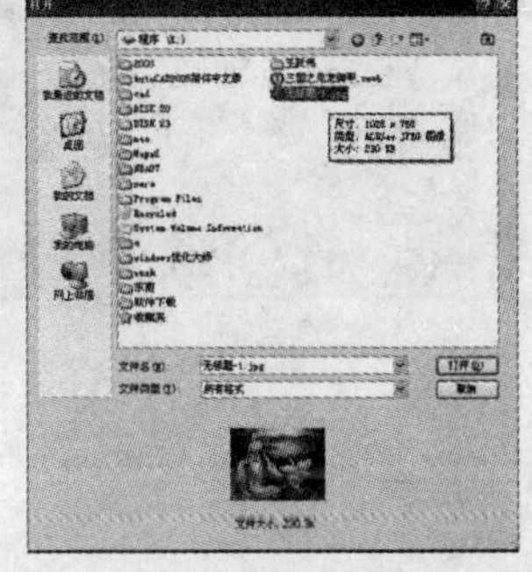

图 2-8

导入文件：当你所需要的图片在 Photoshop 中没有此类格式支持(关于文件格式后面我们会讲到)，我们选择“置入”菜单。具体操作为单击“文件”菜单下的“置入”命令，选择“文件”，单击“置入”按钮即可，如图 2-9 所示。

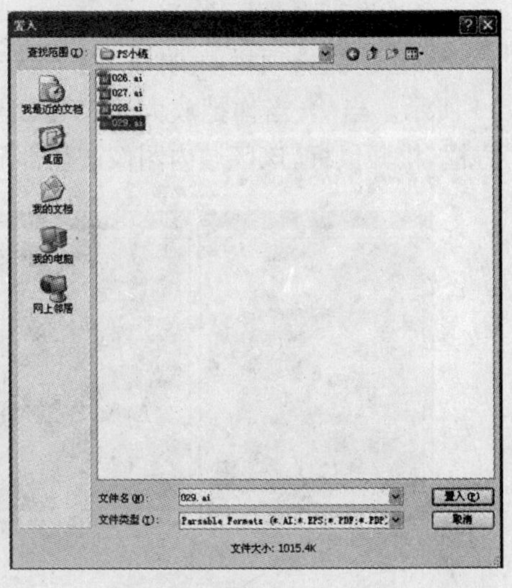

图 2-9

2.2.2　多个文件的排列方式

在“文件”菜单中打开四张图片，单击“窗口”→“排列”→“拼贴”，图片排列如图 2-10 所示，单击“窗口”→“排列”→“层叠”，出现如图 2-11 所示效果。

另外“匹配缩放”命令可使多张图片的比例达到一致，如图 2-12 所示，该四张图片的比例均是 25%。同样“匹配位置”表示可将多个图片定位在某一特定位置。该四张图片位置均位于界面左下方，如图 2－13 所示。

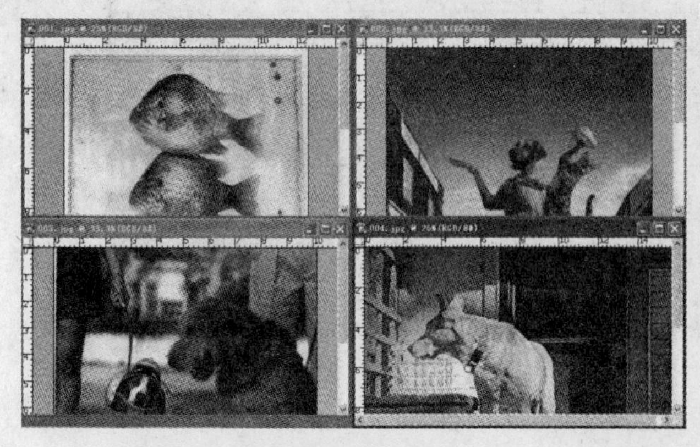

图 2-10

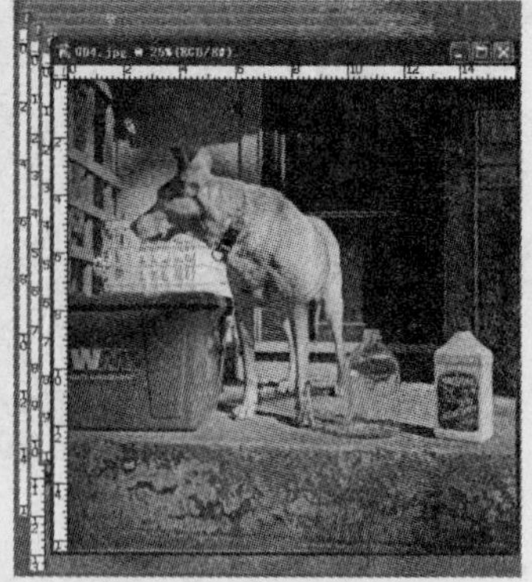

图 2-11

图 2-12

图 2-13

2.2.3 放大镜工具 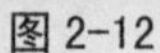

工具选项栏 □调整窗口大小以满屏显示

(1) 关于放大图像

点击工具选项栏中的“＋”符号，选择该工具，在图像上单击，图像被整体放大，如图 2－14 所示。当然，当你把放大镜工具放至画面中，按下鼠标左键，并向右下方拖拽，会出现一方框，松开鼠标，该区域内图像被局部放大，如图 2－15 所示。

图 2-14

图 2-15

(2) 关于缩小图像

点击工具选项栏中的"一"符号，具体操作和放大完全一致，这里不再赘述。

2.2.4　抓手工具

该工具用于查看那些放大后的图像中具体的细节的位置，具体操作时将该工具悬停到放大的图像上，单击并拖拽鼠标即可，该工具会很方便和便捷地查看到图像中的任何一个细节。

2.3　辅助工具

2.3.1　标尺

标尺用于精确计算和查看文件中图像的位置和信息，具体显示和隐藏可单击"视图"菜单下的"标尺"即可。

2.3.2　参考线

参考线用于精确定位物体的位置和制作的规范性，分为水平和垂直两种。具体操作在显示标尺的基础上，将鼠标放至标尺区域，按下鼠标，拖拽即可出现，如图 2－16 所示。此外，还可以继续拖拽出若干条水平或垂直参考线，如图 2－17 所示。

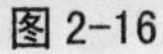

图 2-16

图 2-17

• 显示/隐藏参考线："视窗"→"显示"→"参考线"可以显示或隐藏参考线。**注意**：最终这些参考线是不会被打印出来的。

• 锁定参考线："视图"→"锁定参考线"，即可锁定参考线，锁定后的参考线不能被移动，再次点击"锁定参考线"可对参考线进行解锁。

• 对齐参考线："视图"→"对齐到"→"参考线"，该命令可以使图像准确粘贴到该参考线上，起到对齐功能。

2.3.3　网格

"视图"→"显示"→网格"命令可将网格显示出来，如图 2－18 所示。网格的作用是可以以此为依据制作诸如对称、圆环等精确图形，如图 2－19 所示，再次点击“视图”→“显示”→“网格”可将网格隐藏，同参考线一样，在最后网格是不会被输出的。同理，也可对齐到网格，具体点击“视图”→“对齐到”→“网格”即可。

图 2-18

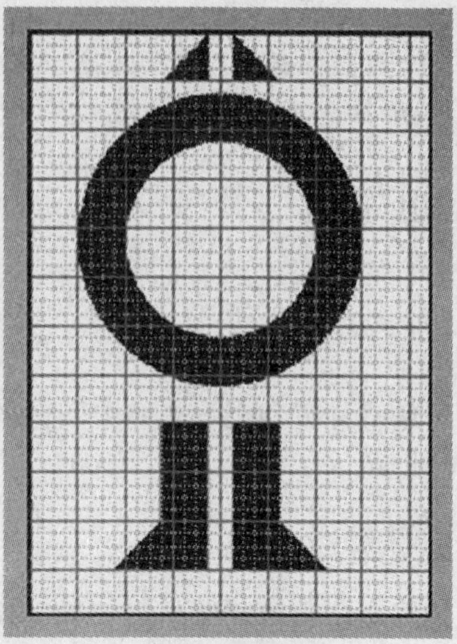

图 2-19

2.4　新建文档与文档的存储

2.4.1　新建文档

启动 Photoshop 程序后，我们便开始需要按照自己的要求来设计和制作图像了。单击“文件”菜单下的“新建”命令便弹出如图 2－20 所示对话框，可以进行设置和规划你所需要的文件尺寸、色彩模式等信息了。

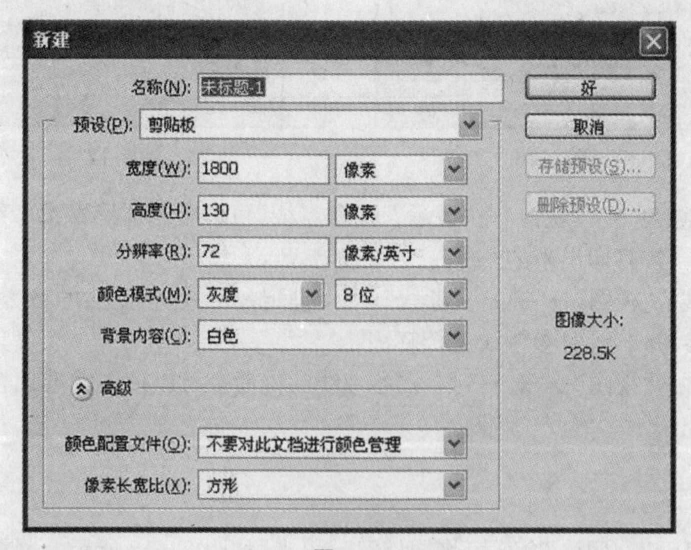

图 2-20

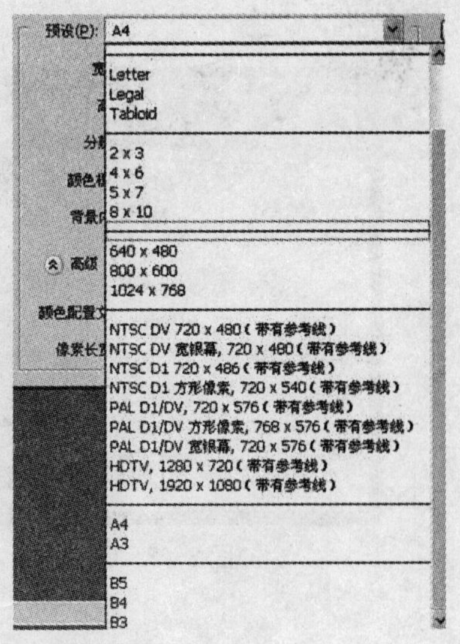

图 2-21

• 名称：在此处可以为你的文件输入名称，如果不想命名的话，系统默认其为“未标题-1”。

• 预设：在此系统为你提供了多种预先设定好的尺寸，如图 2－21 所示。如果里面没有你需要的纸张尺寸，你必须在下两行中手动输入具体的宽度和高度，单位一般选择厘米或者毫米。

• 分辨率：分辨率是指单位长度内包含的像素点的数量，单位是像素/英寸(dpi)，一般情况来说，分辨率越高，所包含像素就越多，图像自然也就越清晰。通常要是用于显示的话，72 dpi 就足够了，要是用于输出的话，建议最低分辨率不能少于 300 dpi。

• 颜色模式：在该选项的下拉菜单中有如下几种(如图 2－22 所示)：

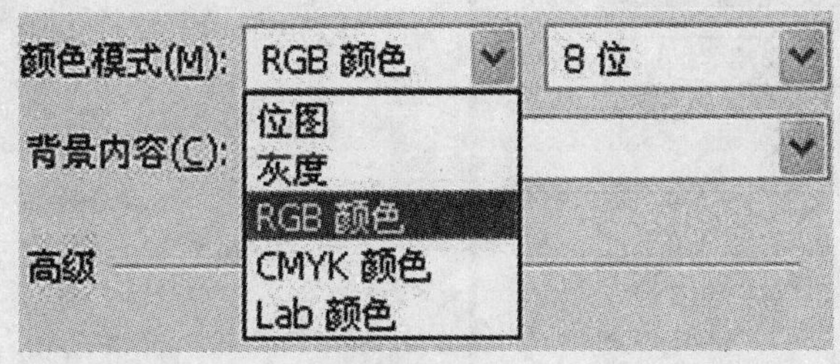

图 2-22

• 位图：仅仅只由黑、白两色构成，一般在特殊情况下会用到。

• 灰度：画面中包含黑色和白色以及由黑到白的中间的 256 个灰色色阶，就像是我们的黑白照片或者是素描的感觉。

• RGB 颜色：这个模式是我们应用得最为普遍的，由自然界日光中的红色、绿色和蓝色光合成，汇聚了自然界中的所有色彩。

• CMYK 颜色：印刷用色，如果你制作的是印刷品，必须使用这种模式，该色彩模式由青色、品红、黄和黑色混合而成，是印刷的基本的油墨色彩，该色彩模式的色域范围比 RGB 模式小得多，所以很多在 RGB 中的色彩来到这里的话会造成偏差。

• Lab 颜色：同样是一种色彩模式，是我们进行颜色转换的中间模式。在 Lab 颜色模式中，L 代表亮度，数值从 0～100，a 代表了由绿色到红色的光谱变化，b 代表由蓝色到黄色的光谱变化，一般在特殊情况下会使用到。

• 背景内容：在下拉菜单中可以选择白色、背景色和透明，如图 2－23、2－24、2－25 所示，分别是背景色为白色、红色和透明的效果。

其余选项没有特殊要求用默认数值。当全部输入后在面板右方会出现该文档的大小，如图 2－26 所示。点击“好”按钮即可出现新建文档，如图 2－27 所示。

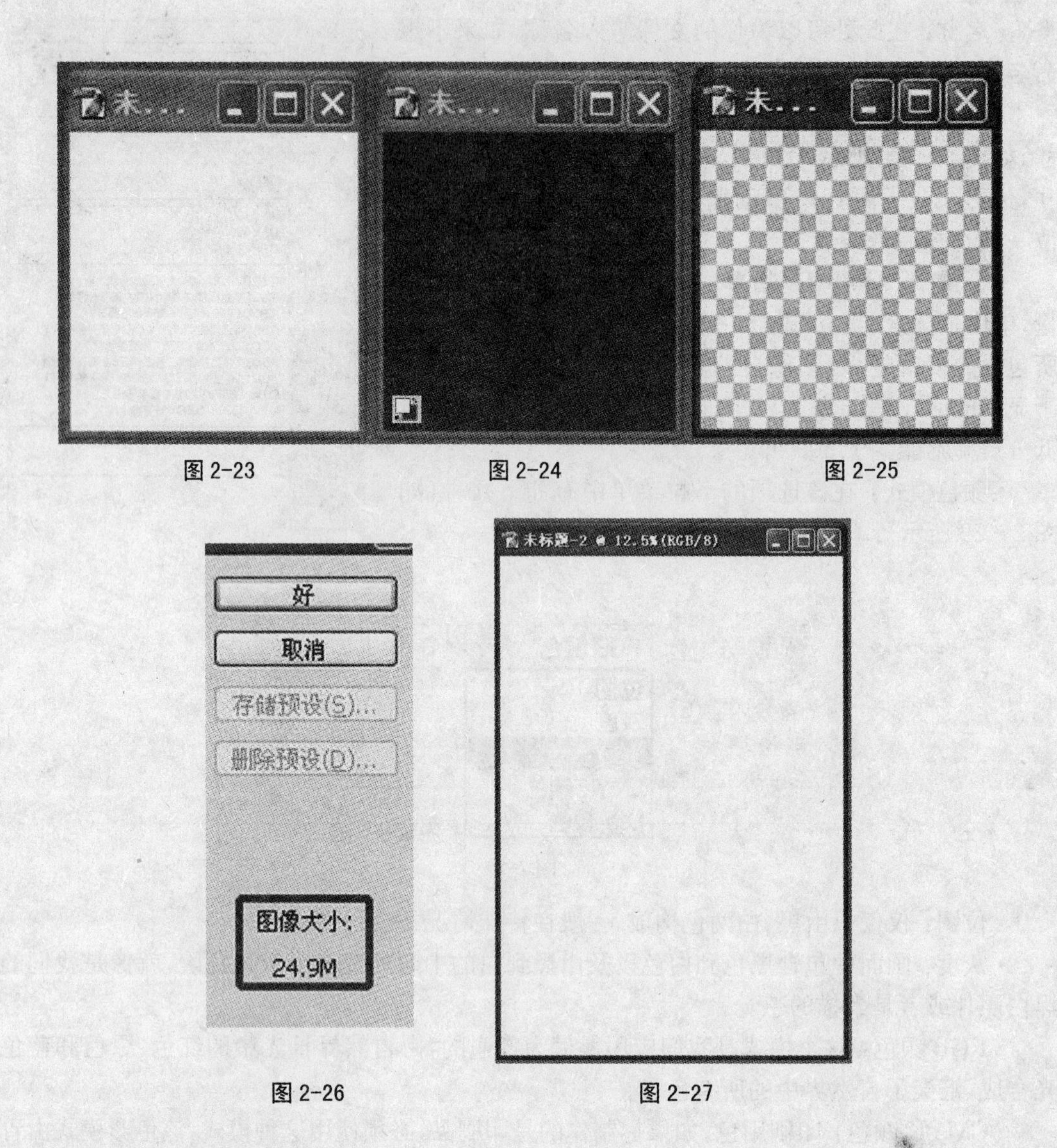

图 2-23　　图 2-24　　图 2-25

图 2-26　　图 2-27

2.4.2 文档的存储

在完成文档的设计和制作后自然会涉及到将文档保存起来用于打印或下次的修改。具体做法是单击“文件”菜单下的“存储”命令，选择正确路径，点击“保存”按钮即可。如图 2-28 所示。

1）关于“存储”和“存储为”命令

一般说来，当你自己新创建文档时，我们选择“存储”命令，而如果电脑上已有某一文件的话，你将它打开并修改处理，在这样的情况下，这两个命令都均为可用，但是“存储”的话即把当前修改的文件覆盖了原文件，电脑中你之前打开的文件就不存在了，所以在保险的情况下，我们选择“存储为”，在保留原文件的基础上同时还保留了该文件。

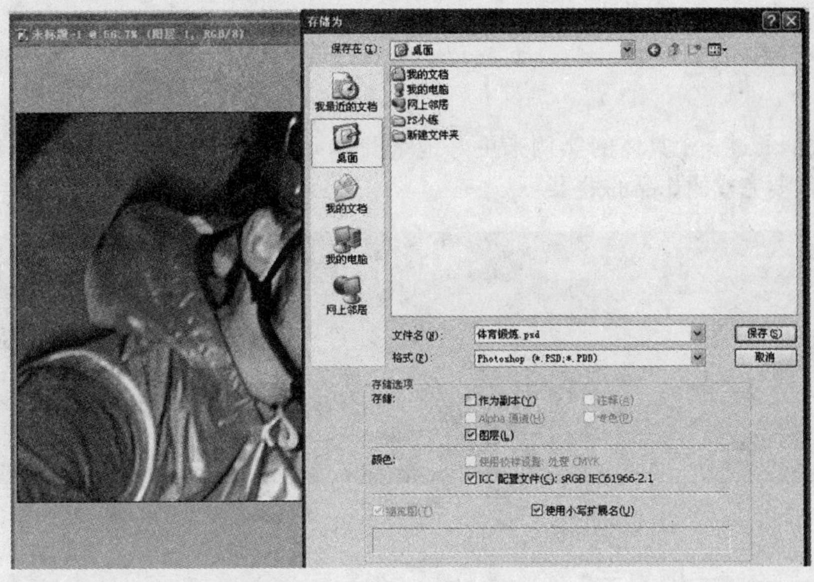

图 2-28

2）文件存储格式

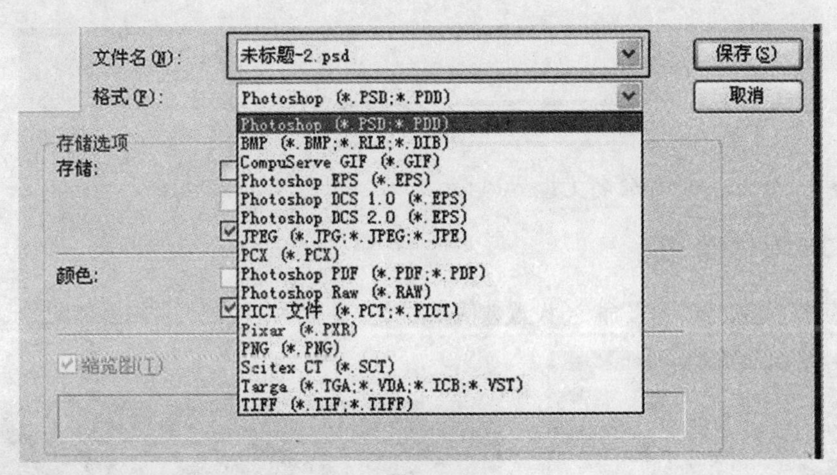

图 2-29

在“文件名”处，你可以为你的文件命名，在格式的下拉菜单中有很多格式可以选择，我们最常用的是 *.PSD、*.JPEG 和 *.TIFF(如图 2-29 所示)。

• PSD 格式：这种格式是 Photoshop 默认的格式，该格式最大的优点是可以将文件中的图层、色彩和通道等信息完全记录保存下来，便于下次修改，但缺点是对方机器上如果没有安装 Photoshop 软件的话是无法打开并查看你的文件的。

• JPEG 格式：一种采用有损压缩方式并具有较好压缩效果的文件格式。但将压缩品质数值设置较大时，会损失掉图像的细节。

• TIFF 格式：这是一种通用的文件格式，所有绘画、图像编辑和页面排版程序都支持该格式，Photoshop 可以在 TIFF 文件中存储图层，但如果在另外一个程序中打开该文件，只有被拼合图层是可见的。

2.5 实战练习

下面我们通过一个具体的实例来更好地掌握和巩固这一章节的内容。如图 2－30 所示,这是我们要完成的作品的效果。

图 2-30

2.5.1 关键步骤提示

• 新建文件,黑色背景。
• 打开图片,移动工具。
• 参考线,对齐参考线。
• 标尺工具。
• 文字输入。
• 保存为 PSD 格式,并命名为世界风情。

2.5.2 具体操作

(1) 点击“文件”→“新建”命令,设置数值如图 2－31 所示,单击“好”按钮,如图 2－32 所示。

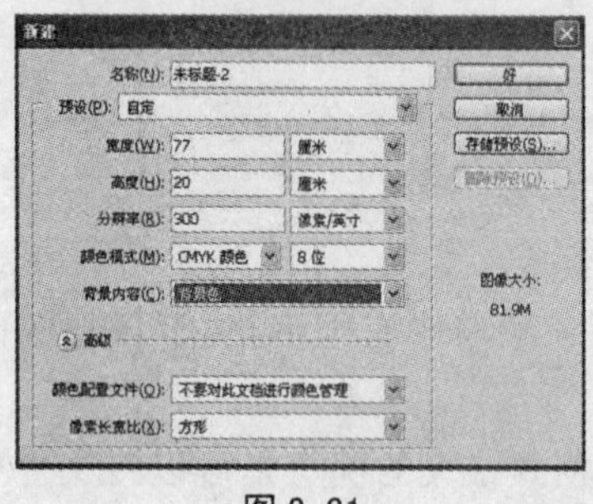

图 2-31

图 2-32

(2) 在图 2－32 文件上执行“视图”→“标尺”命令,并按照标尺显示,用鼠标在水平和垂直方向拖拽出参考线,水平长度 77 cm,分为 11 等分,每等分 7 cm,垂直长度 20 cm,分为 4 等分,每等分 5 cm,如图 2－33 所示。

(3) 隐藏标尺,“视图”→“锁定参考线”,“视图”→“对齐到”→“参考线”。

(4) 打开图片素材,按照位置放入相应的格子中,注意在执行对齐到参考线的命令后,所有图片会像有了吸力一般自动附到参考线上,图片的打开方式可以框选,也可以按住 Shift 键,图片的排列次序自己决定,不必与范例作品一致,如图 2－34 所示。

图 2-33

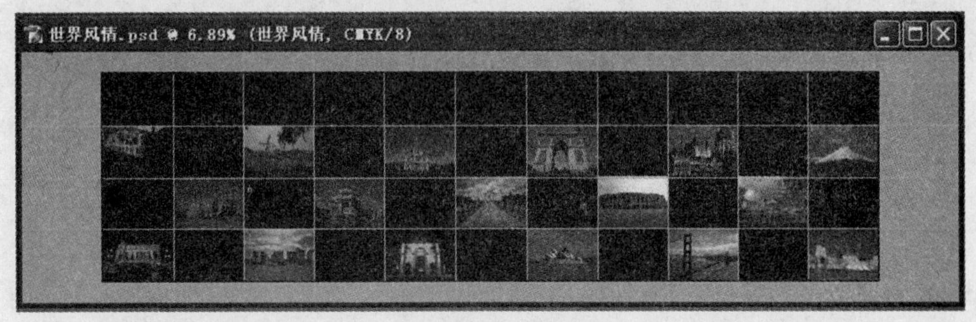

图 2-34

(5) 在第一行中间单击文字工具 T ，键入文字“世界风情”“World Scenery”，隐藏参考线，将其保存于指定的文件夹中，命名为世界风情，PSD 格式，如图 2－35 所示，进而完成该示例制作。

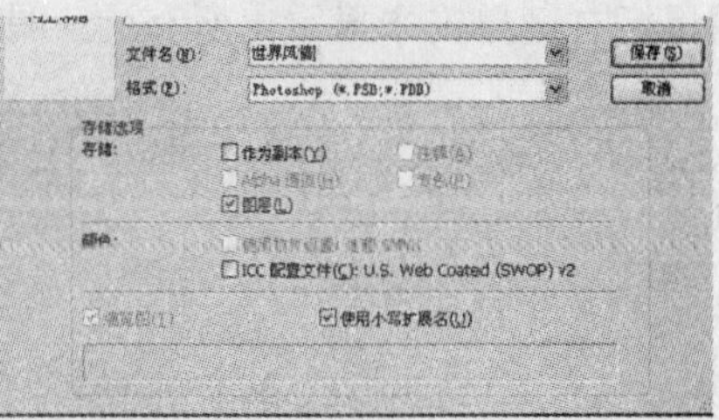

图 2-35

第3章 选　　区

我们用 Photoshop 编辑时，很多时候需要对图像进行局部处理，比如给人物头发上色、将树上的鸟儿移除等等，都需要对要编辑的区域进行选择；此外，要将图像的某些部分进行移动或复制，也需要对这些区域进行选择。所以说，选区的应用与编辑是非常广泛和重要的。

Photoshop 中的选区大部分是靠选取工具来实现的。Photoshop 主要有三种选取工具：选框工具，套索工具和魔棒工具。它们通常显示在 PS 界面的工具箱中（如图 3－1 所示），如果在界面上看不到工具箱，可以执行“菜单栏”→“窗口”→“工具”选项。

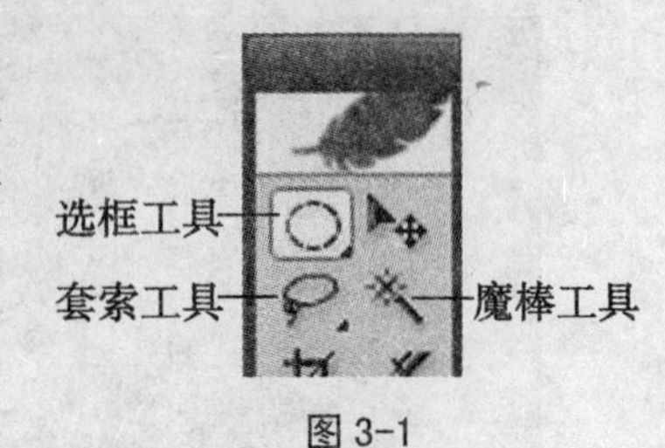

图 3-1

3.1　选取工具的应用

3.1.1　使用选框工具绘制选区

选框工具包含四个按钮：矩形选框工具、椭圆选框工具、单行选框工具、单列选框工具（如图 3－2 所示）。平时只有被选择的一个为显示状态，其他的为隐藏状态，我们可以通过用鼠标右键单击来显示出所有的工具按钮。

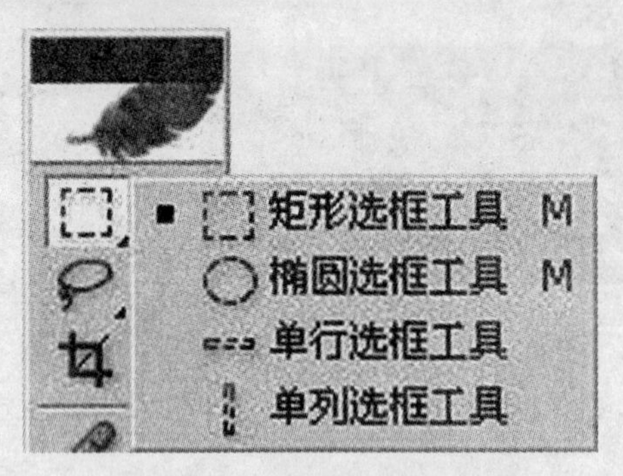

图 3-2

用鼠标单击矩形选框工具，其选项栏如图 3－3 所示。

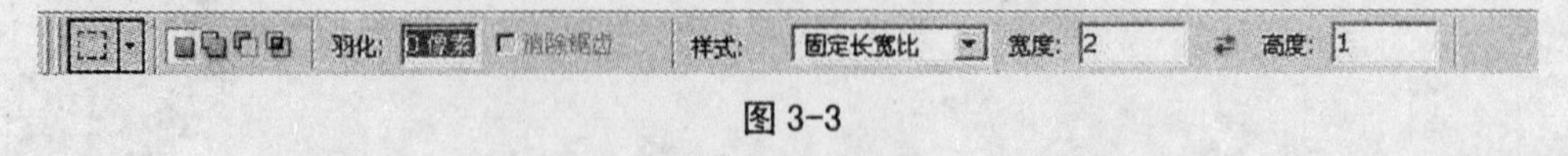

图 3-3

选项栏中间有“样式”文本框。当“样式”为正常时，可以随意建立选区，矩形选框工具可以创建矩形或正方形选区（如图 3－4 所示），椭圆选框工具可以创建椭圆或正圆形选区（如图 3－5 所示）。其中，按住 Shift 键同时拖动鼠标可以创建正方形或正圆形；当“样式”为固定长宽比时，宽度和高度输入框被激活，可以通过输入数值来控制选区的长宽比；当“样式”

为固定大小时，我们可以直接输入长度和宽度值来精确控制选区的尺寸。所以说，在使用选取工具之前，可以根据实际需要在选项栏中进行必要的数据设置。

图 3-4

图 3-5

单行选框工具和单列选框工具可以分别选取一行或一列像素(如图 3－6、3－7 所示)。选取工具选择的选区都是首尾闭合的区域，只不过单行选框工具和单列选框工具所选取的区域宽度只有一个像素，所以选区看上去像一条虚线，但实际上，通过放大可以看出它仍是一个闭合的区域。

图 3-6

图 3-7

3.1.2 使用套索工具创建选区

套索工具包括套索工具、多边形套索工具和磁性套索工具，如图 3－8 所示。

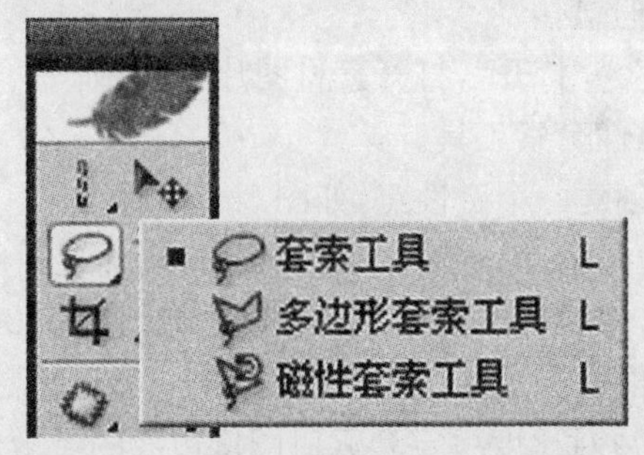

图 3-8

使用套索工具可以创建任意形状的选区。如图 3－9 所示。

图 3-9

使用多边形套索工具可以创建边缘为直线的多边形选区。如图 3－10 所示。

图 3-10

磁性套索工具

对于边缘比较复杂、且边缘与背景对比强烈的图像而言，磁性套索工具是最好的选取工具，它能够快速、自动捕捉图像边缘，从而创建选区。

使用磁性套索工具创建选区：

(1) 单击菜单栏“文件”→“打开”，打开素材图片“加菲猫”。

(2) 在工具箱中单击磁性套索工具。

(3) 单击图形的边缘，创建一个磁性点，如图 3－11 所示。

(4) 拖动鼠标沿图形边缘移动，磁性套索工具会自动捕捉图形边缘。

(5) 当首尾磁性点相连接时单击鼠标，形成选区，如图 3－12 所示。

(6) 制作选区时，可以根据需要在选项栏中(图 3－13)进行数值调整。宽度决定磁性套索检测指针周围区域大小，边对比度决定套索对图像边缘的灵敏度，较高的数值只检测与它们的环境对比鲜明的边缘，而较低的数值则检测低对比度边缘。最后的钢笔压力选项是为拥有光笔绘图板的用户所设的。

图 3-11　　图 3-12

图 3-13

3.1.3　使用魔棒工具创建选区

魔棒工具可以根据颜色的相同或相似性选择区域。单击魔棒工具图标 ，其选项栏如图 3 - 14 所示。

图 3-14

• 容差：用于设置选择区域的范围，数值选取范围在 0～255 之间，容差值越小，选区越小；容差值越大，选区越大。如图 3 - 15、3 - 16 所示。

图 3-15

图 3-16

• 消除锯齿：选区的锯齿会影响到图像的印刷效果，所以在编辑图像时，选中“消除锯齿”复选框可以使选区的边缘线变得柔和。

• 连续的：选中此复选框，则容差范围内的所有相邻像素都被选中。

• 用于所有图层：此复选框被选中，魔棒工具将在所有可见图层中选择颜色；否则只在当前图层中选择颜色。

实例

（1）打开素材图片如图 3－17、3－18 所示。

图 3-17

图 3-18

（2）用套索工具将素材中人物选中（如图 3－19 所示）。

图 3-19

（3）在选项栏中单击“从选区减去”按钮 ，将多选的部分去除。如图 3－20 所示。

图 3-20

(4) 单击“编辑”→“拷贝”，选区中的图像被保存在剪贴板中。

(5) 单击选择图 3-17，按“Ctrl＋V”组合键将剪贴板中的人物复制到该图像中。

(6) 在工具箱中单击移动工具，将人物放置在最佳位置。如图 3-21 所示。

图 3-21

3.2　选区的调整与编辑

3.2.1　图像的移动、复制及删除

(1) 移动图像

首先将所要移动的图像区域选中；然后用鼠标单击工具箱中的“移动”工具。将光标放在选区内，按下鼠标左键的同时，拖动图像到目标位置，原选区被背景色填充，如图 3-22、3-23 所示。

图 3-22

图 3-23

（2）复制图像

按下 Alt 键，同时按住鼠标左键拖动选区到目标位置。原来的选区图像保持不变，而在新的目标区域出现复制图像。如图 3 - 24 所示。

图 3-24

（3）删除图像

选择所要删除的图像区域，按 Delete 键或 Backspace 键删除，所选图像区域被清除，另外，还可以利用菜单栏中的“编辑”命令对选区进行移动、复制或删除。

- 移动选区：“编辑”菜单→“剪切”→“粘贴”。
- 复制选区：“编辑”菜单→“复制”→“粘贴”。
- 删除选区：“编辑”菜单→“清除”。

3.2.2 选区图像的变换

为了使图像达到某些效果，经常需要对选区进行变换变形处理。选区的变换主要有缩放、旋转、斜切、扭曲、透视几种方式，它们集中在“编辑”菜单下的“变换”中。各种效果如图 3 - 25～3 - 30 所示。

图 3-25

图 3-26

图 3-27　　图 3-28

图 3-29　　图 3-30

3.2.3　增加及减少选区

在处理图像时，常需要对图像的不同区域进行调整，增加与减少选区可以帮助我们快速准确地选择要编辑的范围。如图 3－31 所示。

图 3-31

选取工具的选项栏中包括四种选区叠加模式：新选区 、添加到选区 、从选区减去 、与选区交叉 ，通过这些模式可以创建不规则选区。

(1) 增加选区操作步骤：

① 打开素材图片“黄色花朵”。

② 选择恰当的选取工具，在图片中选取移动范围，如图 3－32 所示。

③ 在选项栏中单击“添加到选区”图标 ，选取需要加选的图像范围，这时新旧选区以并列的方式同时显示。如图 3－32、3－33 所示。

图 3-32

图 3-33

(2) 减少选区操作步骤：

① 打开一幅图片。

② 选择恰当的选取工具，比如矩形选框工具，在图片中选取移动范围，如图 3-34 所示。

③ 选择恰当的选取工具，如椭圆选框工具，在其选项栏中单击“从选区减去”图标，选取需要裁剪的图像范围，减去后的选区如图 3-34、3-35 所示。

图 3-34

图 3-35

3.2.4　选区的描边与填充

(1) 为选区描边

利用“编辑”菜单中的“描边”命令，可以为选区边缘添加颜色。

实例1　勾选人物外轮廓

① 打开素材用合适的选取工具(比如魔棒或磁性套索工具)选定要描边的区域。如图3-36。

图3-36

② 单击“编辑”菜单中的“描边”命令，根据实际需要，在弹出的“描边”对话框中对宽度、颜色、位置等进行参数设置。如图3-37。

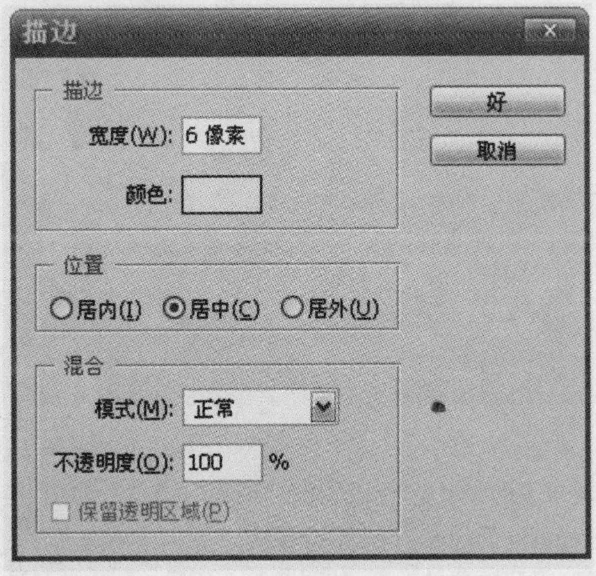

描边
描边
宽度(W): 6 像素
颜色:
好
取消
位置
居内(I)　居中(C)　居外(U)
混合
模式(M): 正常
不透明度(O): 100 %
保留透明区域(P)

图3-37

③ 单击“好”按钮，选区描边效果如图 3-38 所示。

图 3-38

(2) 填充选区

填充选区有很多种方法，比如用快捷键、填充命令、渐变工具等，我们可以根据实际情况选择合适的填充方法。快捷键填充可以方便、快捷地为选区设置前景色或背景色。“Alt＋Delete”组合键为前景色，“Ctrl＋Delete”组合键为背景色。

填充命令填充：

① 创建选区，如图 3-39 所示。

图 3-39

② 单击“编辑”菜单下的“填充”命令，弹出“填充”对话框，如图 3-40 所示，单击各项的下拉按钮 ，可以选择不同的填充内容、混合模式以及更改不透明度。

③ 单击“好”按钮，得到预置的效果，如图 3-41 所示。

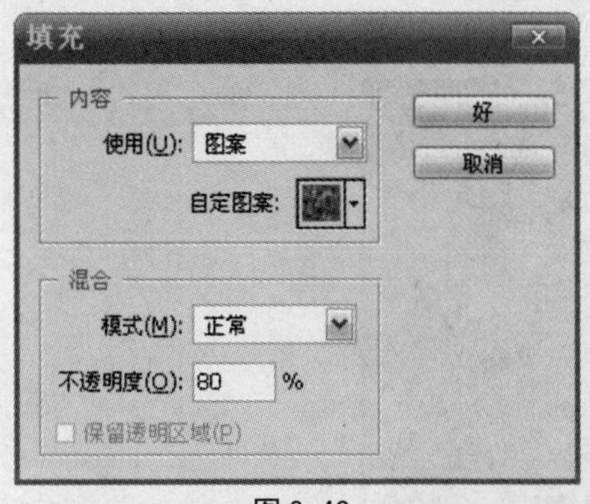

图 3-40

图 3-41

实例 2 让衣衫“靓”起来

① 打开素材图片“黄色花朵”，创建选区，如图 3 - 42 所示。

图 3-42

② 单击“编辑”→“自定义图案”，在弹出的对话框中将名称定义为“黄色花朵”，如图 3 - 43 所示。

图 3-43

③ 单击“好”按钮，自定义图案被保存。

④ 素材“蓝上衣”，用磁性套索或魔棒工具将衣服选中。如图 3－44 所示。

图 3-44

⑤ 单击“编辑”→“填充”，打开“填充”对话框，在“使用”的下拉菜单中选择“图案”，在“自定图案”的下拉菜单中选择“黄色花朵”，“模式”选择“颜色减淡”，“不透明度”设为“80％”。如图 3－45 所示。

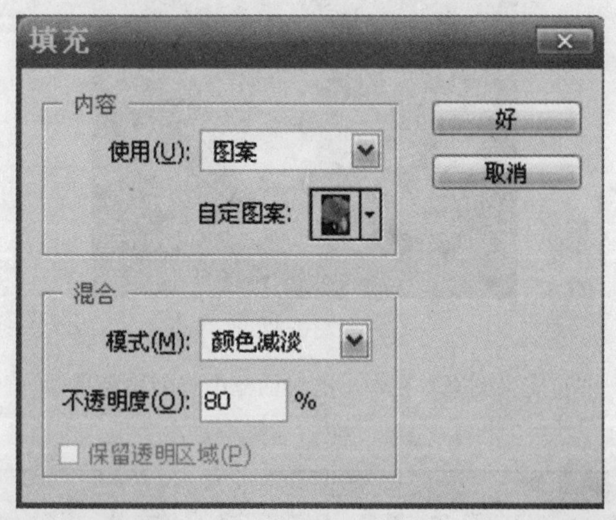

图 3-45

⑥ 单击“好”按钮，选区被新图案填充，如图 3－46 所示。最后按“Ctrl＋D”组合键取消选区。

图 3-46

3.3 “选择”菜单

Photoshop 不仅具有强大的选取工具，此外“选择”菜单同样可以对选区进行修改、变换、存储等操作。“选择”菜单的子菜单如图 3 - 47 所示：

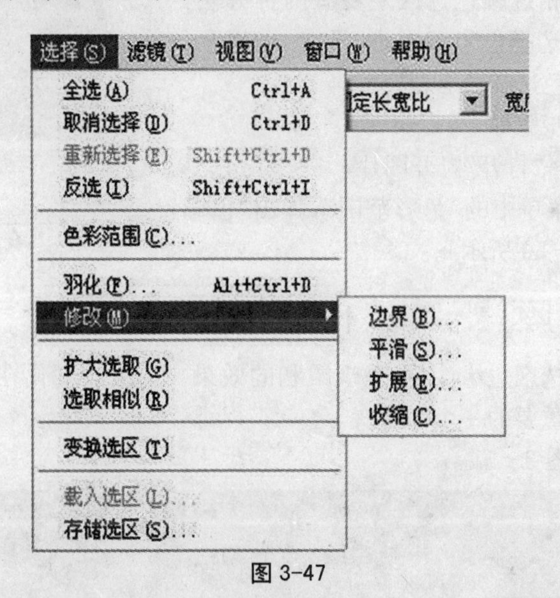

图 3-47

3.3.1 全选、反选、取消选择及重新选择

• 全选：单击“全选”或按组合快捷键“Ctrl＋A”，可以将整个画布创建为一个选区。

• 反选：单击“反选”或按组合快捷键“Shift＋Ctrl＋I”，可以将选区与非选区进行转换。如图 3 - 48、3 - 49 所示为苹果选区和除苹果外的其余选区。

• 取消选择：单击“取消选择”或按组合快捷键“Ctrl＋D”，可以取消上一步的选择。

• 重新选择：单击“重新选择”或按组合快捷键“Shift＋Ctrl＋D”，可以重新选择刚取消过的选区。

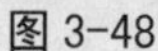

图 3-48

图 3-49

3.3.2　色彩范围

“色彩范围”命令是选择现有选区或在整个图像内根据指定的颜色或颜色子集创建相应选区。单击“选择”菜单中的“色彩范围”，弹出“色彩范围”对话框(如图 3 - 50 所示)，创建相近颜色选区主要有两种方法：一是使用“取样颜色”选择色彩范围；一是在“选择”下拉选框中使用预设颜色选择色彩范围。

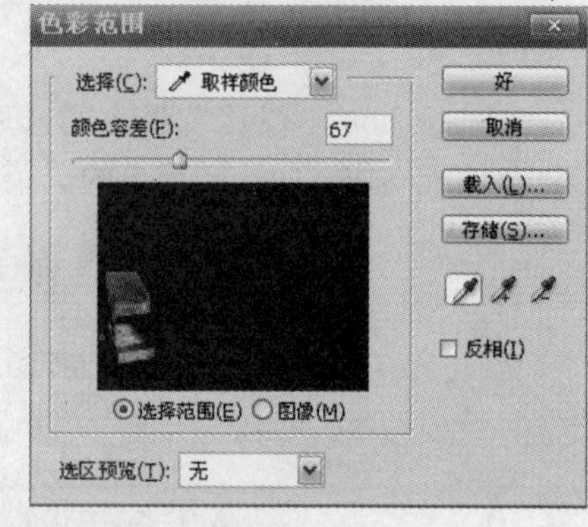

图 3-50

设置色彩范围的步骤如下：

(1) 单击“文件”→“打开”打开图片。

(2) 单击“选择”菜单中的“色彩范围”，弹出“色彩范围”对话框(如图 3 - 50 所示)。

3.3.3　羽化选区

羽化选区可以使选区边缘淡化，呈现柔和的效果。选区的羽化在 Photoshop 处理图像中是经常使用且非常重要的一个命令。

(1) 制定选区如图 3 - 51。

图 3-51

(2) 点击“选择”→“羽化”命令，打开“羽化选区”对话框，如图3-52所示。

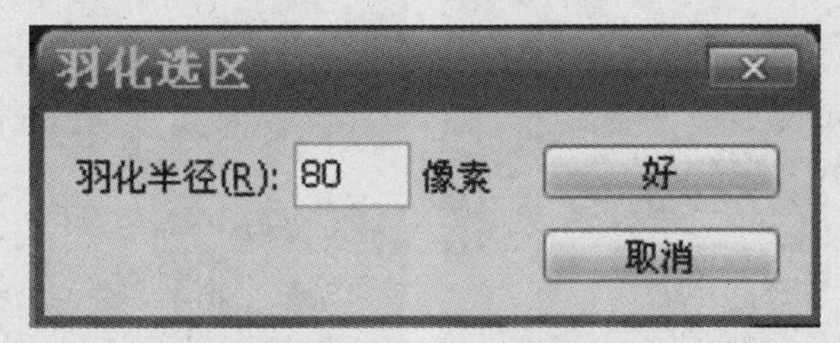

图3-52

(3) 在0～250范围之间设定羽化半径值(数值越大，边缘淡化效果越明显)。

(4) 单击“好”按钮，选区变化为如图3-53所示。

图3-53

(5) 按下Delete键，最终效果如图3-54所示。

图3-54

3.3.4 选区的保存与载入

在“选择”菜单的子菜单中，最下面两个分别是“载入选区”和“存储选区”。我们可以利用这两个命令将指定好的选区进行保存，以便以后使用。

(1) 打开素材。

(2) 用魔棒或磁性套索工具将中间蜡烛选中，如图3-55所示。

图 3-55

(3) 单击“选择”→“存储选区”,弹出如图 3-56 所示对话框。

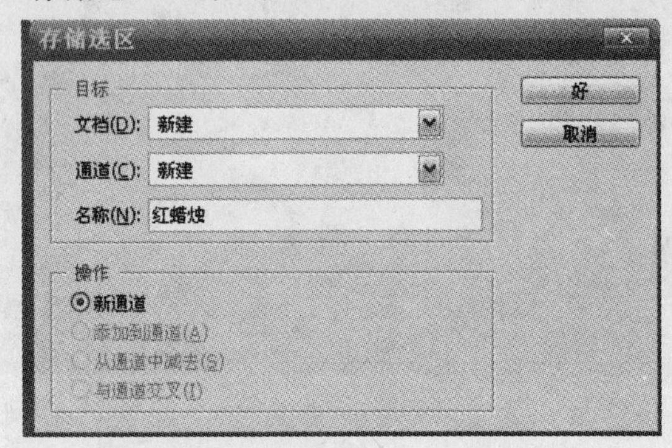

图 3-56

(4) 在对话框中设定名称,如“红蜡烛”。

(5) 单击“窗口”→“通道”,可以看到选区“红蜡烛”被保存在“通道”面板中。如图 3-57 所示。

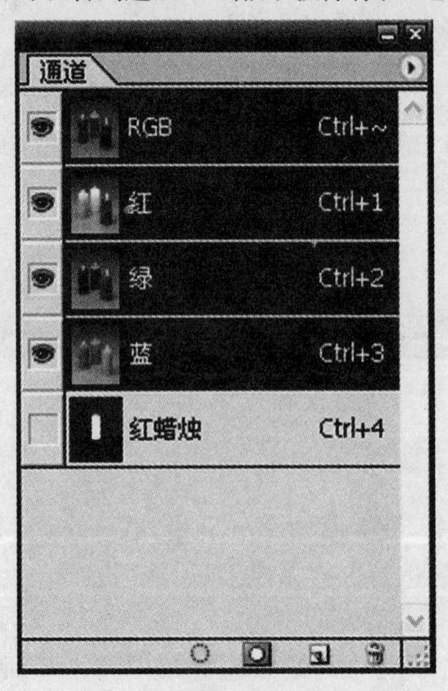

图 3-57

(6) 单击“选择”→“载入选区”，弹出对话框，在“通道”的下拉菜单中选择“红蜡烛”，单击“好”按钮，即可载入选区，如图 3-58，3-59 所示。

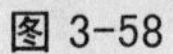

图 3-58

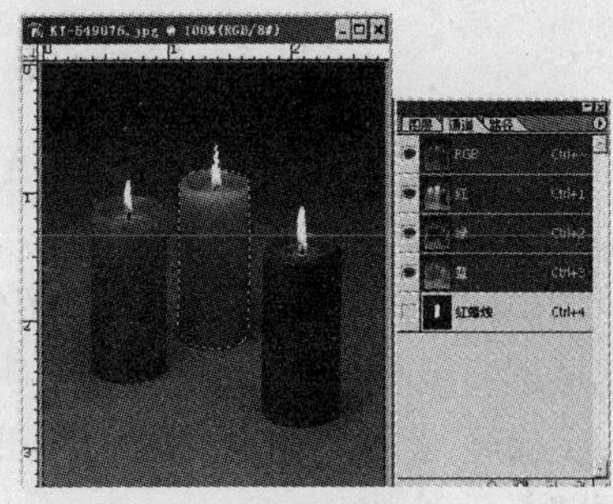

图 3-59

第4章　图　　层

图层在使用 Photoshop 进行图像处理的过程中，具有非常重要的作用。所谓“图层”就像几层透明纸叠加在一起，透过透明纸，我们可以看到纸后面的东西，而且我们在任何一个图层上涂画，都不会影响到其他图层。图层之间互不干涉的这一特点，有利于我们对图像的不同部分分别进行处理。

图层的样式功能可以帮助我们制作出丰富多彩的图像效果；图层的混合模式和不透明度能够使图层之间融合，以达到图像的整体效果。

4.1　创建图层

4.1.1　图层的类型

图层主要分为背景图层、普通图层、填充图层、调整图层、文字图层和形状图层。

(1) 背景图层

背景图层是在最底层、不能被删除和重命名的非透明层。

新建背景图层的方法：单击“图层”→“新建”→“背景图层”，可以将当前图层转化为背景图层。

在背景图层上只能用绘图工具绘制，不能增加图层样式和图层蒙版，要执行这些操作，必须将背景图层转化为普通层。方法是：单击“图层”→“新建”→“背景图层”命令，或者在图层调板中双击背景层。如图 4-1 所示。

图 4-1

(2) 普通图层

普通图层就像透明纸，我们可以在任何一层纸上涂画、修改，都不会对其他图层产生影响。在实践中，经常需要创建新的图层。普通新图层的创建方法：

① 单击“图层”→“新建”→“图层”,在弹出的对话框中,可以自设名称、颜色、模式及不透明度。如图4-2所示。

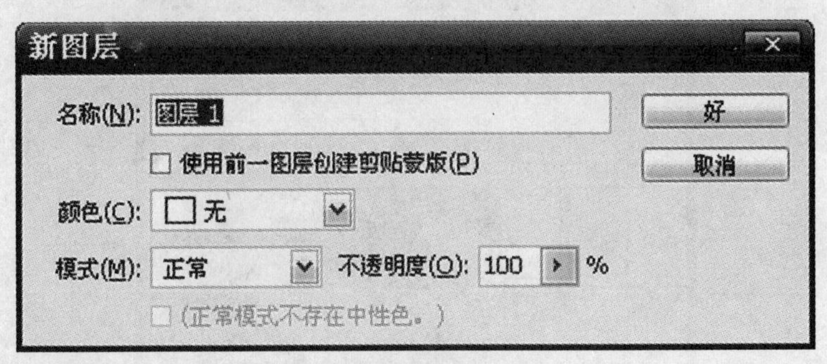

图4-2

② 单击“图层面板”下方的“创建新图层”按钮,新建一个空白图层,这个新建的图层会自动按次序命名。如原来有“图层1”,那么新建的图层自动命名为“图层2”。如图4-3所示。

图4-3

(3) 填充图层

填充图层是一种蒙版图层,可以为它下面的图层填充图案、渐变颜色或纯颜色。其创建方法是:

① 单击“图层”→“新填充图层”,从下拉菜单中选择适当选项,在弹出的对话框中设置相应参数。

② 单击图层面板下方的“创建新的填充或调整图层”按钮,从下拉菜单中选择适当选项,在弹出的对话框中设置相应参数。如图4-4所示。

图 4-4

(4) 调整图层

调整图层相当于把“色阶”、“色彩平衡”等色彩命令放置在独立的图层中。我们可以通过创建调整图层,达到调整图像色彩色调的目的。其创建方法是:

① 单击“图层”→“新调整图层”,从下拉菜单中选择适当选项,在弹出的对话框中设置相应参数。

② 单击图层面板下方的“创建新的填充或调整图层”按钮 ,从下拉菜单中选择适当选项,在弹出的对话框中设置相应参数。

(5) 文字图层

文字图层是创建、编辑文字的图层。创建方法是:单击工具箱中的“文字工具”按钮 ,将鼠标放在图像窗口中单击,此时在图层面板中出现了缩览图为 的文字图层,如图 4-5、4-6 所示。

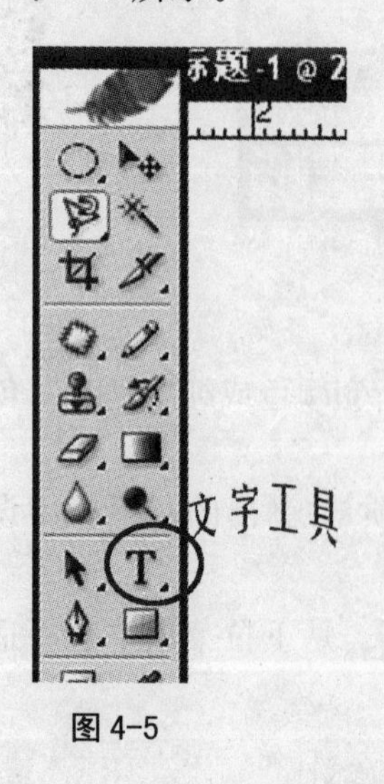

图 4-5

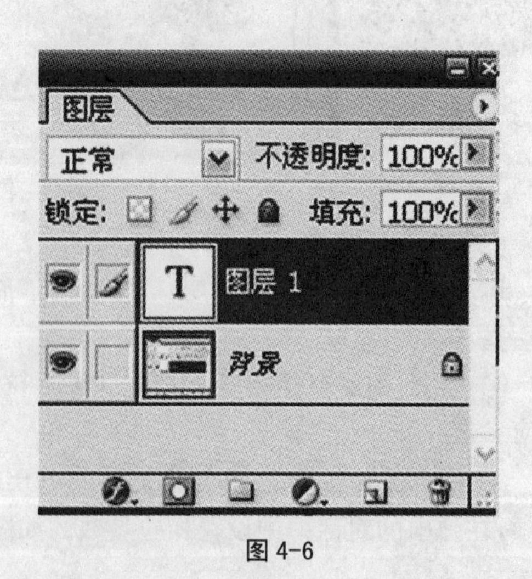

图 4-6

(6) 形状图层

形状图层是我们用形状工具绘制形状时,系统自动生成的图层。

创建方法是：单击工具箱中的"自定形状工具"图标 ,在选项栏中单击 ,在"形状"图标的下拉列表中选择某一形状,在图像窗口中单击并拖动鼠标来绘制图形,绘制完毕后释放鼠标,这时图层面板中显示形状图层被创建,如图 4-7 所示。

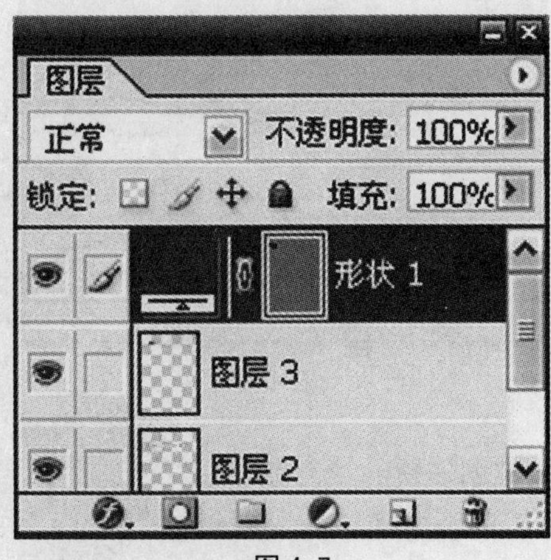

图 4-7

4.1.2 实例

(1) 打开素材"美女素描图",如图 4-8 所示。

图 4-8

(2) 在图层面板中将背景图层拖至“创建新图层”按钮上，新图层“背景副本”被创建。如图 4 - 9 所示。

图 4-9

(3) 单击图层面板下方的“创建新的填充或调整图层”按钮 ，从下拉菜单中选择“亮度”→“对比度”，在弹出的对话框中拖动鼠标进行调整，如图 4 - 10 所示。图层面板中显示调整图层被创建，如图 4 - 11 所示。图像效果如图 4 - 12 所示。

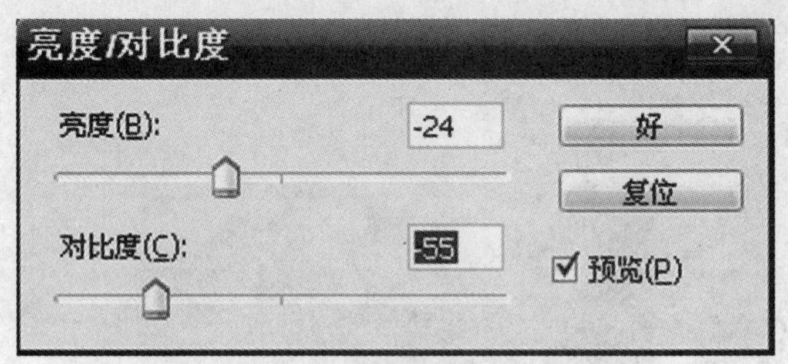

图 4-10

图 4-11

图 4-12

(4) 单击图层面板中"背景副本"的缩略图,在工具箱中设置前景色为红色,单击图层面板下方的"创建新的填充或调整图层"按钮 ,从下拉菜单中选择"渐变",在弹出的对话框中进行如图 4-13 所示设置。

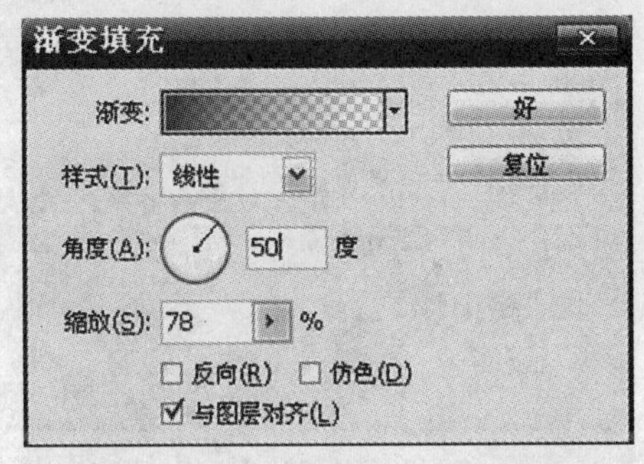

图 4-13

最终图像效果如图 4-14 所示。

图 4-14

(5) 打开素材图片，如图 4－15 所示。用魔棒点击白色背景，执行“选择”→“反选”命令进行反选，点击工具箱中的移动工具，将口红拖至“美女素描图”中并调整位置到左下角，在图层面板中将口红图层顺序调到最上面如图 4－16 所示，图片效果如图 4－17 所示。

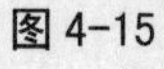

图 4-15

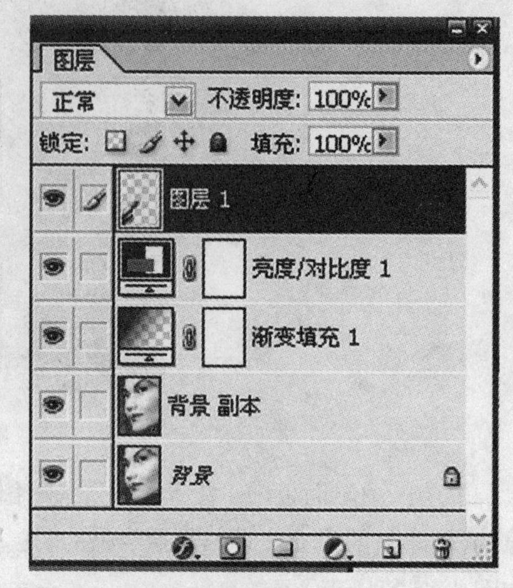

图 4-16

图 4-17

(6) 点击工具箱中的“自定形状工具”图标，在选项栏中单击，在“形状”图标的下拉列表中选择，在图像窗口中单击并拖动鼠标来绘制图形，绘制完毕后释放鼠标，在选项栏中单击颜色选框，如图 4－18 所示。在弹出的“拾色器”对话框中选择橘红色，参数如图 4－19 所示。

图 4-18

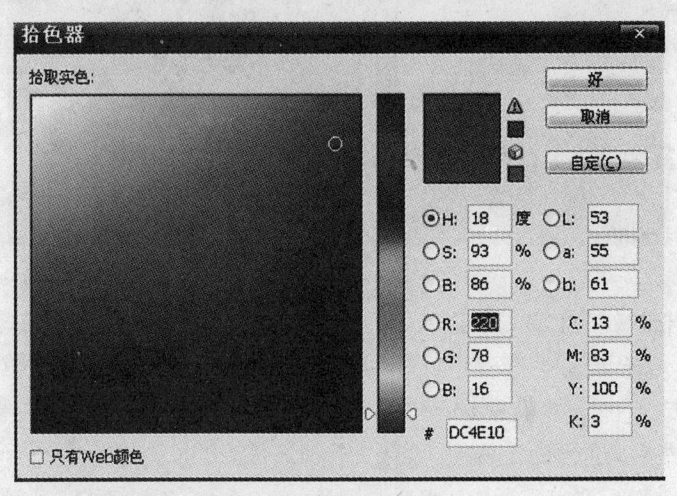

图 4-19

将此形状拖至口红上方,移动、缩放调整到合适。效果如图 4－20 所示。

图 4-20

(7) 点击工具箱中的“文字工具”按钮 T,将鼠标放在图像窗口中单击,此时创建了文字图层,输入杂志名称“化妆资讯”,在选项栏中将字体改为“华文琥珀”,字号 48,将四个字分别选中，点击选项栏中的“设置文本颜色”图标进行色彩调整。效果如图 4－21 所示。

图 4-21

(8) 再次点击“文字工具”按钮 T，将鼠标放在图像窗口中单击，新建一个文字图层。输入如图 4－22(a)中的文字，在选项栏中设为方正姚体，字号 12，点击“创建变形文本”图标 ，在其“样式”下拉菜单中选择“旗帜”，在弹出的对话框中将“弯曲”改为 100％(图 4－22(b))，最后，进行旋转变换，效果如图 4－22(c)所示。

不会化妆更该学的美容小秘诀

(a)

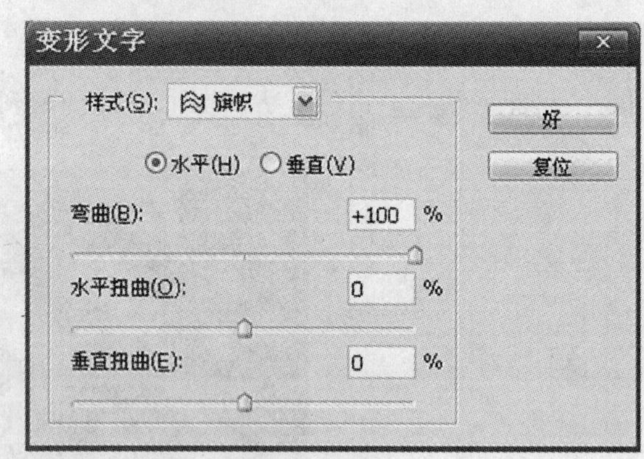

(b)

(c)

图 4-22

(9) 输入图 4－23(a)所示文字，步骤同上。调整位置如图 4－23 所示。

炫彩妆容-化妆技巧

(a)

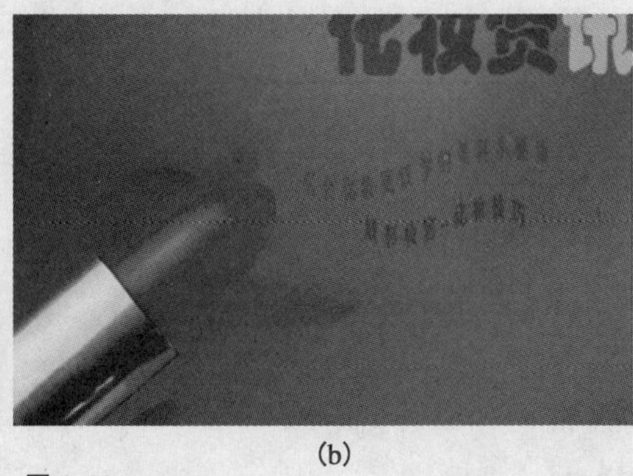

(b)

图 4-23

(10) 输入如图 4-24(a)所示文字，在选项栏中设为仿宋体，字号分别为 48、24、18，颜色为浅灰。最终效果如图 4-24(b)所示。

时尚·生活
魅力：打造完美商务女性

(a)

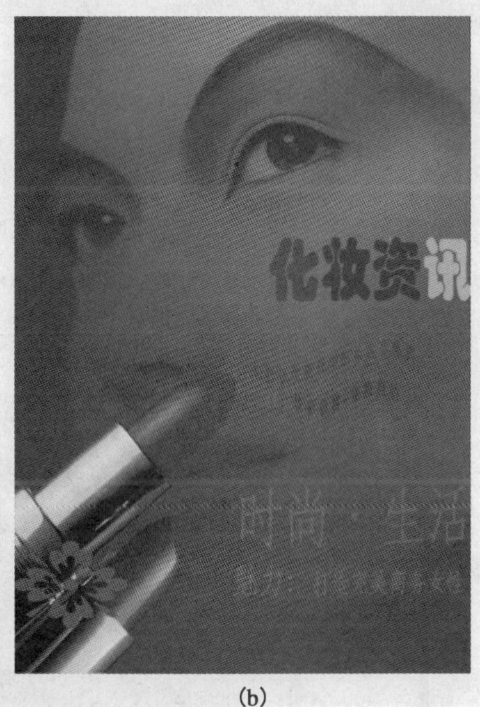

(b)

图 4-24

4.2　编辑图层

4.2.1　图层的次序

Photoshop 图像的图层是一层层进行叠放的，所以上方的图层会遮盖住其下方图层的内容。在编辑图像时，我们可以调整图层之间的叠放次序来进行编辑图像。

(1) 在"图层面板"中，选择要调整次序的图层并拖放至适当的位置。

(2) 使用"图层"→"排列"命令调整图层顺序。

(3) 按“Ctrl+[”下移图层,按“Ctrl+]”上移图层。

4.2.2 显示/隐藏图层

要隐藏或显示某一个图层,单击“图层”面板中该图层最左侧的方块。显示眼睛图标时图层为显示状态;否则,图层被隐藏。

4.2.3 图层的复制与删除

复制图层主要有两种方式:

一是单击“图层”下的“复制图层”;另外一种是在图层面板中拖拽该图层到“创建新的图层”图标 上即可。

删除图层主要有两种方式:

一种是单击“图层”→“删除”→“图层”;另外一种是在图层面板中拖动该图层到“删除图层”图标 上。

4.2.4 图层的链接

图层的链接功能便于多层图像的移动以及合并。

链接方法:选定一个图层为当前作用图层,然后在想要链接图层左侧的方框内单击鼠标,在方块内出现一个“链锁”图标,表示此图层已经与当前图层链接起来。

同样道理,要取消链接,单击“链锁”图标,随着“链锁”图标的消失,链接被取消。

4.2.5 合并图层

单击图层面板左上角的 图标,执行其中的命令即可,如图 4-25 所示。

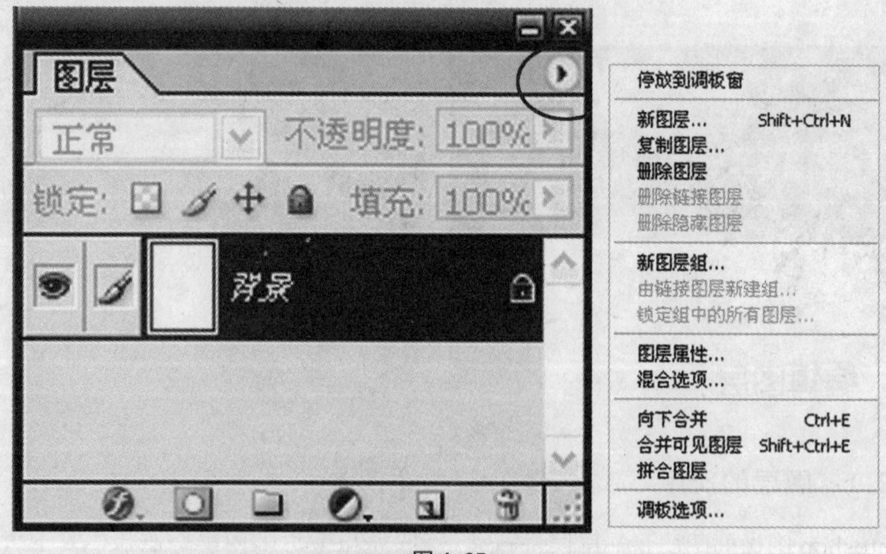

图 4-25

向下合并:可以将当前作用层与它的下一层图像合并,其他层保持不变(注:下一图层必须是显示状态)。

合并可见图层：将图像中所有显示的图层合并，而隐藏的图层则保持不变。

拼合图层：可将图像中所有图层合并，最终变成一个图层。

4.2.6 图层的不透明度

改变“不透明度”的方法：

在图层面板中选中图层，然后单击“不透明度”右边的小三角形，在弹出的“控制滑杆”上拖动小三角形滑块，这样便可调节图层的“不透明度”了。图层的“不透明度”为0%时，表示图层完全透明，100%表示图层完全不透明，如图4－26所示。

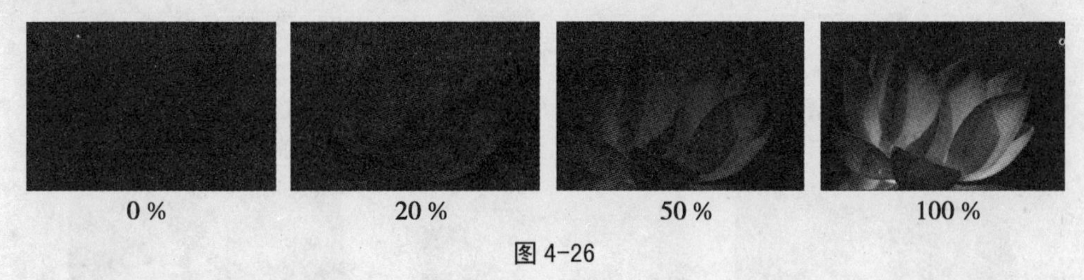

图4-26

4.2.7 图层混合模式

当两个图层的图像重叠的时候，利用“混合模式”可以实现很多有趣的合成效果。

单击图层面板左上角的下拉列表框就会弹出“图层混合模式”的下拉列表，我们从中选择一种合适的混合模式。我们通过如图4－27所示图例，来看看不同的混合模式对图像所产生的不同效果(如图4－28所示)。

图4-27

正常模式　　溶解模式　　变暗模式

正片叠底模式

颜色加深模式

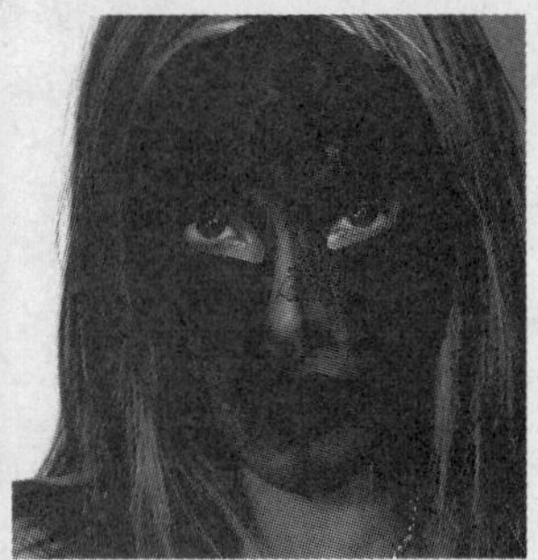
线性加深模式

变亮模式

滤色模式

颜色减淡模式

线性减淡模式

叠加模式

柔光模式

强光模式

亮光模式

线性光模式

点光模式

实色混合模式

差值模式

排除模式

色相模式

饱和度模式

颜色模式

亮度模式

图 4-28

4.3 实战练习

(1) 新建一个模式为 RGB 的文件，将背景色填充为黑色。

(2) 新建图层 1，选择工具箱中的“椭圆选取工具”，在图层 1 中拖动鼠标画出椭圆选框，如图 4-29 所示。

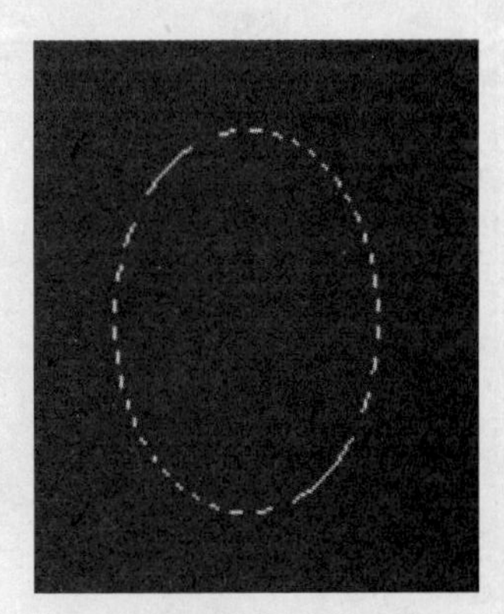
图 4-29

(3) 单击“窗口”菜单下的“样式”，在“样式面板”中点击右侧按钮 ▶，选择“玻璃按钮”样式替换当前样式后，选择红圈内的“紫色玻璃”样式，按“Alt＋Delete”组合键填充。如图 4－30 所示。

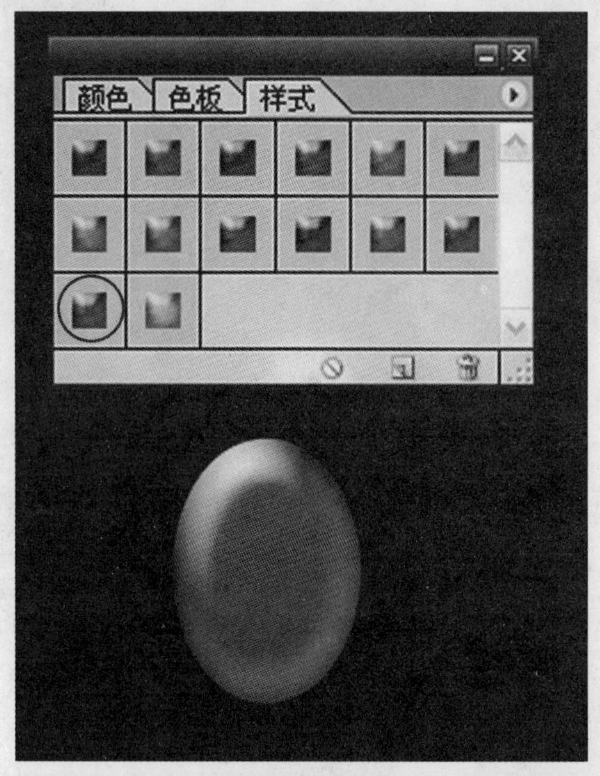

图 4-30

(4) 将等高线范围设置为 10%，效果如图 4－31 所示。

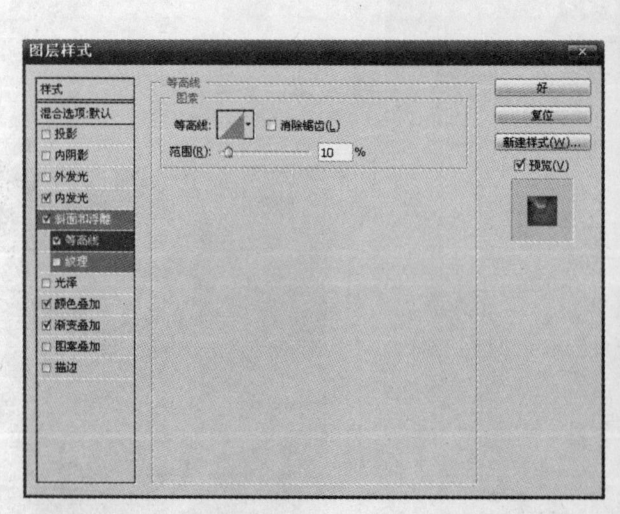

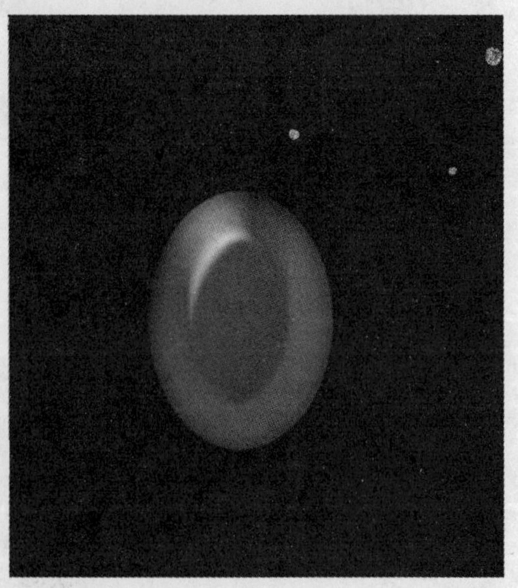

图 4-31

(5) 内阴影设置如图 4 - 32 所示,效果如图 4 - 33 所示。

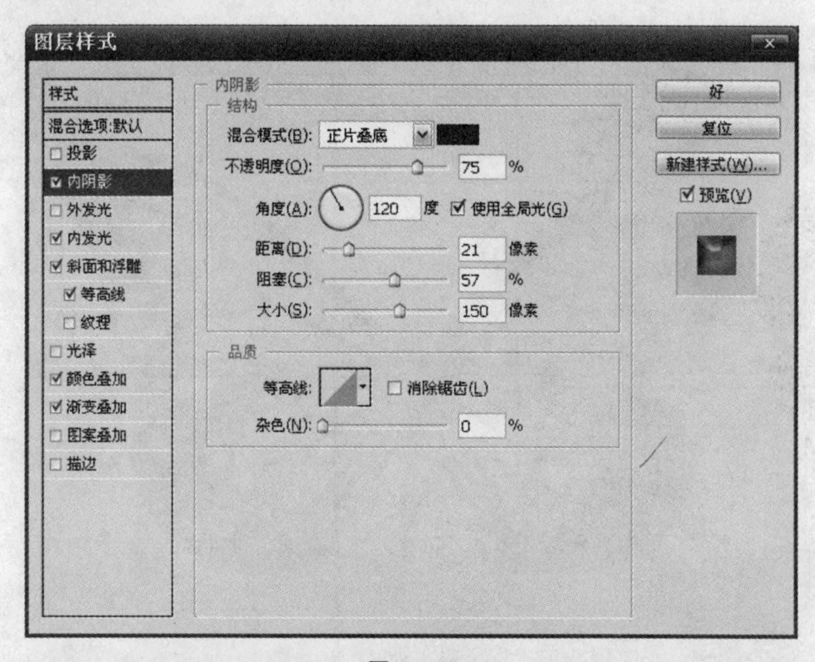

图 4-32

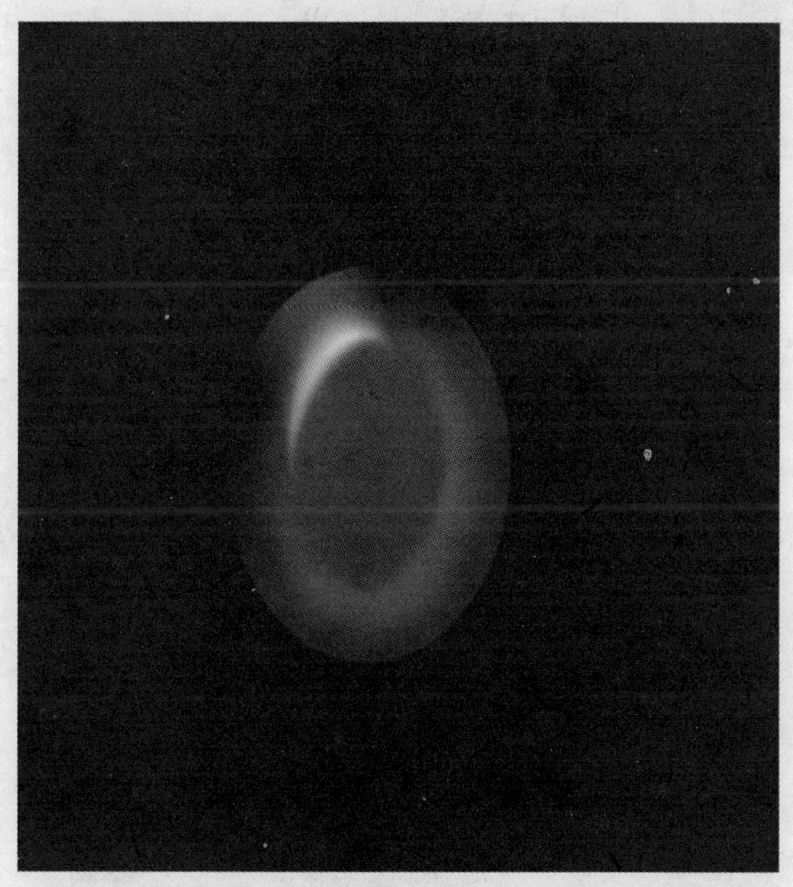

图 4-33

(6) 打开素材图片,选择"魔棒"工具,并在选项栏中选择 ,将容差改为 50,将鼠标放在图片白色背景处点击,效果如图 4-34 所示。

图 4-34

(7) 执行"选择"菜单下的"反选"命令,将选区拖入或复制到新建文件中,效果如图 4-35 所示。

图 4-35

(8) 按“Ctrl＋T”组合键将“蝴蝶”调整到合适大小，将透明度改为 32%，效果如图 4－36 所示。

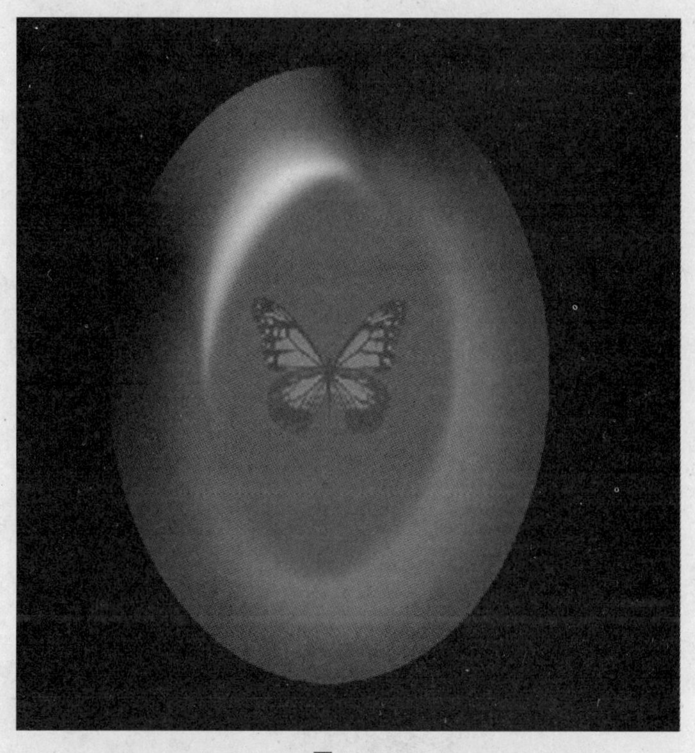

图 4-36

(9) 将“蝴蝶”图层的投影设置如图 4－37 所示，效果如图 4－38 所示。

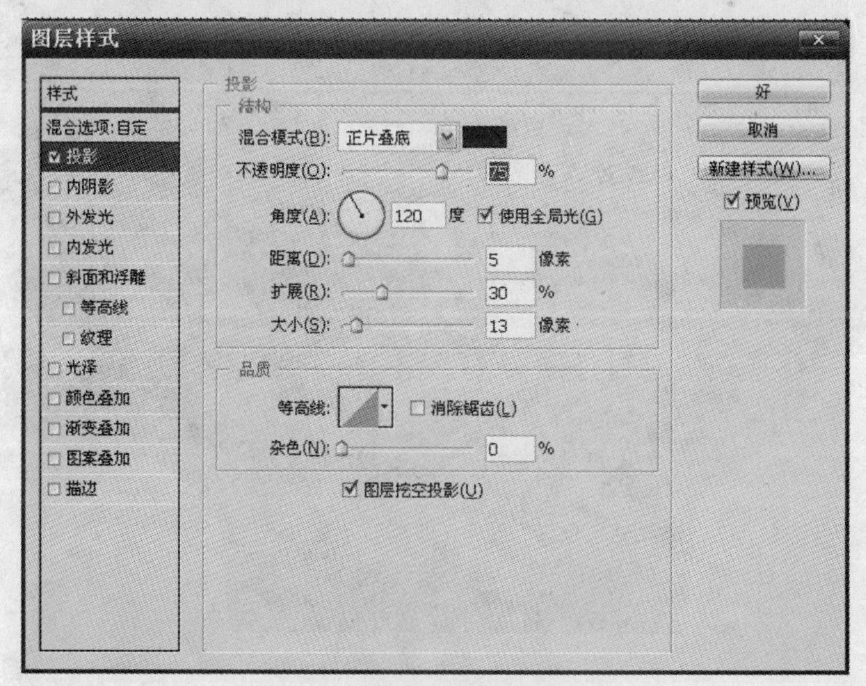

图 4-37

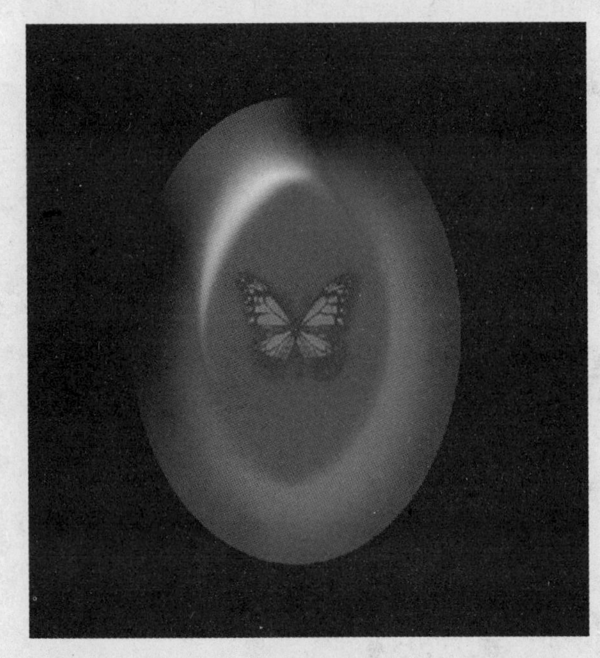

图 4-38

(10) 打开素材图片“模型”如图 4 - 39 所示。

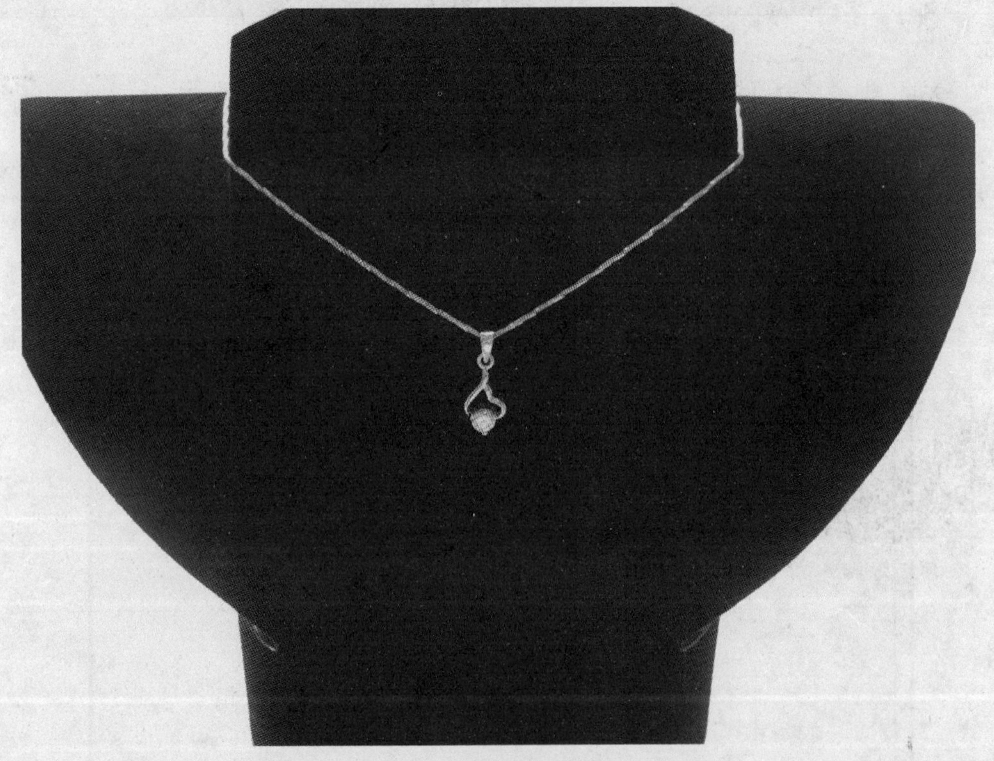

图 4-39

（11）回到原来的文件，将背景层之外的所有图层进行合并，如图4-40所示。

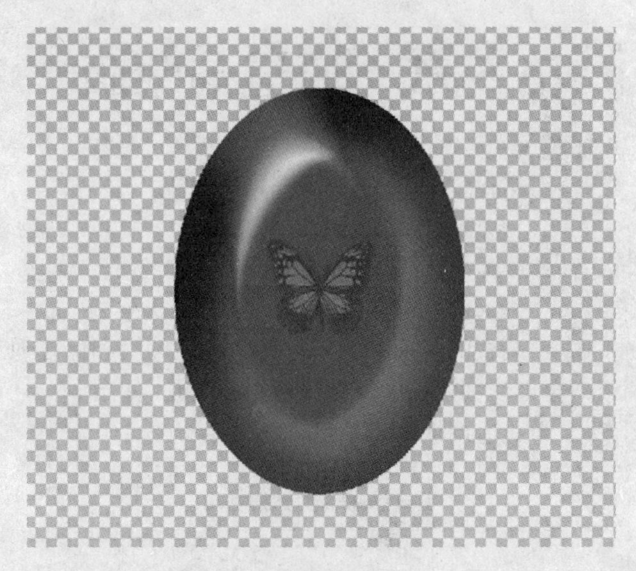

图4-40

（12）将合并的图层复制到“模型”图像中，并按“Ctrl＋T”组合键将吊坠调整到合适大小，将模型中的吊坠覆盖。最终效果如图4-41所示。

图4-41

第 5 章　通道与蒙版

5.1　通道调板

在 Photoshop 中"通道"调板的作用是用来创建、管理、编辑和保存通道。当我们打开一个图像时，在通道调板中会自动创建该图像的颜色信息通道，如图 5-1 所示。图 5-2 中包含了所有的通道，图 5-3 为通道调板菜单。

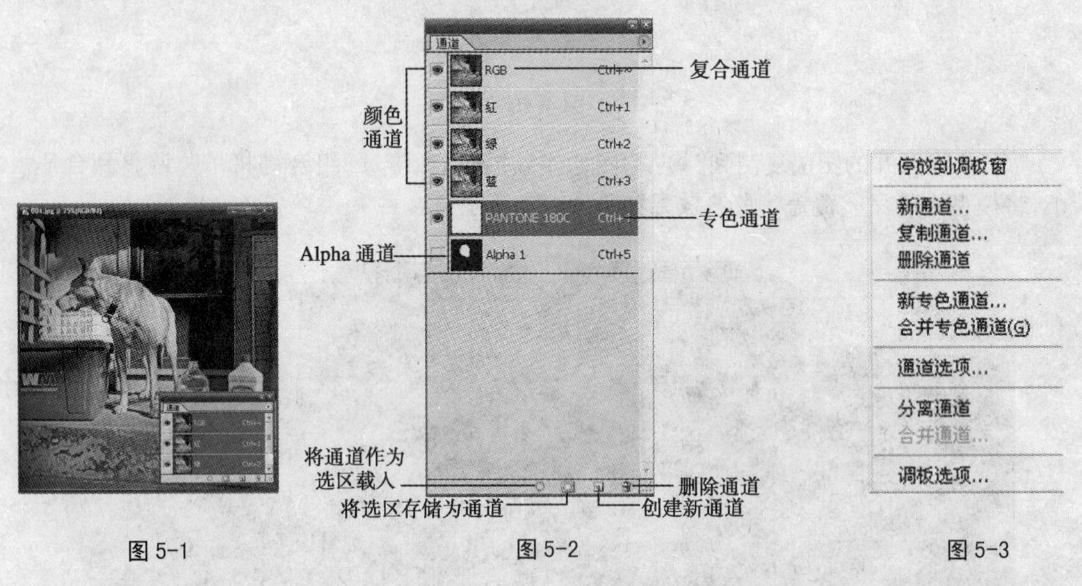

图 5-1　　图 5-2　　图 5-3

• 复合通道：位于通道面板的最上方，在复合通道下可以预览和编辑所有的颜色通道。

• 颜色通道：不同的色彩模式显示不同数量的颜色通道，图 5-2 所示为 RGB 模式下的 R、G、B 三个颜色通道。

• 专色通道：专门用于保存专色油墨的通道。

• Alpha 通道：专门用于保存选区的单独通道。

• 将通道作为选区载入：单击该按钮，可以将通道中的选区载入。

• 将选区存储为通道：如果在图像中创建了选区，单击该按钮可以将选区保存在通道内。

• 创建新通道：单击该按钮，可以新建 Alpha 通道。

• 删除通道：用来删除当前选择的通道。

5.2　通道的类型

在 Photoshop 中的通道主要有三种类型：颜色通道、Alpha 通道和专色通道。

• 颜色通道：是在打开图像后根据图像模式自动创建的通道，里面记录了图像色彩模式。如图 5－4、5－5、5－6 所示分别为 RGB 模式、CMYK 模式和 Lab 模式图像的色彩通道，均有一个复合通道，三个、四个和三个色彩通道。**注意：**灰度、位图和索引模式只有一个通道。

图 5-4

图 5-5

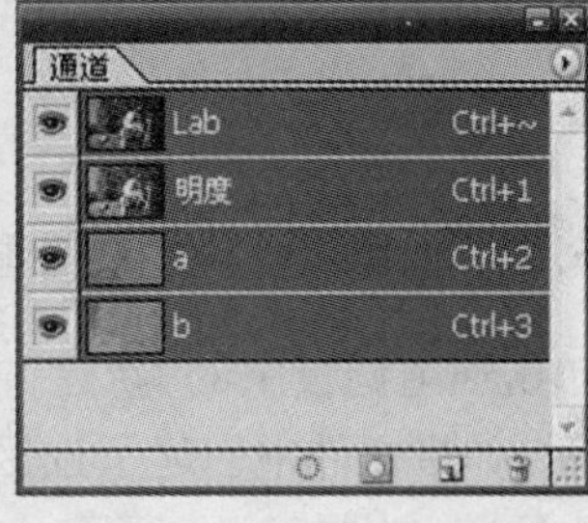

图 5-6

• Alpha 通道：该通道最主要的目的是保存选区并将其存储成灰度图像，如图 5－7 所示，我们可以使用 Alpha 通道来创建和存储蒙版，观察该通道，其白色部分为被选择区域，黑色部分代表了未被选择区域，灰色部分为羽化区域。如图 5－8 所示。

图 5-7

图 5-8

• 专色通道：专色通道是一种特殊的油墨通道，如金属质感或荧光油墨等。如图 5－9 所示专色通道中保存的专色是 PANTONE 272C。

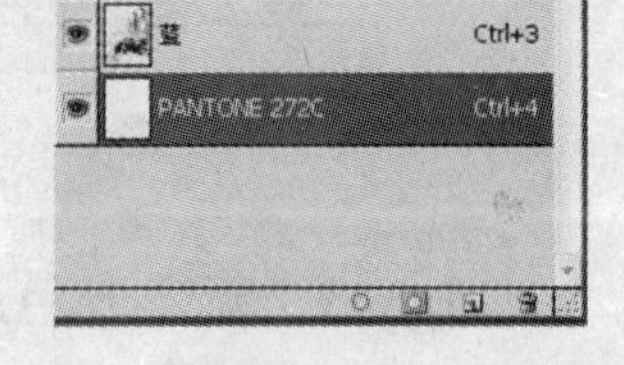

图 5-9

5.3　通道的创建与编辑

我们结合通道面板和其相关菜单来进行相关通道的编辑和操作。

5.3.1　选择通道

单击通道面板中任何一个通道便可将其选择。选择通道后，画面以灰度图像显示。如图 5－10 所示。按住 Shift 键可以连续选择多个通道，通道选择的不同，图像显示的复合效果也不一样。如图 5－11、5－12 所示。

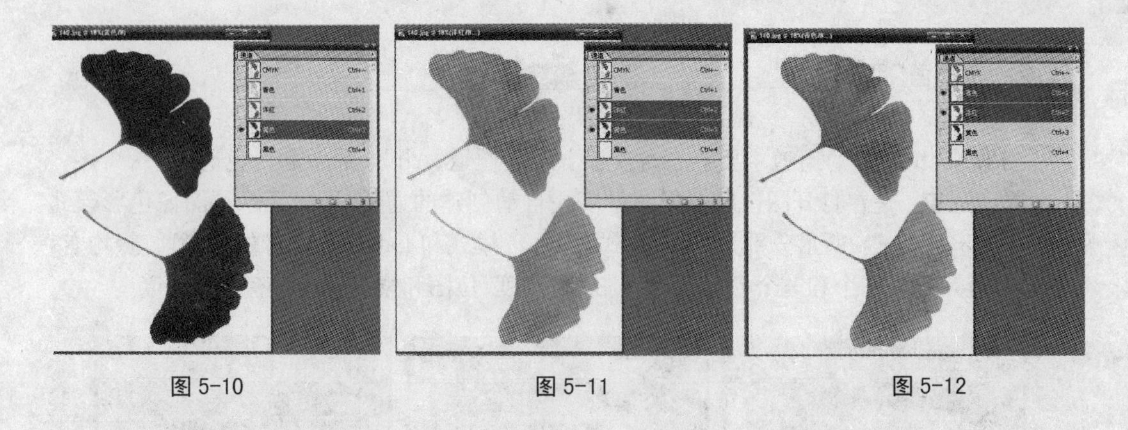

图 5-10　　图 5-11　　图 5-12

5.3.2　新建 Alpha 通道

单击通道调板中的“新建”按钮，便可在通道最下方创建一个新的 Alpha 通道，如图 5－13 所示，如果文件中创建了选区，单击将选区存储为通道按钮也可创建一个保存了选区的 Alpha 通道，如图 5－14 所示。

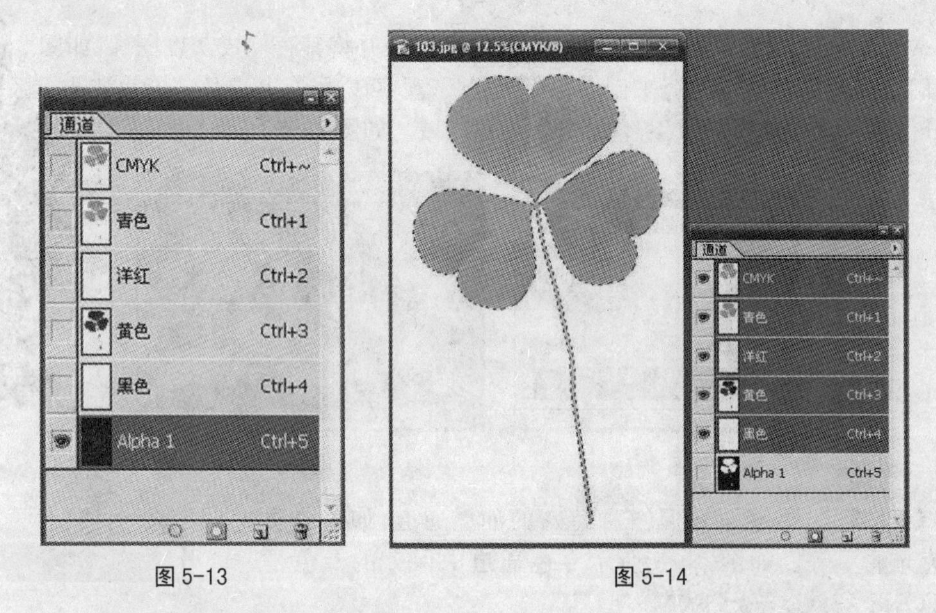

图 5-13　　图 5-14

5.3.3　新建专色通道

执行“通道”调板中的“新建专色通道”命令，可打开如图 5－15 所示对话框。点击颜色色块，在弹出的对话框中选择需要的颜色。密度选项主要控制印刷后专色的密度，数值越低，油墨越透明。如果对于专色不满意，可以双击专色通道缩略图进行重新编辑，如图 5－16 所示。

图 5-15

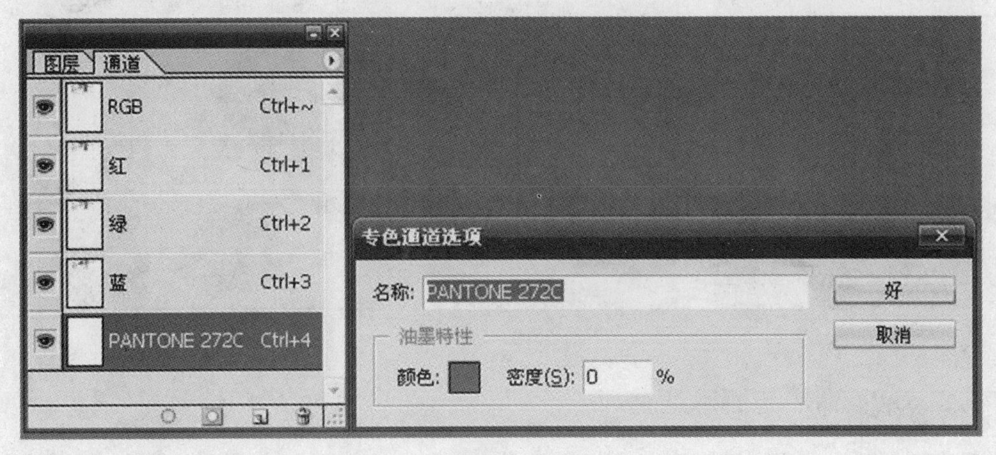

图 5-16

5.3.4　复制通道

复制通道很简单，只要把你所需要的通道拖拽到通道面板下方的新建通道的按钮上即可，如图 5-17 所示。

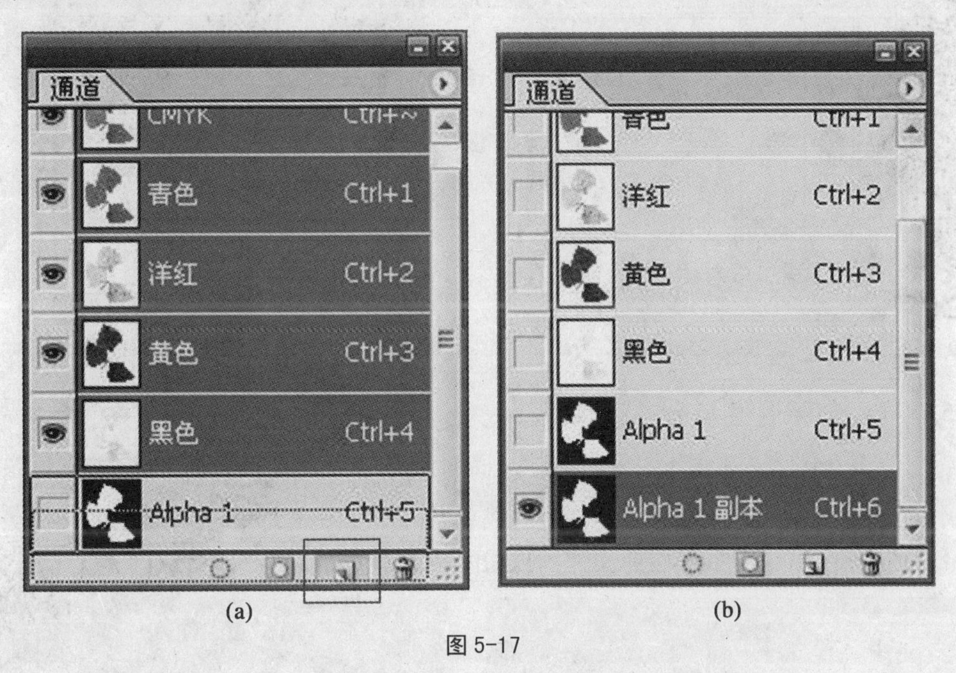

图 5-17

5.3.5　载入通道中的选区

要在通道中载入如图 5-18 所示的选区，只要选中当前 Alpha 通道，单击下方"将通道作为选区载入"按钮即可，如图 5-19 所示。**注意：**在选取载入过程中我们发现，通道中的白色区域被载入，黑色区域则不会，灰色区域作为羽化效果载入。除 Alpha 通道外，任何一个色彩通道都能被载入，如图 5-20 所示为绿色通道的选区载入效果。

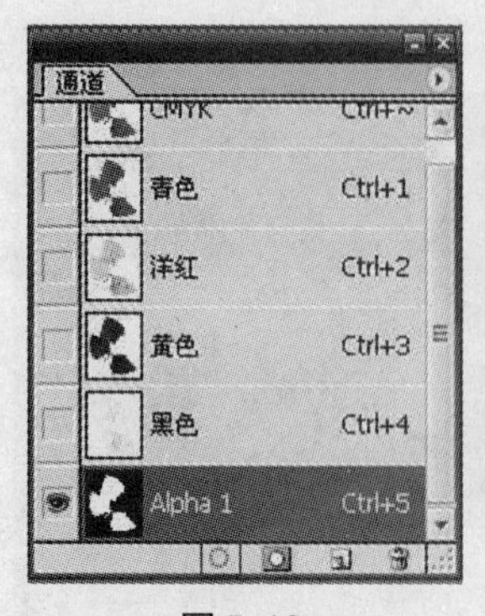

图 5-18

图 5-19

图 5-20

5.3.6 重命名与删除通道

重命名通道：在通道调板中双击通道名称，在显示的文本框中输入新的名称即可重命名，如图 5－21 所示。**注意：**颜色通道和复合通道是不能重命名的。

删除通道：直接选中通道后拖拽到通道面板下方的“删除通道”按钮即可，如图 5－22 所示为删除了黄、黑通道后的图像。

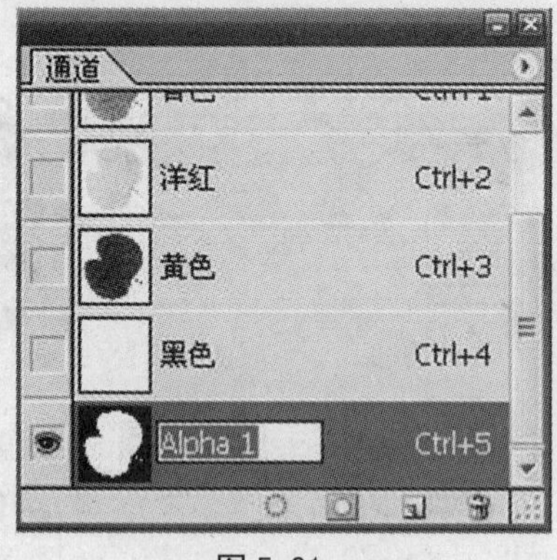

图 5-21

图 5-22

5.3.7 分离通道与合并通道

在一些文件格式保存后通道是不能被保留的，在这样的情况下，我们可以执行通道调板菜单中的“分离通道”命令，即可将图像分离成单独的灰度图像文件，其标题栏中文件名为该文件名加上该通道名称的缩写，原文件则被关闭。如图 5－23、5－24 所示。

图 5-23

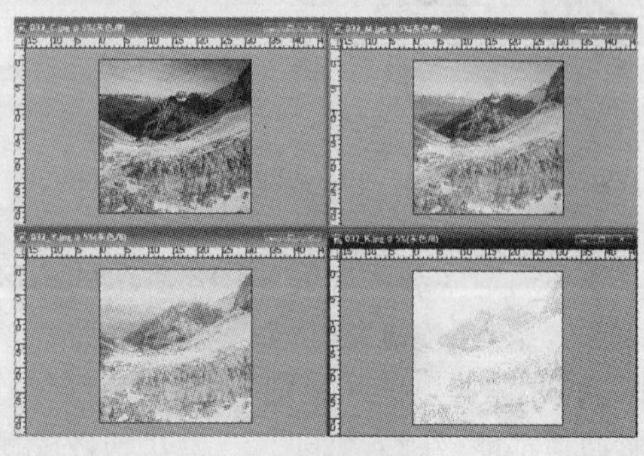

图 5-24

同样道理我们也可以将多个灰度图像合并成一个图像的通道，但文件必须在打开的状态下，并且为尺寸、像素一致的灰度模式，具体操作如下：

(1) 打开三个灰度文件，如图 5 - 25、5 - 26、5 - 27 所示。

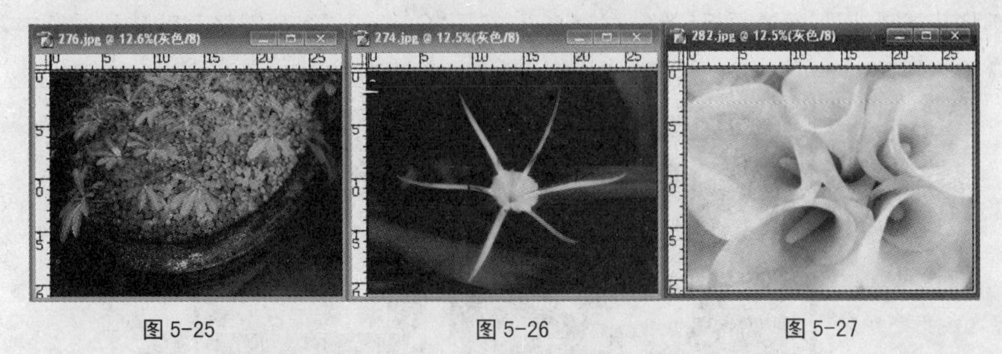

图 5-25　　图 5-26　　图 5-27

(2) 在通道调板菜单下选择“合并通道”命令，在弹出的如图 5 - 28 所示的对话框中，在“模式”下拉列表中选择“RGB 颜色”，并在图 5 - 29 中指定不同的颜色通道并赋予不同的图片名称，不同的定位也可以出现不同的合并效果。最终效果如图 5 - 30 所示。

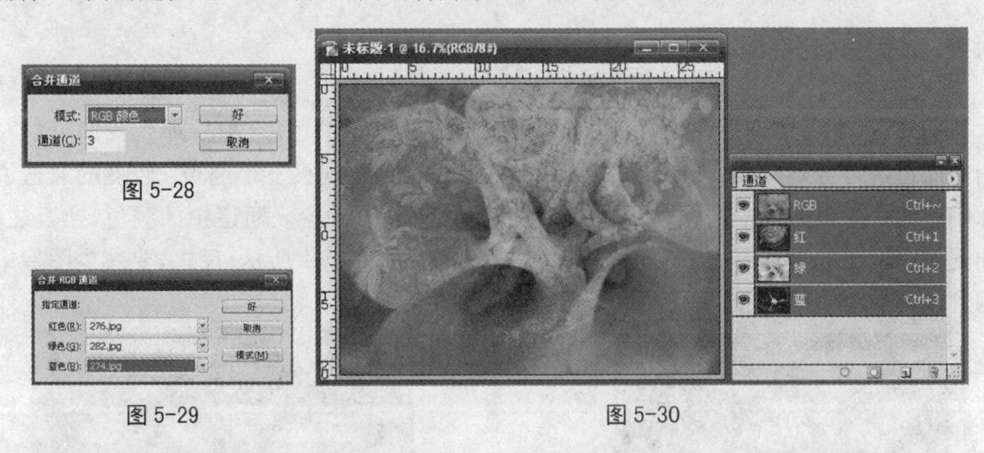

图 5-28

图 5-29　　图 5-30

5.3.8　通道中图像粘贴到图层

打开文件，调出其通道面板，选择某一色彩通道，按下“Ctrl＋A”组合键将其全选，再按下“Ctrl＋C”组合键复制通道内的图像，进而回到 RGB 复合通道中，在图层面板下，按下“Ctrl＋V”组合键即可完成复制，如图 5 - 31、5 - 32 所示，可以看到在图层面板中在背景层上方出现了这个新的图层。

图 5-31

图 5-32

5.3.9 图像复制到通道

具体方法是在打开一个图像文件后，按下“Ctrl＋A”组合键将其全选，再按“Ctrl＋C”组合键将其复制，回到通道面板，新建一个通道，按下“Ctrl＋V”组合键将其粘贴到通道中，如图 5－33 所示。

图 5-33

5.4 通道在色彩调整中的应用

我们知道，在通道调板中，颜色通道的功能是记录图像的色彩信息，那么我们可以对每个图像通道进行分别调整。打开一张 RGB 模式的图像，并观察三个通道：较亮的通道说明图像中包含大量该通道中的颜色，较暗的通道说明图像中缺少该通道中的颜色，换言之，要增加图像中红色的含量，只要在“色阶”中将色阶调亮，如 5－34 所示；反之，要减少图像中红色的含量，只要将色阶调暗即可，如 5－35 所示。

图 5-34

图 5-35

而在 CMYK 模式中这种调整色彩的方式正好相反，较亮的通道说明图像中缺少该通道中的颜色，较暗的通道说明图像中含有大量该通道中的颜色，要增加图像中红色的含量，只要在“色阶”中将色阶调暗，而要减少图像中红色的含量，将色阶调亮即可。除了通道可以调节图像色彩之外，我们还可以用通道来进行抠图，即建立选区，在后面的例子中我们会具体谈到。

5.5　了解蒙版

关于蒙版的原理即在图像中含有两个图层，上方的图层中上添加了一块遮盖物，遮盖物上黑色的部分为透明效果，即能在上面透出下方图层上的物体，而白色部分为不透明区域，保留了图像中本身的区域。

5.5.1　矢量蒙版

一般说来，矢量蒙版的创建是由钢笔工具或者形状工具绘制而成的。下面我们通过一个例子来更好地理解矢量蒙版。

（1）打开一个文件，如图 5－36 所示。

（2）选择工具箱中的多边形工具，在上方的工具选项中选择“路径”按钮，如图 5－37 所示，并在图像合适位置处绘制一个五边形，如图 5－38 所示。

（3）按住 Ctrl 键，单击图层下方“添加图层蒙版”按钮，出现如图 5－39 所示蒙版效果，我们发现在蒙版缩略图中白色区域为不透明区，该层上的图像还在，而灰色区域为透明区域，下一层上的图片便被叠透了上来。

图 5-36

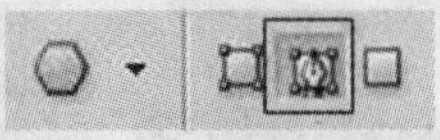

图 5-37

图 5-38

图 5-39

(4) 同时我们还可以在矢量蒙版中继续添加形状，选中图层中的蒙版缩略图，如 5－40 所示，同理，还是选择形状工具中的自定形状工具，在图像中添加若干图形，如图 5－41 所示，我们发现，在蒙版缩略图上也发生了变化，如图 5－42 所示。

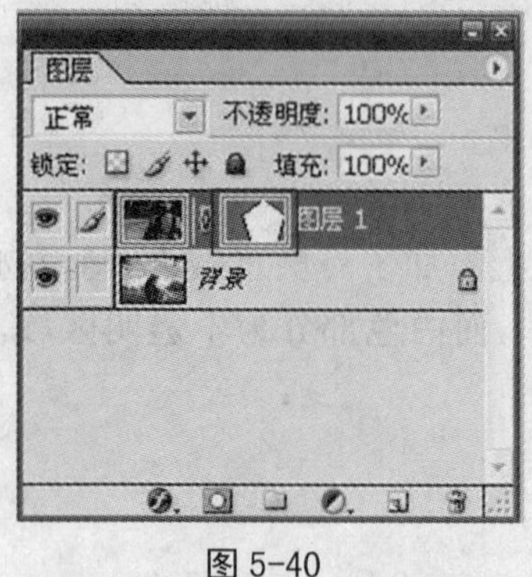

图 5-40

图 5-41

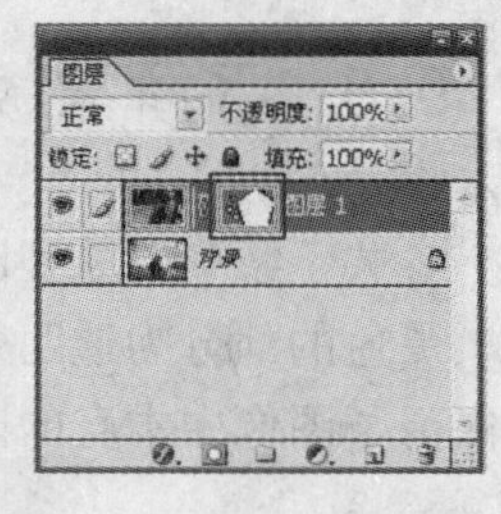

图 5-42

(5) 同时可以对图像上的矢量图形进行编辑和删除，在进行编辑前必须选择蒙版缩略图。选择工具箱中的 路径选择工具选中进行移动、删除、变换等操作，在编辑的同时，蒙版的遮罩区域的图像也随之发生了变化，如图 5－43 所示。

(6) 单击蒙版缩略图后，我们可以为矢量蒙版添加样式，点击图层下方“图层样式”按钮 ，设置内投影和外发光效果，如图 5－44 所示。

图 5-43

图 5-44

1) 启用，禁用和删除矢量蒙版

在创建矢量蒙版后，按下 Shift 键单击矢量蒙版缩略图，会发现在蒙版缩略图上出现了一个红色的“×”符号，如图 5－45(a)所示，此时，图层便恢复到了没有使用蒙版之前的效果，蒙版暂时被禁用，按住 Shift 键再次单击，图层蒙版又被重新启用，如图 5－45(b)所示。

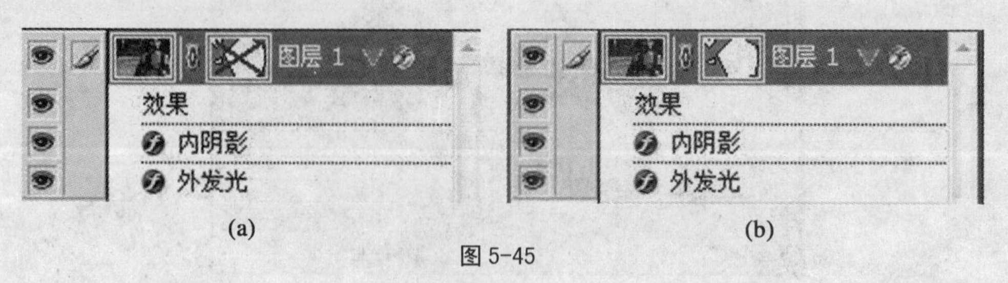

(a) (b)

图 5-45

删除蒙版的话，可将蒙版缩略图直接拖拽到图层调板下方的“删除”按钮处删除。

2) 将矢量蒙版转换成图层蒙版

选中矢量蒙版所在的图层，执行“图层”→“栅格化”→“矢量蒙版”，即可将矢量蒙版转换成图层蒙版，如图 5－46 所示。

图 5-46

5.5.2　剪贴蒙版

剪贴蒙版的基本原理是用下方图层中的图像形状来限制上方图层的显示范围，我们通过例子来了解剪贴蒙版的功能。

(1) 打开一个文件，如图 5－47 所示。

(2) 选择工具箱中的横排文字蒙版工具，在图层面板中新创建一个图层，键入文字“CAR”，并选择较粗的合适的字体，如图 5－48 所示，将其填充成黑色，按下“Ctrl＋D”组合键取消选择。

(3) 调换文字层与汽车图片层的位置，使文字层位于汽车层的下方，如图 5－49 所示。

(4) 选中汽车图层，并执行“图层”→“创建剪贴蒙版”，可以看到如图 5－50 所示效果。

(5) 选中文字图层，点击图层下方效果按钮，为该剪贴蒙版制作投影效果，如图 5－51 所示。

图 5-47

图 5-48

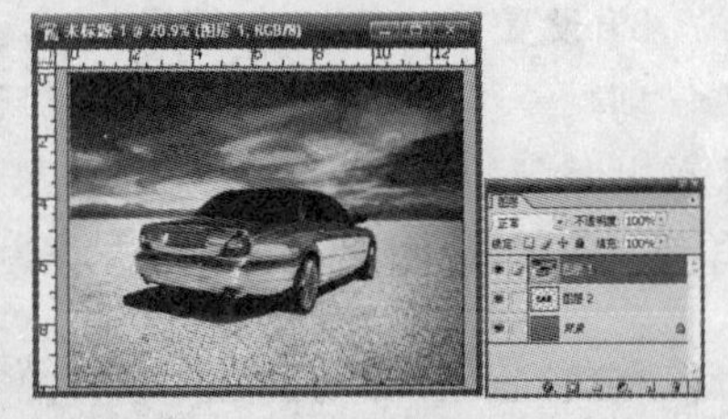

图 5-49

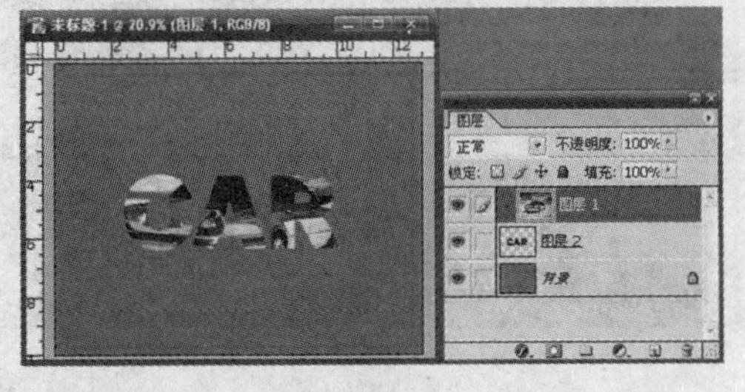

图 5-50

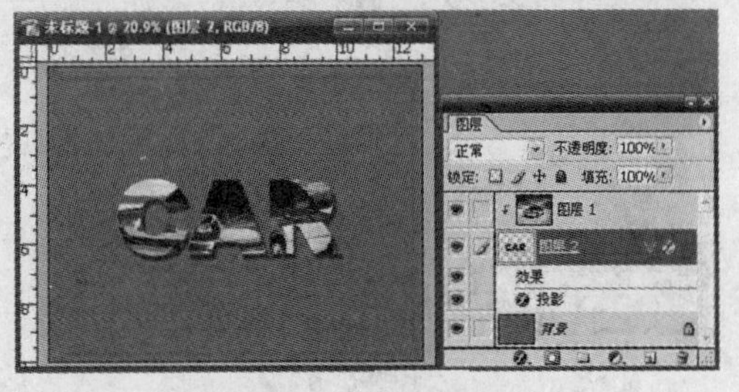

图 5-51

1）剪贴蒙版的图层

在剪贴蒙版中，最上方的那个图层我们叫做内容图层，下方那个带箭头的图层我们叫做基底图层，如图 5－52 所示。内容图层的左边有一个向下的箭头，此外该图层呈缩进状态，下方的基底图层名称上有一条下划线，选中该图层，可以用移动工具来进行移动，同时可改变内容图层中的显示区域，如图 5－53、5－54 所示。

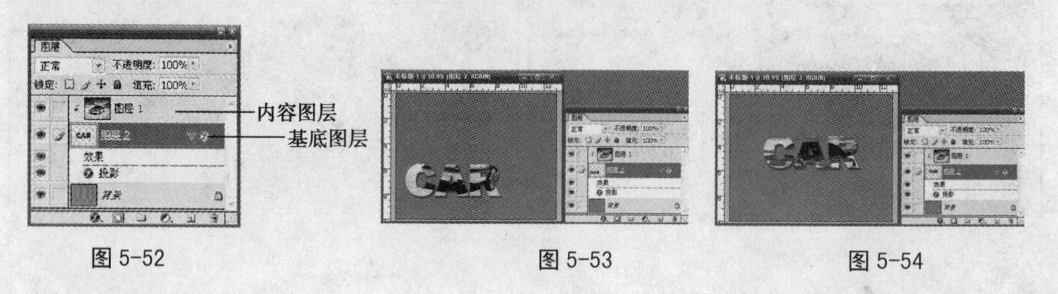

图 5-52　　图 5-53　　图 5-54

2）释放剪贴蒙版

选择剪贴蒙版中的基底图层，执行“图层”→“释放剪贴蒙版”，可释放剪贴蒙版。如图 5－55、5－56 所示。

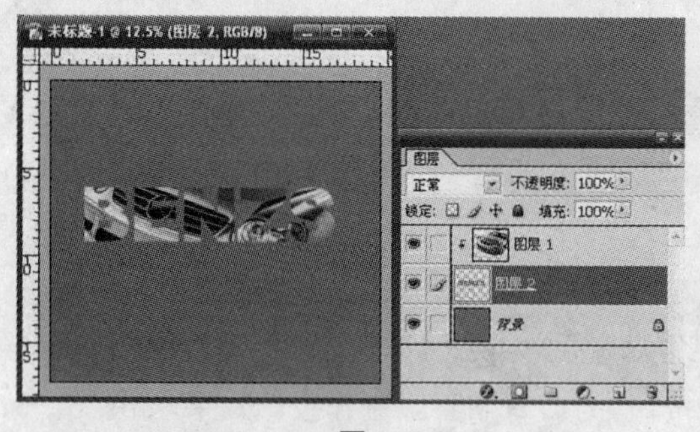

图 5-55

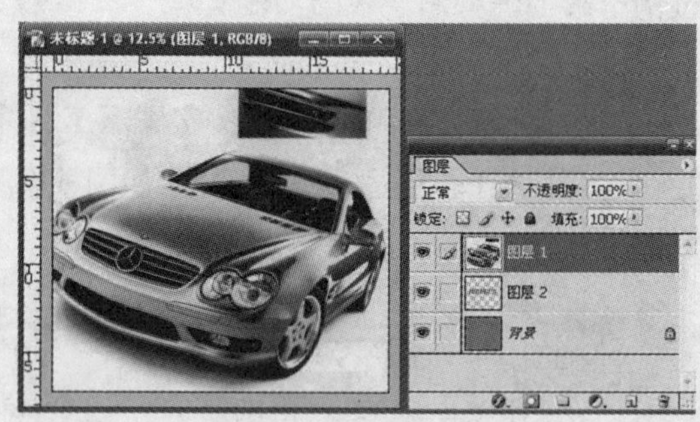

图 5-56

3）设置剪贴蒙版的透明度和混合模式

剪贴蒙版的不透明度属性的设置如果选择在基底图层上改变透明度的话，可以控制整个剪贴蒙版的不透明度，如图 5－57 所示，而如果选择在内容图层上调整透明度的话，仅对自身起作用，如图 5－58 所示。在设置图层混合模式的原理时同样如此。

图 5-57

图 5-58

5.5.3　图层蒙版

图层蒙版是在图像合成中应用最为广泛的蒙版，图层蒙版的原理是在图像上方盖上了一张具有 256 色阶的灰度图像，纯白色区域可以完全遮挡图层下方的图像，并显示当前图层中的图像，蒙版中黑色区域可以遮罩当前图层中的区域，下方图像便被显示了出来，而蒙版中的灰色区域会使图像呈现出不同层次的透明效果，如图 5-59 所示。

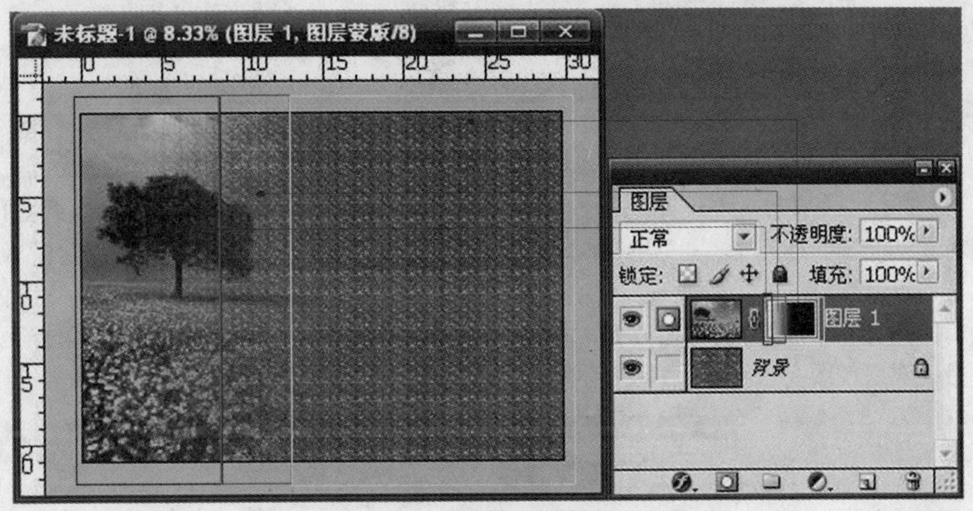

图 5-59

这样的话，我们如果要隐藏图层中的图像，只需用黑色进行涂抹；反之，要显示图层中的图像，我们只需要用白色进行涂抹；要使图层中的图像呈半透明状态的话，用灰色涂抹即可。下面我们通过一个例子来创建图层蒙版并观察其具体的使用。

(1) 分别打开两张图片，并将其放至同一个文件中，如图 5-60 所示。单击图层面板中的“添加图层蒙版”按钮，如图 5-61 所示，并选择画笔工具，设置好合适的笔触宽度和软硬程度，如图 5-62 所示。

图 5-60

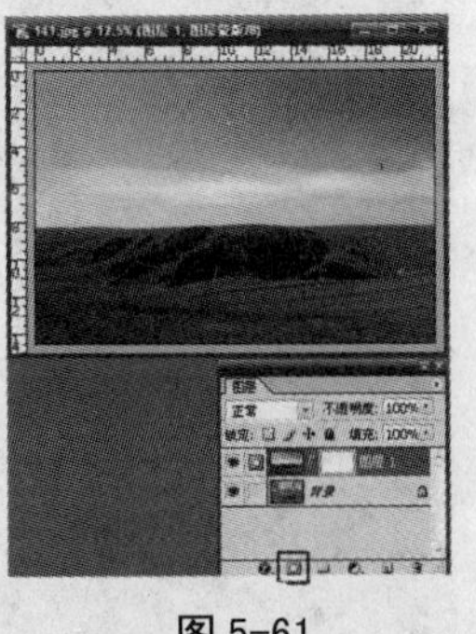

图 5-61

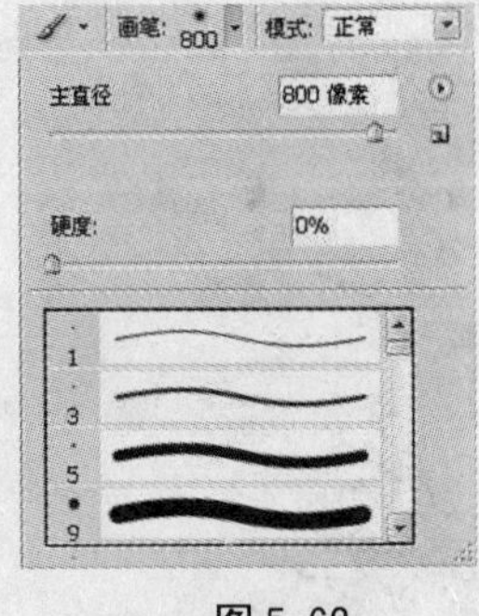

图 5-62

(2) 将画笔前景色设置为黑色，在图层 1 下方进行黑色区域的涂抹，因为之前说过，黑色区域会隐藏当前图层上的图像，进而，底下图层的物体被显示出来；接着通过调节笔触的大小，完成细节的修饰。最终效果如图 5-63 所示。

图 5-63

1) 在选区中生成图层蒙版

(1) 打开一个文件,如 5-64 所示。在图层 1 上用选取工具创建两个选区,并将羽化值设置为 50,如图 5-65 所示。单击"添加图层蒙版"按钮,则可以从选区中直接创建蒙版,我们观察一下蒙版缩略图可以发现,白色区域被保留,黑色区域变为透明效果,下层的图像得以显示,而我们刚才做羽化的地方在缩略图中显示为灰色,表示这两个图层之间的渐变效果。最终效果如图 5-66 所示。

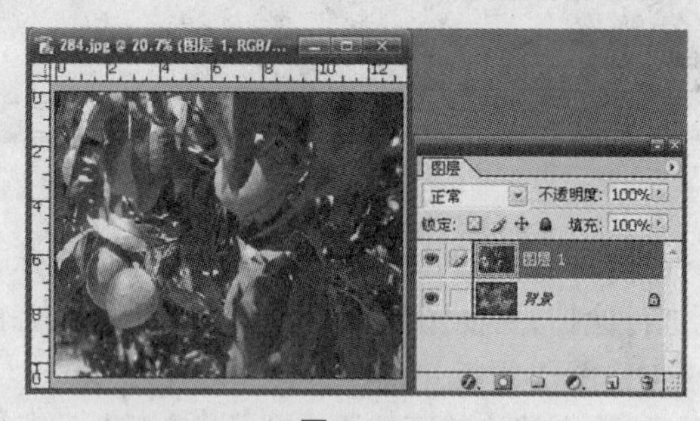

图 5-64

图 5-65

图 5-66

2) 从图像中生成图层蒙版

(1) 打开一个文件，并为图层 1 添加一个图层蒙版，如图 5－67 所示。按下 Alt 键单击图层蒙版缩略图，显示如图 5－68 所示效果。

(2) 打开另外一个文件，按下"Ctrl＋A"组合键将其全选，按下"Ctrl＋C"组合键将其复制，再按下"Ctrl＋V"组合键将其粘贴，最后我们发现该图像便被粘贴进了图层 1 中的图层缩略图，如图 5－69、5－70 所示。

图 5-67

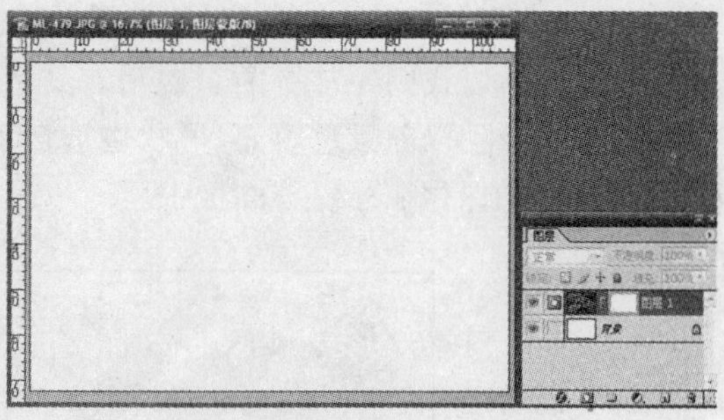

图 5-68

图 5-69

图 5-70

3) 禁用和启用图层蒙版

和之前的矢量蒙版一样，按住 Shift 键，单击图层蒙版缩略图即可出现"×"符号，表示该图层蒙版被禁止使用，再次单击又可以将其显示。

4) 应用和删除图层蒙版

如果要将图层蒙版应用到图像，我们可以选择图层蒙版，拖拽至图层下方 ，会弹出一个对话框，选择"应用"即可，如图 5－71、5－72 所示。如果选择"不应用"按钮的话，则会删除蒙版，但图像中的像素不会被删除，并回到未添加蒙版状态前的效果。

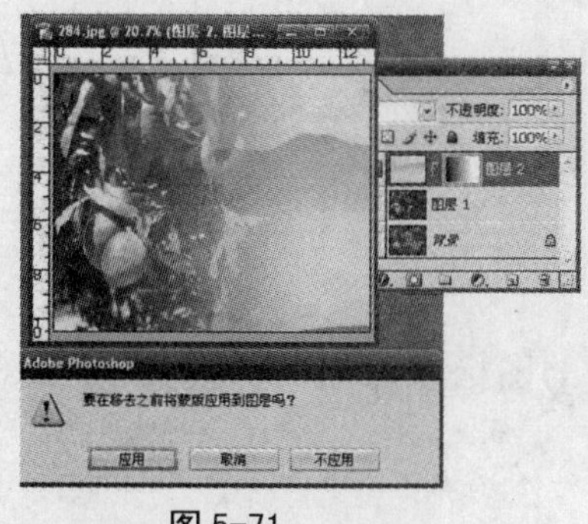

图 5-71

图 5-72

第 6 章　形状与路径

形状与路径(如图 6 - 1 所示)属于辅助绘画工具,它们所使用的工具和编辑方法几乎是完全一致的,所以我们经常将两者混淆。其实它们的创建方法是不同的:当我们创建一个形状时,系统自动以前景色填充,形状也被自动保存在一个新的形象化图层内;而创建路径时,路径被自动保存在"路径"面板中。

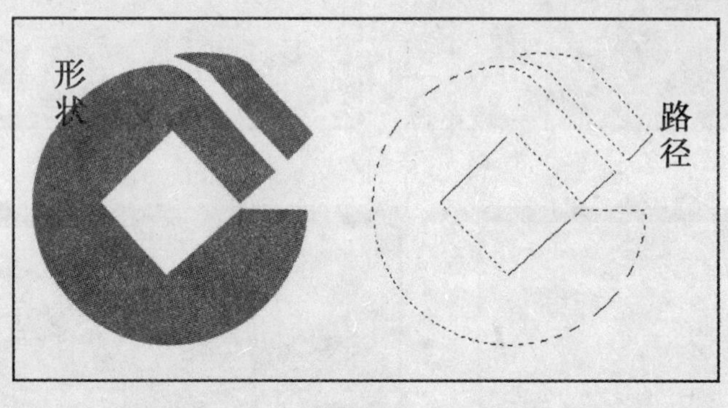

图 6-1

6.1　形状的绘制与编辑

6.1.1　形状的绘制

Photoshop 系统自带的形状与路径工具如图 6 - 2 所示。

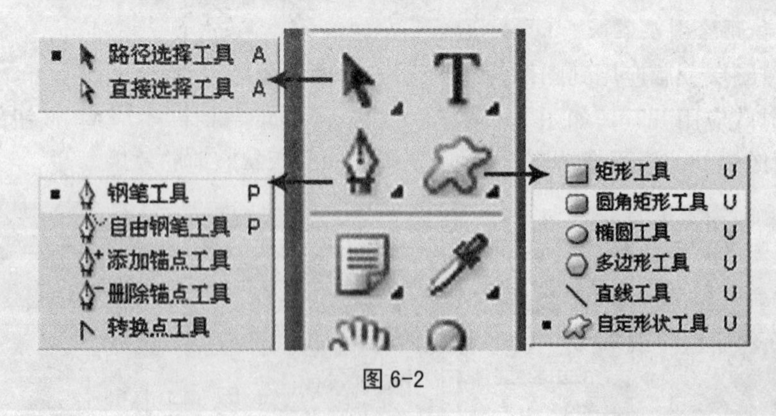

图 6-2

在选定形状或钢笔工具时,可通过选择选项栏中的图标来选取一种模式,如图 6 - 3 所示。

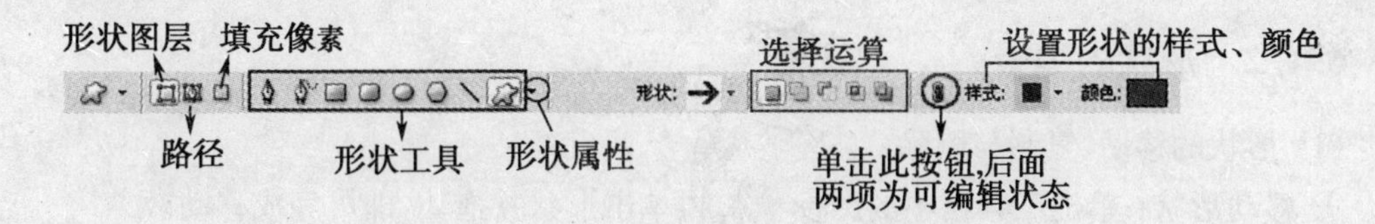

图6-3

① 形状图层：在单独的图层中创建形状。可以使用形状工具或钢笔工具来创建形状图层。

② 路径：在当前图层中绘制一个工作路径，可随后使用它来创建选区、创建矢量蒙版，或者使用颜色填充和描边以创建栅格图形(与使用绘画工具非常类似)。

③ 填充像素：直接在图层中绘制，与绘画工具的功能非常类似。在此模式下不能使用钢笔工具。

在形状图层上创建形状：

① 选择一个形状工具或钢笔工具。

② 在选项栏中点击“颜色”图标，然后从拾色器中选取一种颜色。

③ 在选项栏中设置工具选项。点击形状按钮旁边的反向箭头以查看每个工具的其他选项。

④ 要为形状应用样式，从选项栏中“样式”弹出式菜单中选择预设样式。

⑤ 在图像中拖移可绘制形状(按住 Shift 键，将矩形或圆角矩形约束成方形，将椭圆约束成圆，或将线条角度限制为 45 度角的倍数)。

(1) 绘制自定形状

① 从选项栏中的“自定形状”弹出式调板中选择一个形状。

② 点击调板右上角的箭头，然后选取其他类别的形状。当询问是否替换当前形状时，点按“替换”以仅显示新类别中的形状，或点按“追加”以添加到已显示的形状中。

③ 在图像中拖移可绘制形状。

(2) 将形状或路径存储为自定形状

① 在“路径”调板中选择路径，可以是形状图层的矢量蒙版，也可以是工作路径或存储的路径。

② 选取“编辑”→“定义自定形状”，然后在“形状名称”对话框中输入新自定形状的名称。新形状出现在“形状”弹出式调板中。

③ 要将新的自定形状存储为新库的一部分，从弹出式调板菜单中选择“存储形状”。

(3) 创建栅格化形状

通过建立选区并用前景色填充来创建栅格化形状。

① 选择图层。在基于矢量的图层上无法创建栅格化形状。

② 选择形状工具，然后点击选项栏中的“填充像素”按钮。

③ 在选项栏中对“模式”、“不透明度”、“消除锯齿”进行设置。

④ 设置其他特定工具的选项。

⑤ 绘制该形状。

6.1.2　形状的编辑

(1) 形状的移动、复制与删除

① 移动形状：单击工具箱中的图标 ，再单击形状并拖动，即可完成移动。

② 复制形状：在移动的同时按住 Alt 键即可完成复制。

③ 删除形状：选中形状，按 Delete 键。

(2) 改变形状外观及颜色

① 双击“图层”面板中形状图层的缩略图，然后用拾色器选取一种不同的颜色。

② 单击选项栏中的“颜色”图标，在打开的拾色器中进行设置。

(3) 为形状填充渐变或图案

① 选取“图层”→“更改图层内容”→“渐变”或“图案”，并设置选项。

② 单击选项栏中的“样式”图标，选择合适的图案。

③ 单击图层面板左下角的“添加图层样式”图标 。

(4) 修改形状轮廓

点选“直接选取工具” ，单击形状的边缘线，形状锚点如图 6－4(a)所示；单击锚点显示其方向控制线，如图 6－4(b)所示；单击锚点并拖动，移动锚点位置的同时改变形状轮廓，如图 6－(c)所示；单击方向控制线的端点并拖动，同样可以调整形状的外形，如图 6－4(d)所示。

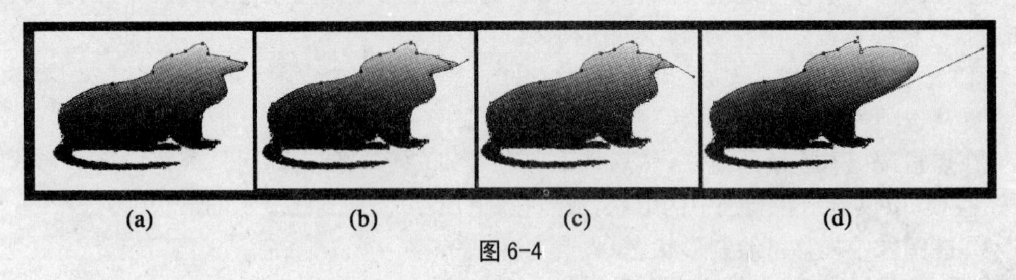

图 6-4

(5) 形状的变换

选中形状工具后，“编辑”菜单中的“自由变换”和“变换”命令变为“自由变换路径”和“变换路径”，选择任何一个命令，或按“Ctrl＋T”组合键，都可以进行自由变换，如图 6－5、6－6 所示。

图 6-5　　图 6-6

(6) 形状的运算

要对一个图层中的多个形状进行编辑时，可以利用选项栏的 设置形状的运算方式，如图 6－7 所示。

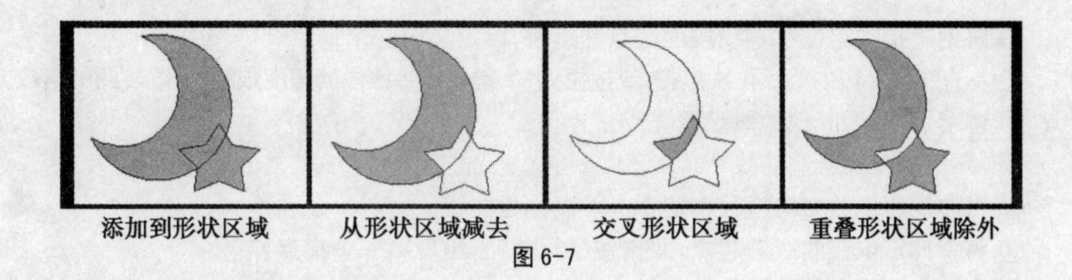

图 6-7

6.2　路径的创建与编辑

路径在 Photoshop 中有着非常重要的作用。路径主要用于进行光滑图像选择区域及辅助抠图，绘制光滑线条，定义画笔等工具的绘制轨迹，输出输入路径及和选择区域之间转换。通过路径可以对图像进行精确定位和调整，尤其是对于不规则和难以使用其他工具进行选择的图像区域。

6.2.1　路径的创建

选择“窗口”→“路径”，路径面板如图 6-8 所示。

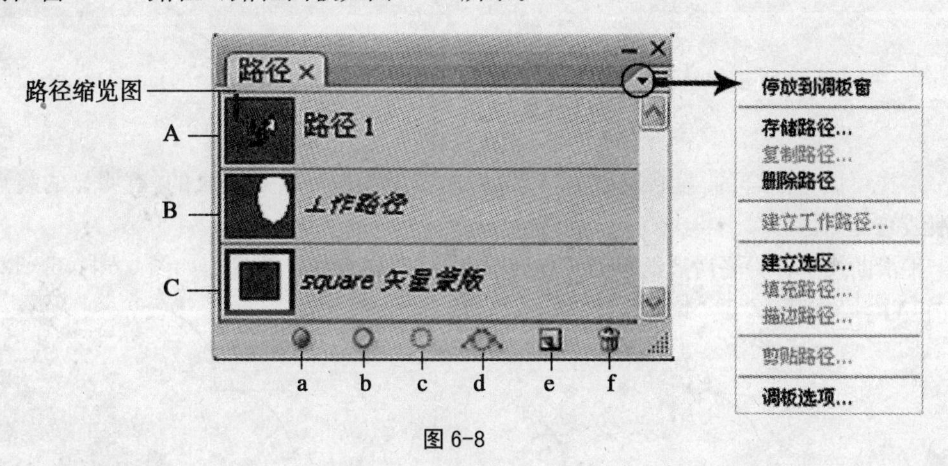

图 6-8

A：存储的路径　　　　B：临时工作路径

C：矢量蒙版路径（只有在选中了形状图层时才出现）

a：用前景色填充路径　　b：用画笔描边路径　　c：将路径作为选区载入

d：将选区生成工作路径　　e：创建新路径　　f：删除当前路径

路径面板列出了每条存储的路径、当前工作路径和当前矢量蒙版的名称和缩览图像。关闭缩览图可提高性能。要查看路径，必须先在“路径”面板中选择路径名。

在路径面板下方点击“创建新路径”；点击工具箱中的钢笔工具；在钢笔选项栏中设置特定选项；将钢笔指针定位在绘图起点处并点按，以定义第一个锚点；点按或拖移，为其他的路径段设置锚点；完成路径。

(1) 钢笔工具

用钢笔工具绘制直线段：

① 将钢笔指针定位在直线段的起点并点按，以定义第一个锚点。

② 在直线第一段的终点再次点按，或按住 Shift 键点按将该段的角度限制为 45 度角的倍数。

③ 继续点按，为其他的段设置锚点。

(2) 用钢笔工具绘制曲线

① 沿曲线伸展的方向拖移钢笔工具可以创建曲线。

② 将指针定位在曲线的起点，并按住鼠标按钮，出现第一个锚点。

③ 向绘制曲线段的方向拖移指针。

④ 将指针定位在曲线段的终点，并向相反方向拖移可完成曲线段。

(3) 执行下列操作之一

① 要绘制平滑曲线的下一段，将指针定位在下一段的终点，并向曲线外拖移。

② 沿着偏离曲线的方向拖移可创建下一段。

③ 要急剧改变曲线的方向，释放鼠标按钮，然后按住 Alt 键沿曲线方向拖移方向点。松开 Alt 键以及鼠标按钮，将指针重新定位在曲线段的终点，并向相反方向拖移以完成曲线段。

④ 要间断锚点的方向线，按住 Alt 键拖移方向线。

锚点分为两种，一种为角落点，一种为平滑点，如图 6-9 所示，两种是可以互换的。平滑点会有控制点控制其连接曲线的平滑度，如图 6-10 所示。

图 6-9　　图 6-10

路径可以是闭合的，没有起点或终点(例如圆圈)；也可以是开放的，有明显的终点(例如波浪线)。

平滑曲线由称为平滑点的锚点连接，锐化曲线路径由角点连接。如图 6-11、6-12 所示。

图 6-11　　图 6-12

当在平滑点上移动方向线时，将同时调整平滑点两侧的曲线段。相比之下，当在角点上移动方向线时，只调整与方向线同侧的曲线段。如图 6-13、6-14 所示。

图 6-13　　图 6-14

路径不必是由一系列线段连接起来的一个整体，它可以包含多个彼此完全不同而且相互独立的路径组件。形状图层中的每个形状都是一个路径组件。

6.2.2　路径的编辑

(1) 选择路径

在“路径”面板中单击路径名(一次只能选择一条路径)。

(2) 取消选择路径

在“路径”调板的空白区域中单击,或按 Esc 键。

(3) 路径转化为选区

点击路径面板下方的“将路径作为选区载入”按钮 。

(4) 路径描边

① 根据“画笔”等工具属性设置描边效果

a. 新建空白文档,将背景色填充为黑色。选择“自定形状”工具 ,在其选项栏中点击“路径”图标 ,在“形状”的下拉菜单中选择“蝴蝶”图案。如图 6－15 所示。

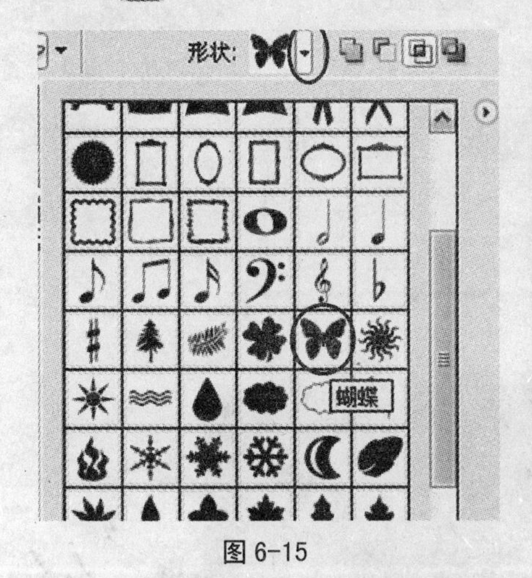

图 6-15

图 6-16

b. 拖动鼠标在画布中绘制蝴蝶路径,如图 6－16 所示。

c. 将前景色设置为白色,单击画笔工具 ,在选项栏中设置笔刷大小为 50,笔刷样式为柔边,模式为溶解,不透明度为 100,如图 6－17 所示。单击路径下方的“用画笔描边路径”图标,描边效果如图 6－18 所示。

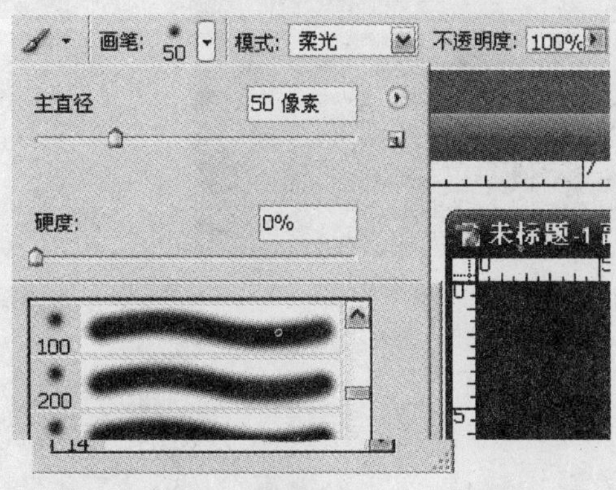

图 6-17

图 6-18

② 根据描边属性设置描边效果

先将前景色和笔刷样式设置好，右键单击“路径面板”中的“工作路径”，如图 6 - 19 所示，在弹出的菜单中选择“描边路径”；在弹出的对话框中勾选“模拟压力”，如图 6 - 20 所示，最后单击“用画笔描边路径”图标 ，效果如图 6 - 21 所示。

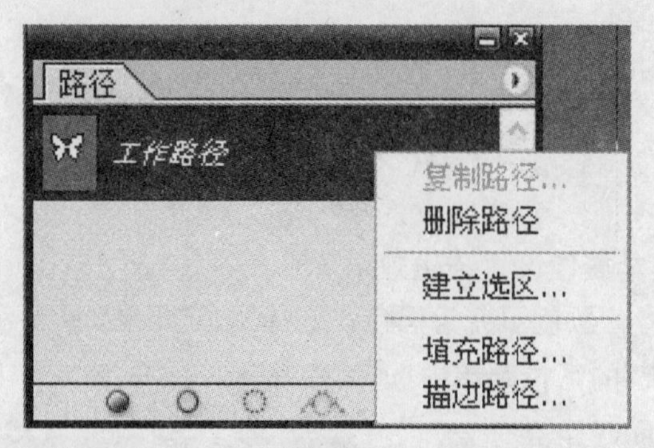

图 6-19

图 6-20

图 6-21

(5) 填充路径

“填充路径”命令与填充选区类似，可以将指定的颜色、图案填充在路径内的区域。

① 使用前景色填充路径

a. 设置前景色。

b. 选择“路径”调板中的路径，点按“路径”面板底部的“填充路径”按钮 。

c. 得到填充效果，如图 6－22 所示。

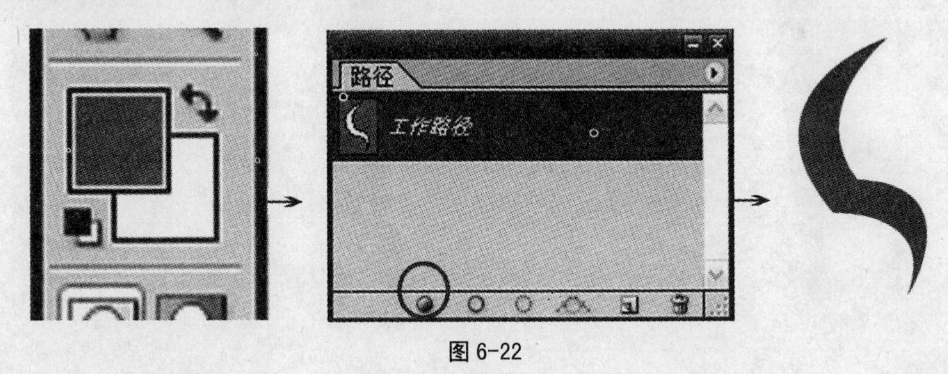

图 6-22

② 使用图案填充路径

a. 点击“路径”调板中的路径层。

b. 单击“路径”面板右上角按钮 ，从弹出的菜单中选择“填充路径”命令，在弹出的对话框中进行参数设置，点击 好 ，图案被填充，如图 6－23 所示。

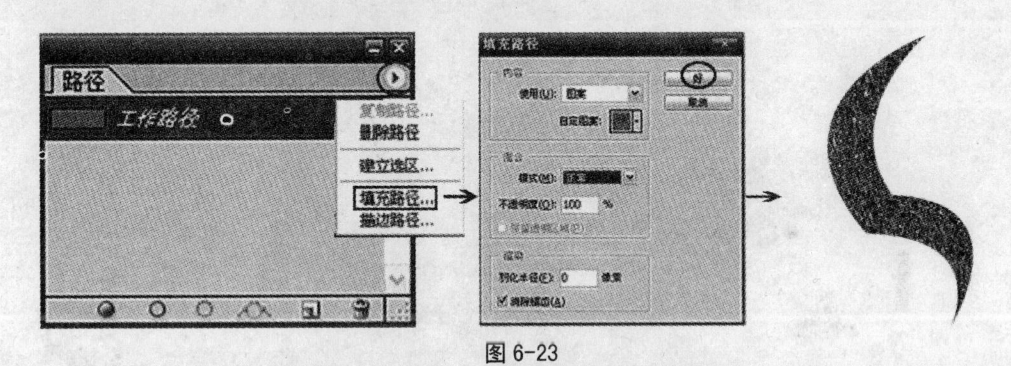

图 6-23

6.3　实战练习

实例 1

本案例主要将当前被选中的路径转换成处理图像时用以定义处理范围的选择区域，可以将路径作为选区载入。

(1) 打开素材图片(祥云火炬图片)。

(2) 我们试将右侧的 3 号火炬抠出：用钢笔工具大致勾勒出火炬外形(为讲解清晰，把 1、2 号火炬先隐去)，如图 6－24 所示。

(3) 结合 Alt、Ctrl 等键，修改火炬轮廓的路径。要说明的是，虽然在绘制路径过程中锚点的多少可以看出一个人的作图水平，但要建立在抠图完整的基础上，此图笔者用了 6 个锚点，基本是在曲线的每一个转折处添加一个锚点，如 6－25 所示。

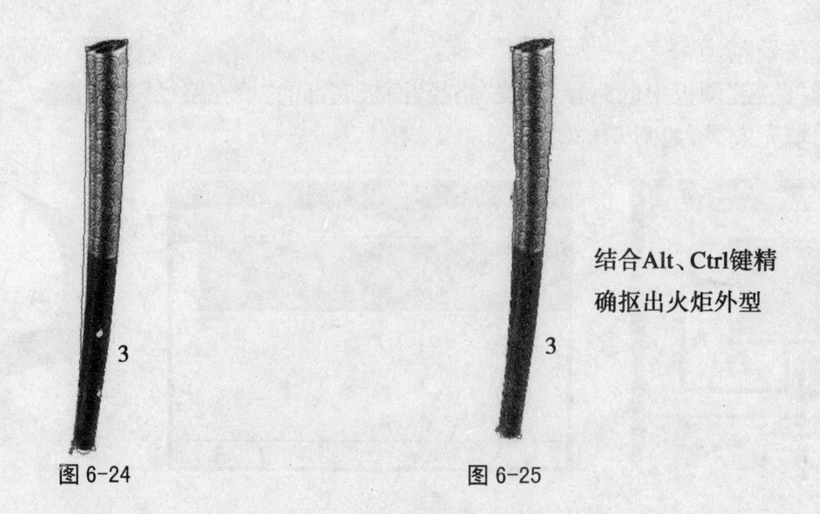

图 6-24　　　图 6-25

(4) 将该路径转化为选区载入，此时火炬的轮廓上有了作为选区的蚂蚁状线，如图 6-26 所示。

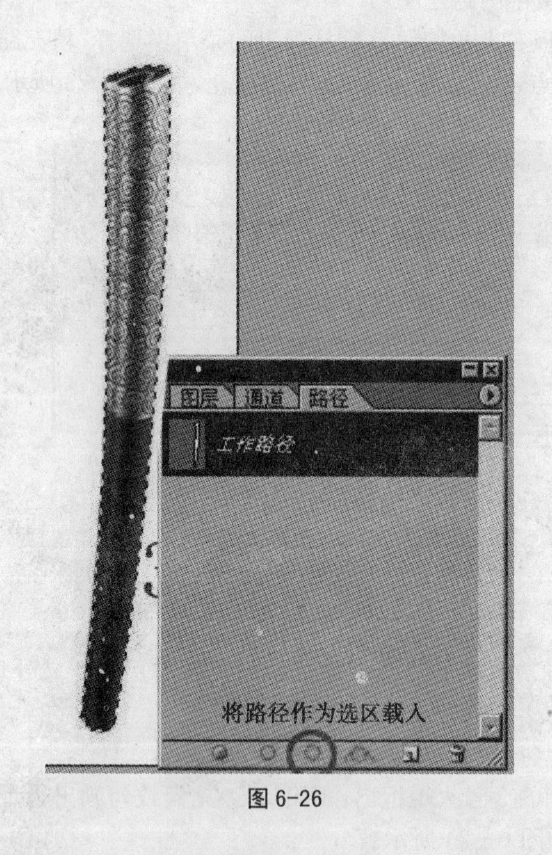

图 6-26

(5) 回到图层调板，确定所在图层为开始的背景层。然后按“Ctrl＋C”组合键复制选区内的图像，再按“Ctrl＋V”组合键粘贴该选区的图像于新的一层，如图 6-27 所示。

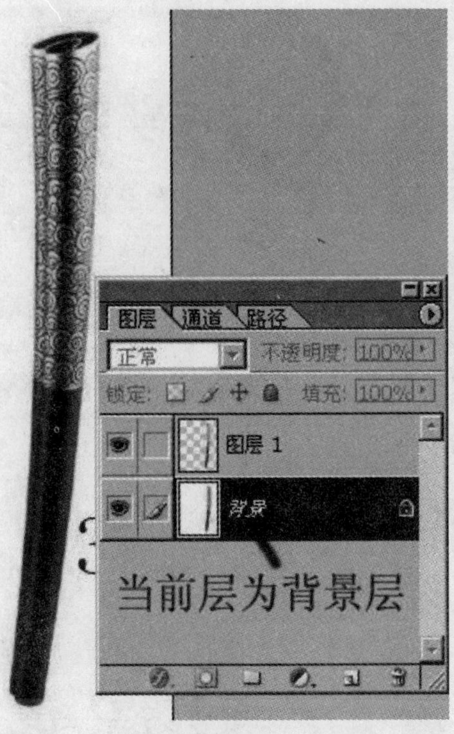

图 6-27

(6) 此时隐藏背景层则可以看到,火炬已经被抠出来了,如图 6-28 所示。

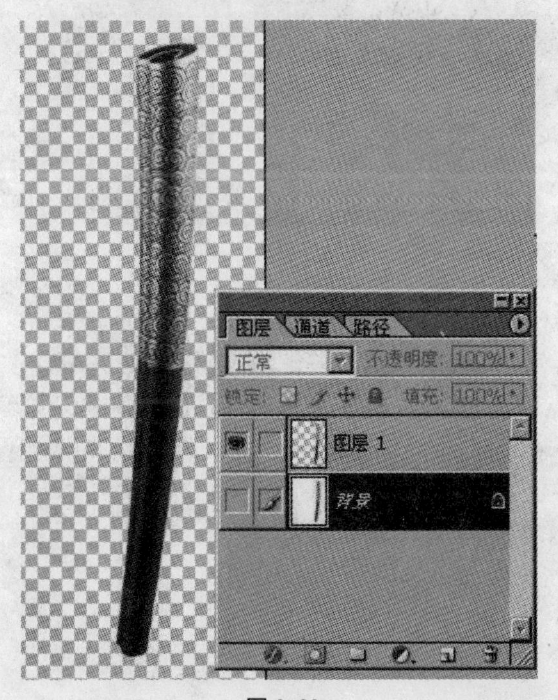

图 6-28

(7) 打开素材,把火炬所在的图层 1 拖到新打开的素材层,就使火炬有了新的背景。复制图层 1,将图层 1 副本水平翻转,新图片的制作就完成了,如图 6-29 所示。

图 6-29

实例 2

图 6 - 30(a)中这三个字直接放大后的效果很模糊,如图 6 - 30(b)所示。

(a) (b)

图 6-30

由于路径的矢量特性,无论放大或缩小都不会影响它的清晰度。所以将“图书馆”三个字抠出转为路径,之后便可以随心应用了。

(1) 用魔棒工具点取字的颜色,容差设为 28,选取方式定为不连续,如图 6 - 31 所示。

图 6-31

(2) 在图像中点击鼠标右键,选"建立工作路径",如图 6 - 32 所示。

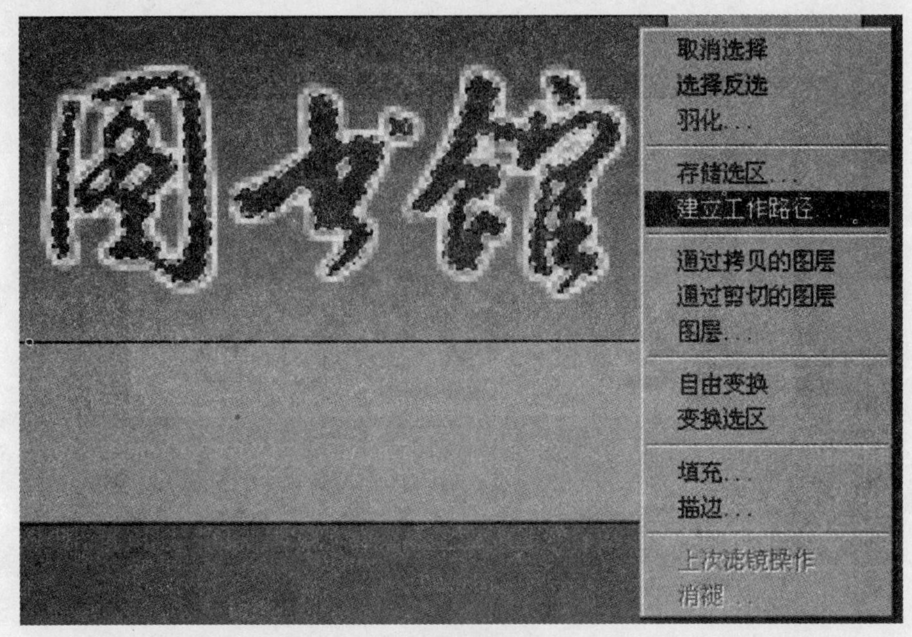

图 6-32

(3) 在弹出的对话框中选择容差为 0.5,这样便把选区转换成了路径。如图 6 - 33 所示。

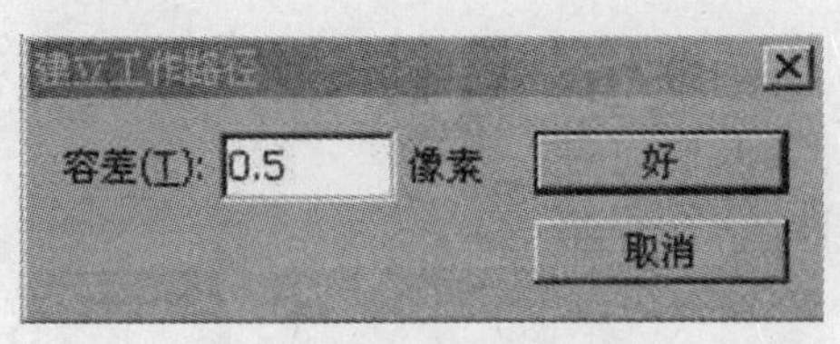

图 6-33

(4) 放大后的路径还是很清晰,如图 6 - 34 所示。

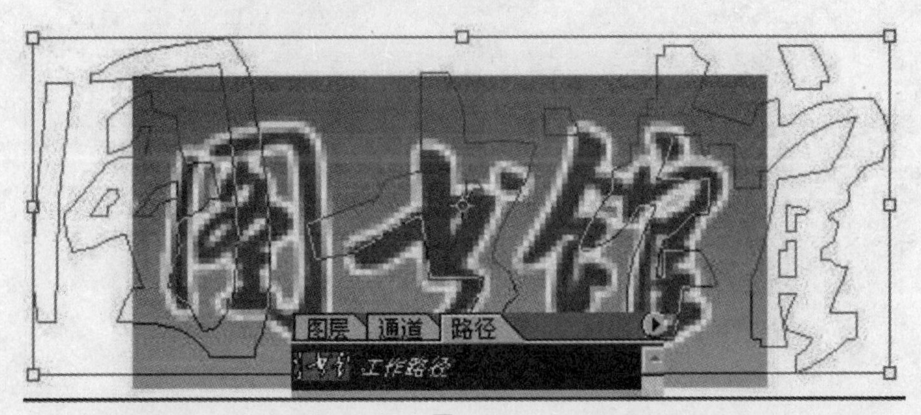

图 6-34

(5) 虽然上图中的路径可以任意缩放,但不难发现,路径需要做一定的修改。应用前面提到过的路径绘制和修改的方法,对路径进行进一步的修改。之后,便可以对这三个字进行随意的处理了，如图 6－35 所示。

图 6-35

第 7 章　文 字 编 辑

文字在信息传播中起着非常重要的作用，在 Photoshop 平面设计中，文字也是不可缺少的元素。Photoshop 中不仅可以输入文字，还可以改变文字的大小、字体和版式以及增加艺术效果，从而增强视觉表现力。

7.1　文字输入

Photoshop 提供了 4 种文字输入工具（如图 7－1 所示）。

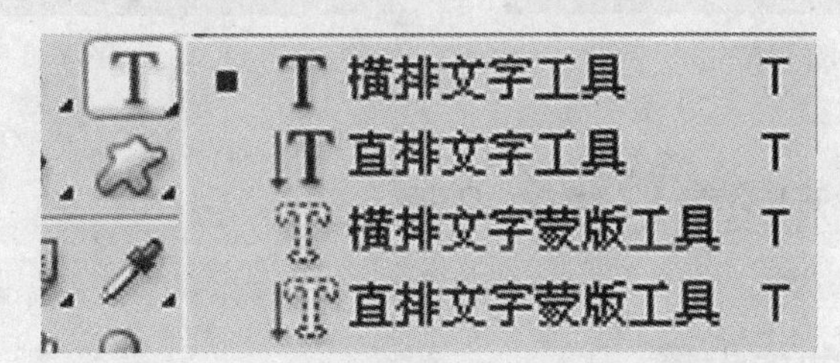

图 7-1

它们的属性基本相似，例如横排文字工具 T 的选项栏如图 7－2 所示。

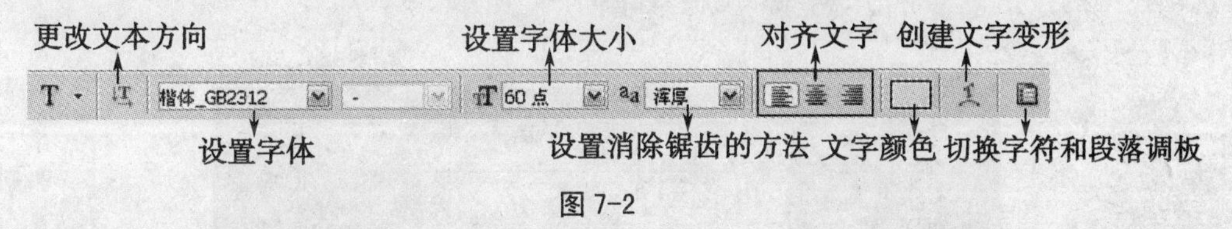

图 7-2

文字的输入可以分为美术字输入和段落文字输入。输入文字较少时，可以用美术字方式输入；需要输入较多的段落文字时，使用段落文字输入法。

7.1.1　美术字的输入

在工具箱中选择一种文字工具，然后在选项栏中对字体、字号、颜色等进行设置，将鼠标放在图像窗口中单击，当出现闪烁光标（如图 7－3 所示）后即可输入文字（如图 7－4 所示）。最后单击选项栏的 ✔ 按钮或按“Ctrl＋Enter”组合键确认输入。

图 7-3

photoshop

图 7-4

7.1.2 段落文字输入方法

首先选择文字工具并进行选项设置，然后把鼠标放在图像窗口内，按住左键的同时绘制一个矩形区域，释放鼠标即可得到文本框，如图 7-5 所示，此时在文本框内出现了闪烁光标，可以输入文字且输入文字到文本框边缘时会自动换行，如图 7-6 所示。

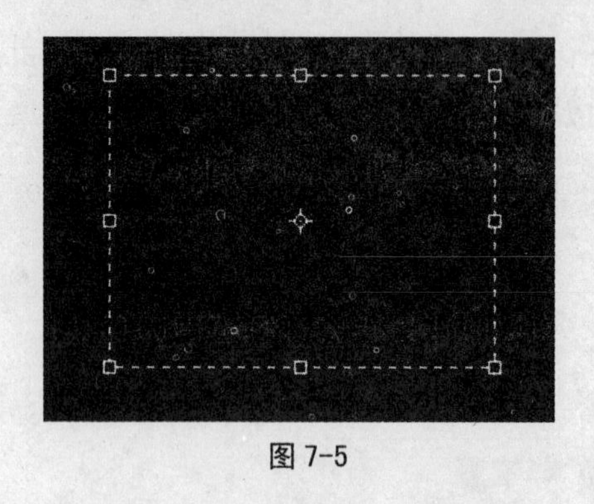

图 7-5

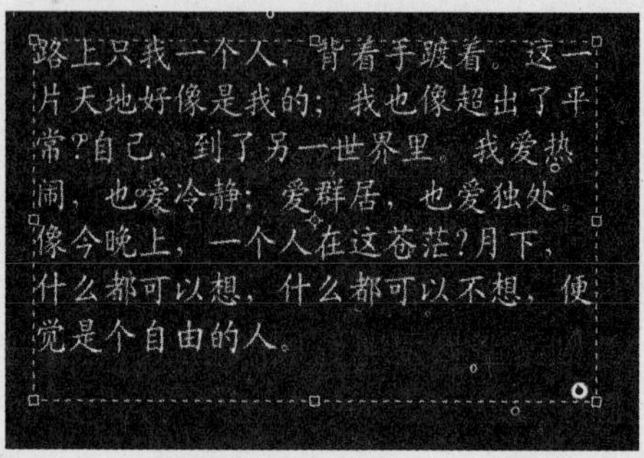

图 7-6

7.2 字符格式和段落格式的设置

7.2.1 字符格式的设置

我们可以通过“字符”调板对已经输入的文字进行颜色、大小、行距等调整。点击文字工具选项栏中的按钮，打开“字符”调板，如图 7-7 所示。

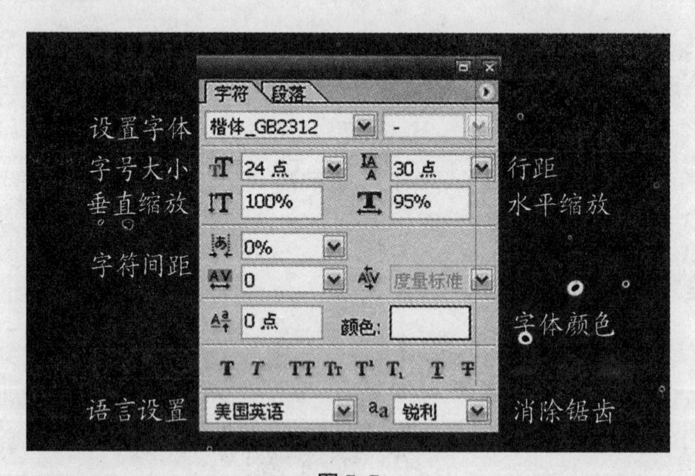

图 7-7

以文字“photoshop 的应用”为例，要编辑全部文字，则双击其图层缩览图，如图 7-8 所示。

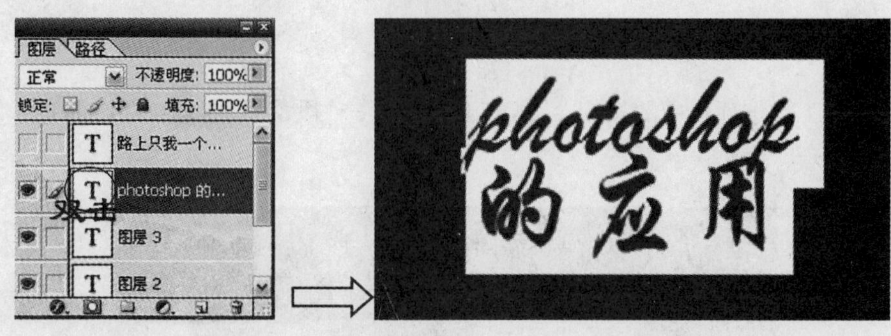

图 7-8

要编辑部分文字，先单击文字工具，鼠标在图像窗口变为光标状态，将鼠标的光标放在要编辑的文字左侧或右侧并单击，然后按住左键不放并拖动来选择要编辑的文字。松开鼠标左键，选择任务完成，如图 7-9 所示。

图 7-9

图 7-10 文字字符格式设置为图 7-11，做如图 7-12 所示的调整，效果如图 7-13 所示。

图 7-10

图 7-11

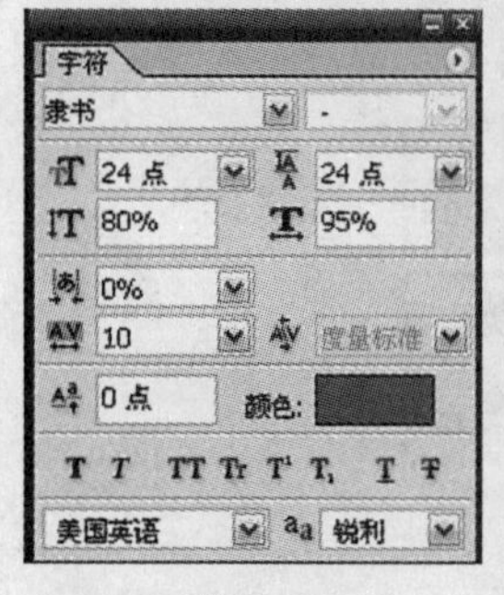

图 7-12

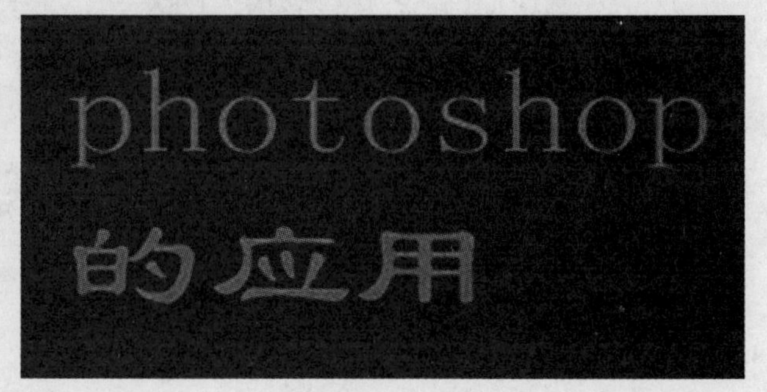

图 7-13

7.2.2 段落格式的设置

点击文字工具选项栏中的按钮 ，打开“字符”→“段落”调板，在最上面单击“段落”，如图 7－14 所示。

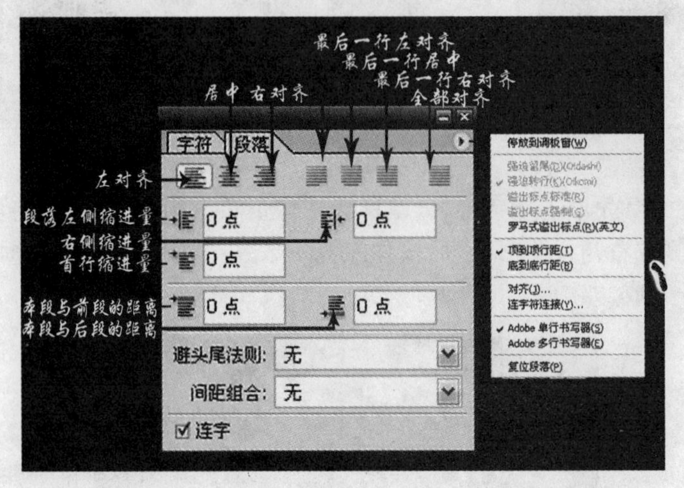

图 7-14

7.2.3 美术字与段落文字的相互转换

美术字转换为段落文字：选中文字图层，单击“图层”→“文字”→“转换为段落文本”。

段落文字转换为美术字：选中文字图层，单击“图层”→“文字”→ “转换为点文本”。

7.3 文字变形处理

7.3.1 沿路径填充文字

例 “鱼的自白”

(1) 单击自定义形状工具，并在其选项栏中选择“路径”按钮 ，在“形状”选框的下拉菜单中选择“鱼”，如图 7－15 所示。

图 7-15

(2) 按住 Shift 键在图像窗口拖动鼠标，画出鱼的路径，如图 7 - 16 所示。

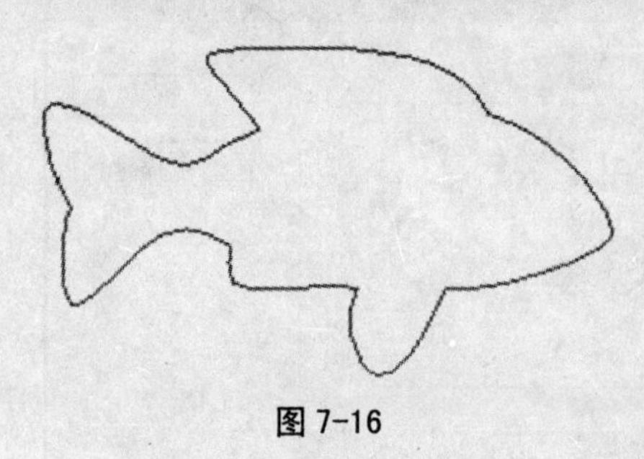

图 7-16

(3) 单击“横排文字”工具按钮，在选项栏中设置选项，将鼠标放在路径上单击，出现一个插入点，如图 7 - 17 所示。

(4) 输入文字，效果如图 7 - 18 所示。

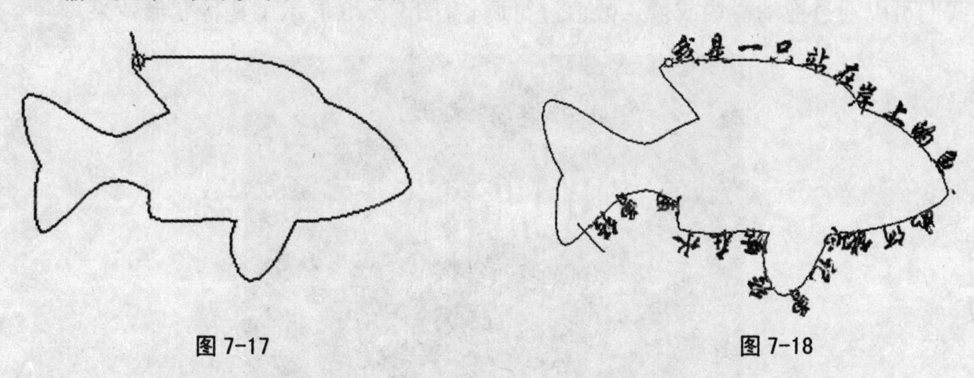

图 7-17　　　　图 7-18

7.3.2　文字转换为路径

选中文字图层，单击“图层”→“文字”→“创建工作路径”。利用此特点可创建如图 7 - 19、7 - 20 所示的效果。

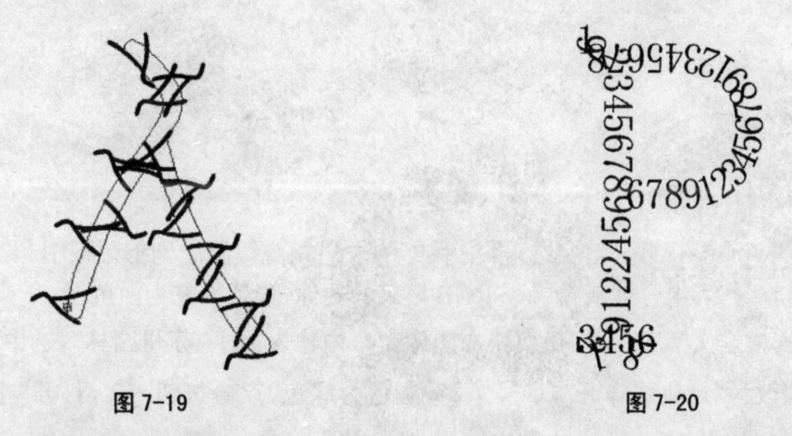

图 7-19　　　　图 7-20

7.3.3　变形文字的创建

在文字工具的选项栏中点击“创建变形文本”，打开“变形文字”对话框，如图 7 - 21 所示。在“样式”的下拉菜单中有不同选项，如图 7 - 22 所示。

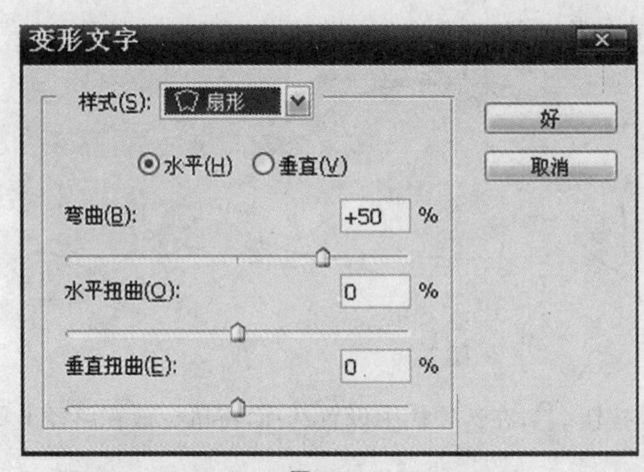

图 7-21

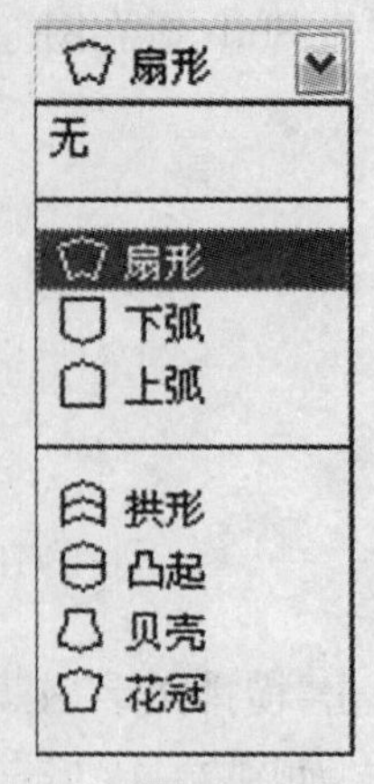

图 7-22

我们可以通过拖动滑块或输入数值进行调整，图 7 - 23 展示了几种变形效果。

图 7-23

7.4 实战练习

实例 1

(1) 打开素材“苏州园林”。

(2) 按下“Ctrl＋A”组合键全选，再按下“Ctrl＋C”组合键复制到剪贴板中。

(3) 按“Ctrl＋N”组合键新建一个 RGB 模式的文件，背景填充为白色。

(4) 点击“横排文字”工具按钮 T ，在图像窗口内输入文字“苏州园林”，选中文字，在选项栏中将字体改为“经典魏碑繁”，字号“72”，颜色为绿色，点击按钮 ，打开“字符”调板，将 AV (字间距)调整为－50，效果如图 7 - 24 所示。

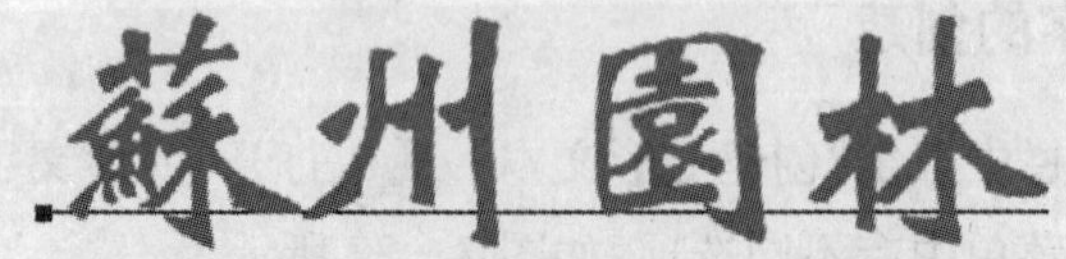

图 7-24

（5）按住 Ctrl 键的同时单击图层面板中的“苏州园林”文字图层，文字选区被调出，如图 7－25 所示。

图 7-25

（6）执行“编辑”→“粘贴入”，剪贴板中的图像作为新图层被复制到文字上方，如图 7－26 所示。

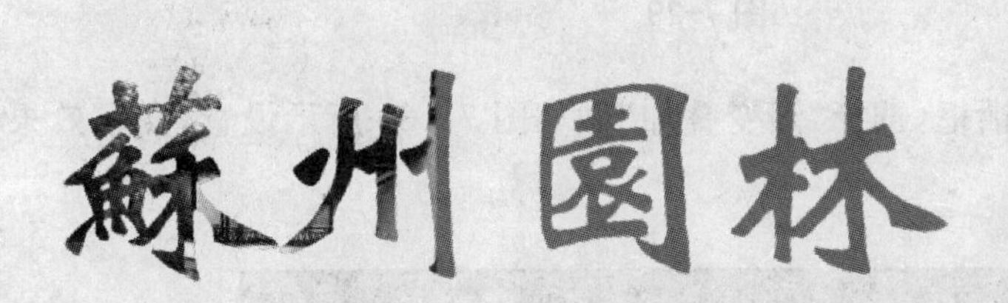
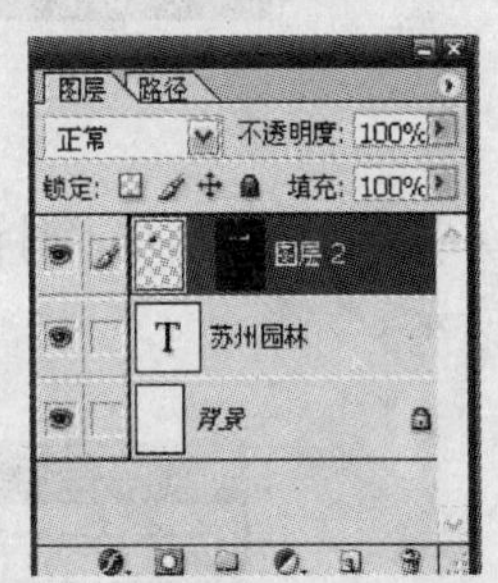

图 7-26

（7）单击移动工具，按“Ctrl＋T”组合键进行变换调整，按住 Shift 键的同时将图片等比例放大至将文字完全覆盖，并调整其位置至最合适。调整结束后按 Enter 键确认。

（8）按下“Ctrl＋D”组合键清除文字选区，得到图像文字如图 7－27 所示。

图 7-27

（9）点击图层面板下方的“添加图层样式”，为图像文字添加样式。图 7－28 为投影和外发光效果。

图 7-28

实例 2

（1）新建一个 RGB 模式文件，将背景填充为黑色。

（2）设置前景色为白色，点击“横排文字”工具，在选项栏中设置字体为“华文琥珀”，字号为“60”，在图像窗口输入文字“黄金钻石”。如图 7－29 所示。

图 7-29

(3) 打开“图层样式”对话框，选择“渐变叠加”做如图 7 - 30 所示设置，文字效果如图 7 - 31 所示。

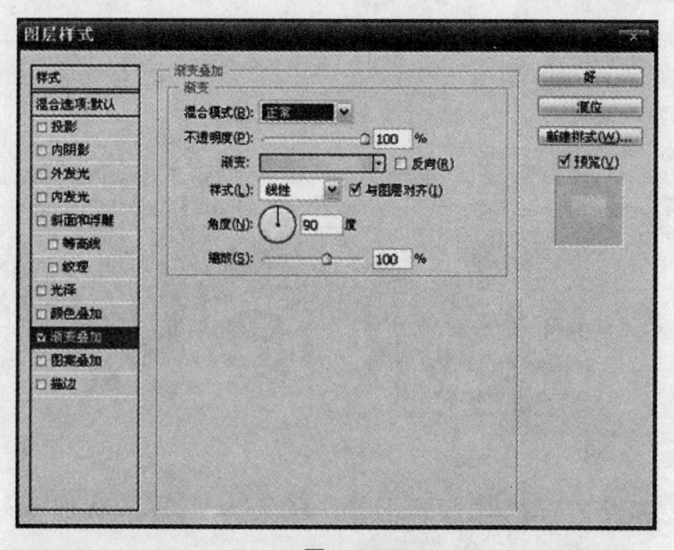

图 7-30

图 7-31

(4) 选择“斜面和浮雕”做如图 7 - 32 所示设置，效果如图 7 - 33 所示。

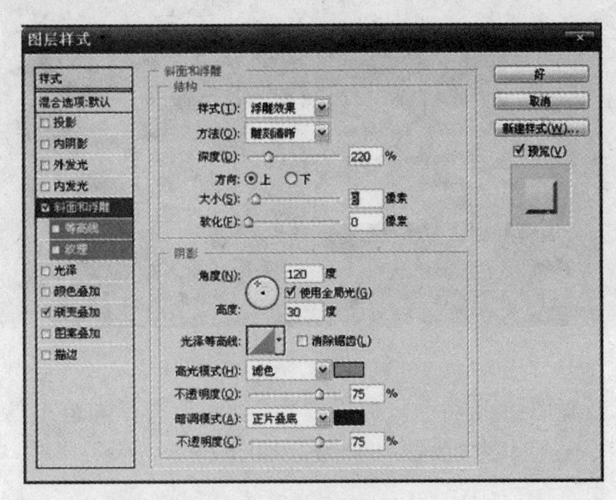

图 7-32

图 7-33

(5) 选择“内发光”，进行如图 7 - 34 所示设置，效果如图 7 - 35 所示。

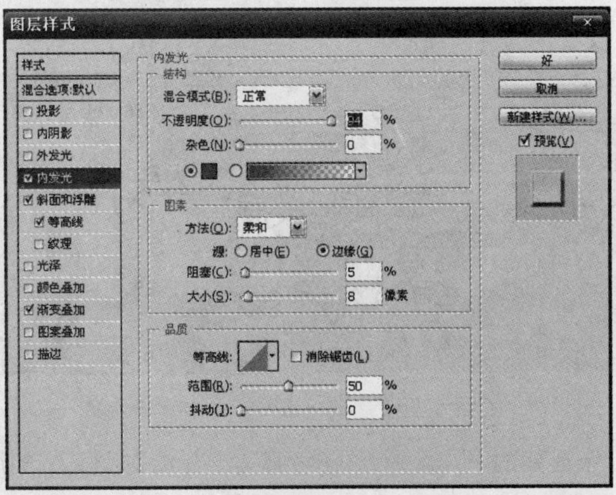

图 7-34

图 7-35

(6) 在文字上方新建图层 1,将前景色设置为 Y：36,选择画笔工具(如图 7 - 36 所示)在文字边缘轻涂,并把不透明度改为 65%。效果如图 7 - 37 所示。

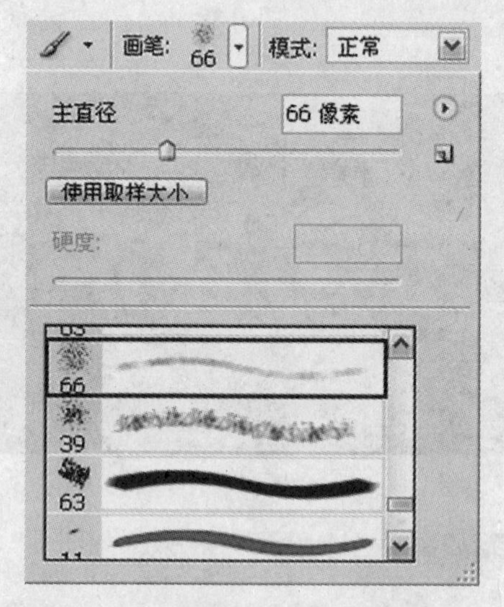

图 7-36

图 7-37

(7) 新建图层 2,选择如图 7 - 38 所示画笔工具进行绘制,将不透明度改为 70%。效果如图 7 - 39 所示。

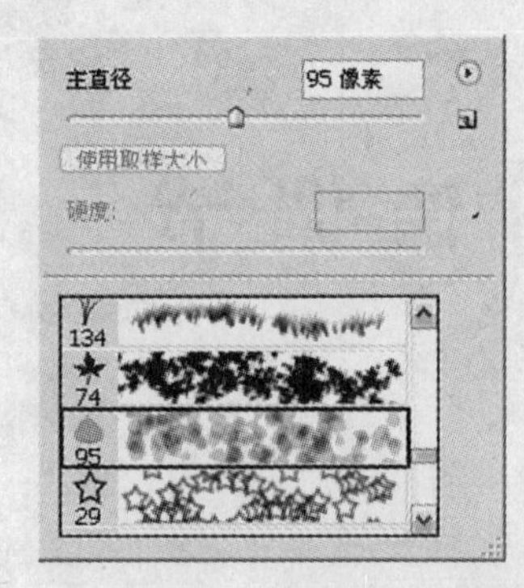
主直径
95 像素
使用取样大小
硬度:
134
74
95
29

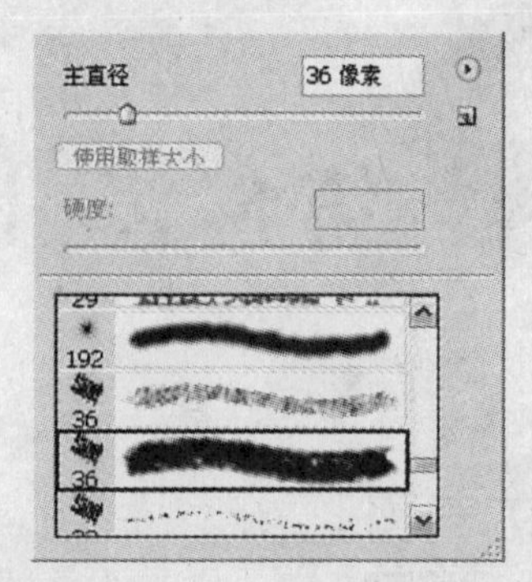
主直径
36 像素
使用取样大小
硬度:
192
36
36

图 7-38

黄金钻石

图 7-39

第8章 图像调节

8.1 图像的裁剪

8.1.1 裁剪工具

裁剪工具位于工具箱第一列第三个工具 ，使用该工具可以重新定义画面的图像大小。具体操作为单击该工具按钮，在画面中单击左键并向下拖拽形成一个矩形框，如图 8-1 所示，选框内的为保留后的内容，而外围暗色部分为切除区域，当然还可以通过拖拽选框上的四个裁切点来调整并达到你所需要裁切的区域大小，在确认后按下回车键，可得到最后的裁切效果，如图 8-2 所示。

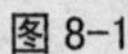

图 8-1　　图 8-2

8.1.2 裁剪工具选项栏

如图 8-3 所示为裁剪工具选项栏。

图 8-3

(1) 宽度、高度、分辨率中可以输入具体的尺寸和分辨率以限制裁剪区域的框架，输入 10 cm×10 cm 可以得到如 8-4 所示图像区域，在裁剪的同时按下 Esc 键可以中止此次裁剪的操作。

图 8-4

(2) 前面的图像：单击该按钮可以在前面的数值栏中显示当前图像的大小与分辨率。

(3) 清除：单击该按钮，可以清除前面的数值并重新输入新的数值。

8.1.3　实战练习

我们通过一个例子来更好地了解这个工具。

(1) 首先打开 6 个文件，如图 8－5 所示。

(2) 新建一个文件，尺寸为宽 21 cm、高 10 cm、分辨率为 200 dpi 的灰度模式文件。如图 8－6 所示。

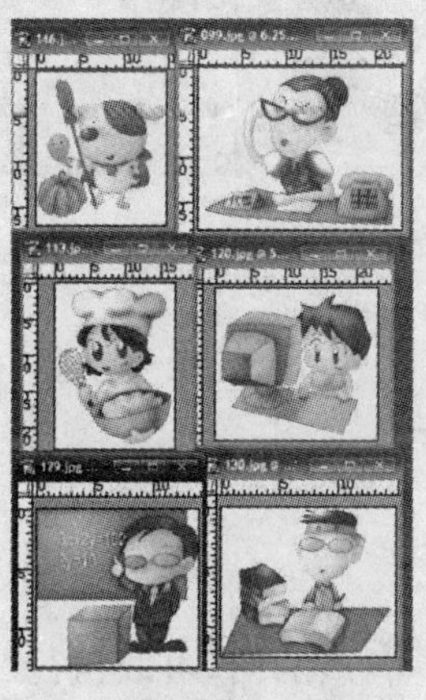

图 8-5

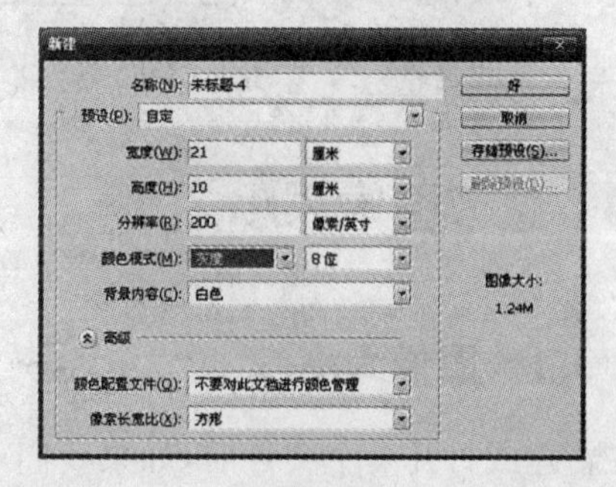

图 8-6

(3) 调出参考线，每个格子的尺寸为 5 cm×3.5 cm，每个框之间的间距为 1 cm，左右间距为 2 cm，如图 8－7 所示。

(4) 选择裁剪工具，高度和宽度以及分辨率设置为 5 cm×3.5 cm 及 200 dpi；对 6 张图片分别进行裁剪，最后使用移动工具放到之前新建的文件上。如图 8－8 所示。

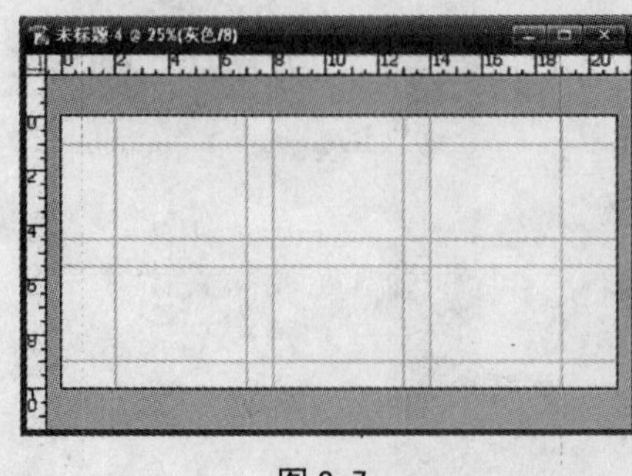

图 8-7

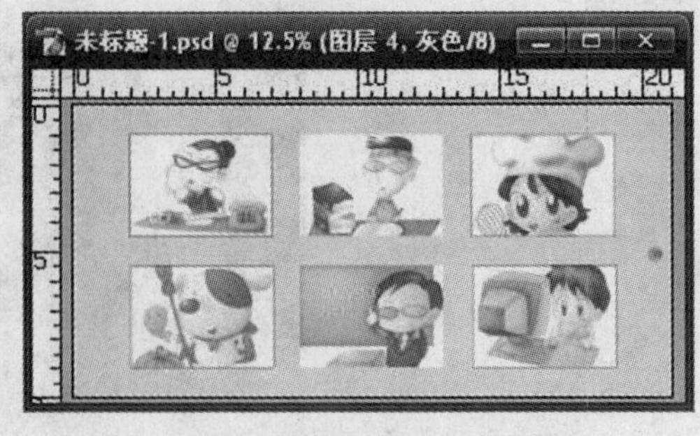

图 8-8

8.2 复制图像

当我们需要大量页面设计和制作时，会涉及到复制图像的概念。具体操作很简单，在打开一个文件的基础上，执行的“图像”→“复制”命令并在弹出的对话框中予以命名即可。如图 8－9、8－10、8－11 所示。

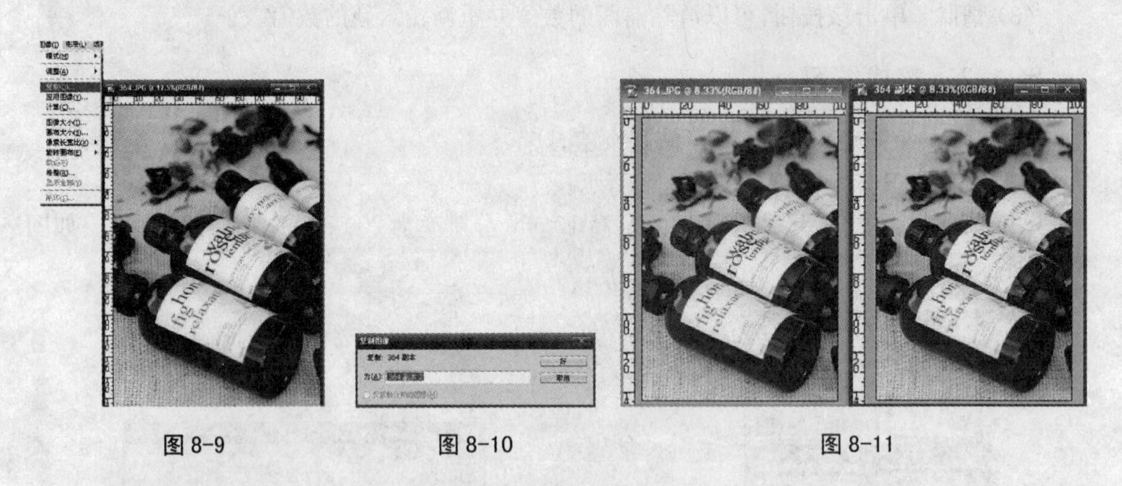

图 8-9　　图 8-10　　图 8-11

8.3 修改图像大小

8.3.1 图像大小

在新建或打开一个文件后，如果我们对它的大小尺寸等不满意的话，可以执行“图像”→“图像大小”命令进行修改大小以及分辨率设置，如图 8－12 所示。

在对话框中显示了该文件的大小和分辨率，可以通过输入进行修改尺寸大小，当勾选“约束比例”选项卡后，在进行修改大小时会按照图像原大小进行缩放，不勾选的话，可以输入任意数值，但图像比例会失调。

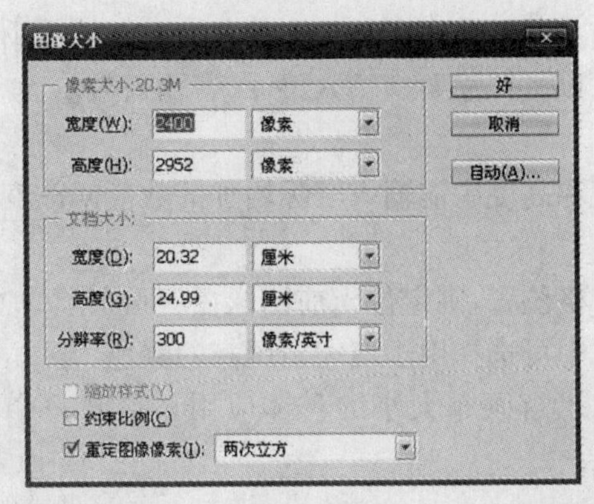

图 8-12

重定图像像素：默认状态下为勾选状态，表示勾选后在保持图像高度及宽度尺寸不变的基础上，可以任意扩大或缩小图像分辨率，我们可以发现，图像尺寸会发生变化，如图 8-13 所示。如不勾选此项，图像宽度、高度和分辨率会按照一定比例进行改变，在分辨率增加的同时，图像尺寸会随之缩小，文件总的大小不变，如图 8-14 所示。

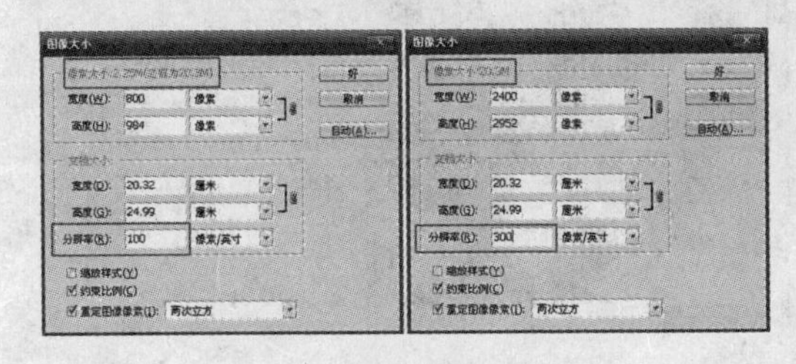

图 8-13

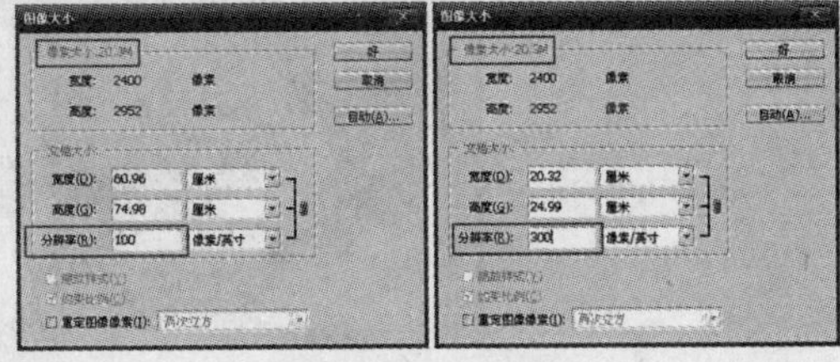

图 8-14

8.3.2 画布大小

一般情况下我们把打开的图像可以看作是图像和画布重叠的两个文件，为了我们特殊的需要，我们可以去更改画布的大小。当我们增加画布大小时，会发现在图像周围出现了新的区域，当我们减小画布时，则会裁剪图像，打开一个文件，执行“图像”→“画布大小”命令，如图 8-15 所示。

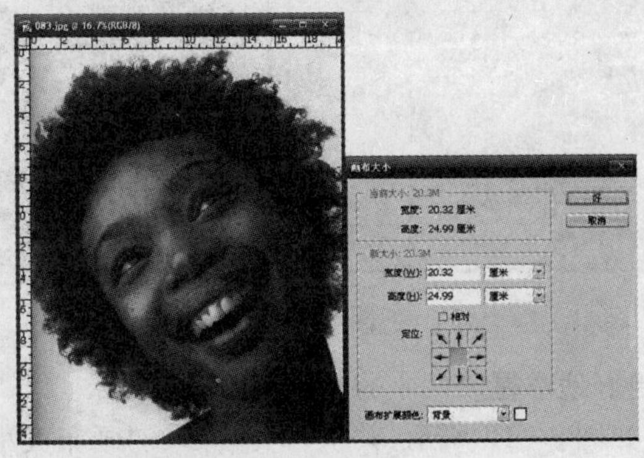

图 8-15

• 当前大小：显示当前打开图像宽度和高度的尺寸和文档大小。

• 新建大小：在这里可以按照需要来输入尺寸，若输入数值大于原始数值，可扩大画布；反之，则减少。

• 相对：勾选后在宽度和高度中需输入实际增加的数值来改变画布大小，正数为增加画布，负数为缩小画布。

• 定位：单击不同的方格位置，则定位当前图像在新画布上的位置。

• 画布扩展颜色：在其中可选择用于填充新画布的颜色。

我们通过一个例子来了解画布大小的具体应用。打开一个图像，并进行分析，如图 8－16 所示。

图 8-16

可以看出，从左边的源文件到右边图像是增加了画布的大小，宽度尺寸未变，只增加了高度，且画布的定位应该在下方，画布的色彩为红色。因此，在“画布大小”命令中我们可以这样来设置，如图 8－17 所示。最后在键入相关文字，我们便可完成一个杂志封面的设计。

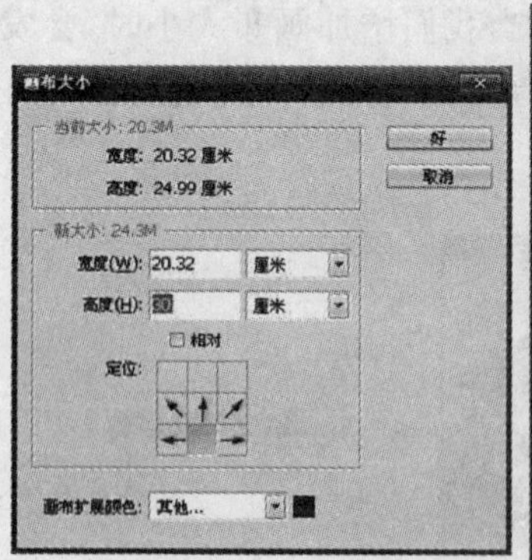

图 8-17

再通过一个例子来更好地掌握该命令的使用。

(1) 打开一个文件，如图 8－18 所示，并执行“图像”→“画布大小”命令，在弹出的对话框中设置如图 8－19 所示参数，得到如图 8－20 所示效果。

(2) 再次打开若干分层文件素材，并将其移至该图像中进行一定顺序排列，如图 8-21 所示，完成了一张关于公司形象设计的宣传单。

图 8-18

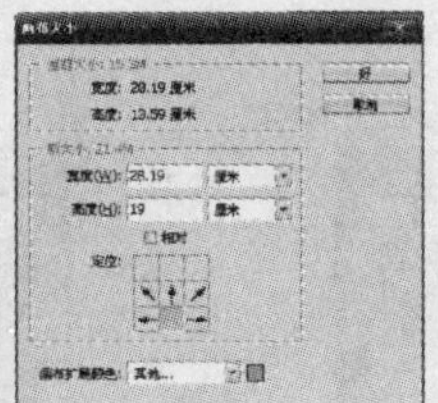

图 8-19

图 8-20

图 8-21

8.4　图像的变换与变形操作

单击“编辑”菜单下的“变换”命令，如图 8-22 所示，可以通过这些命令对图像中的形状进行变换操作，在执行这些命令的同时，会发现被变换的图像上出现显示框，如图 8-23 所示，你可以通过拖动该控制点进行相应的变换操作，下面我们结合素材进行讲解。

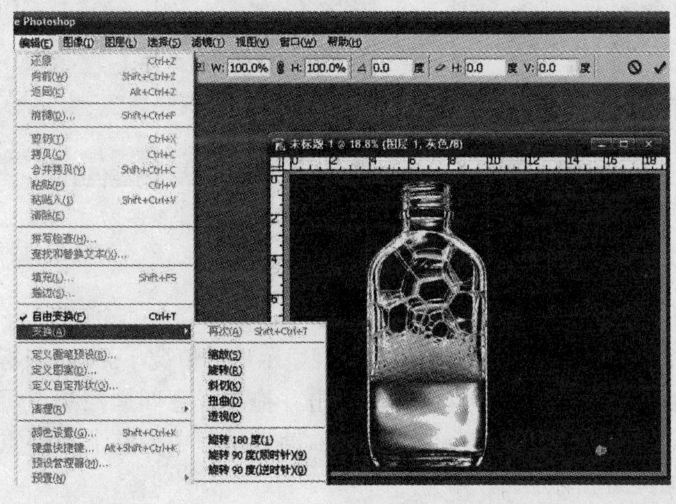

图 8-22　　　　图 8-23

8.4.1 旋转图像

打开图片，执行“编辑”→“自由变换”，出现如图 8－24 所示显示框，将鼠标移至显示框外侧，则出现弧形箭头形状，单击鼠标拖动可旋转对象，如图 8－25 所示，操作完成后，按下回车键确认。

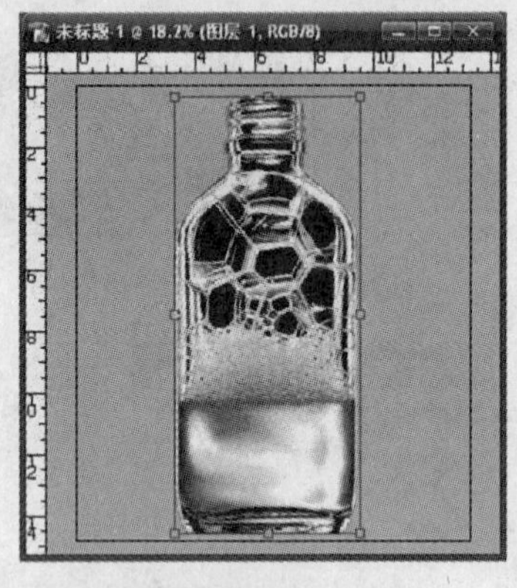

图 8-24

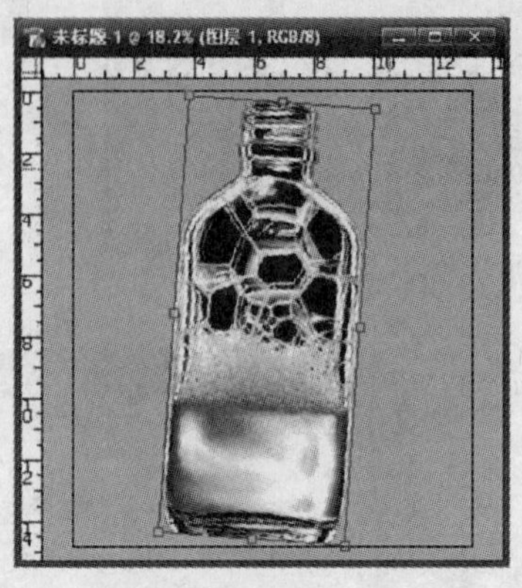

图 8-25

8.4.2 缩放图像

同样我们打开图片，执行“编辑”→“自由变换”，在出现显示框的情况下，将光标移至显示框周围的四个控制点上，鼠标变为缩放箭头形状时，可以拖动鼠标进行大小缩放，如图 8－26 所示，如在缩放同时按下键盘上的 Shift 键后，可等比例执行缩放，如图 8－27 所示，人物图片尤其要注意如此。操作完成后按下回车键确认。

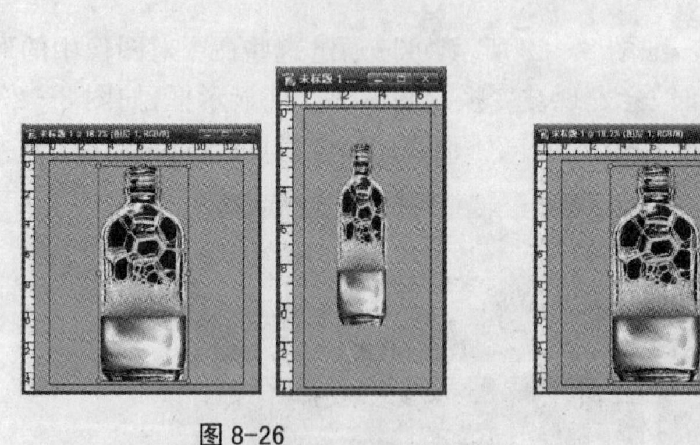

图 8-26

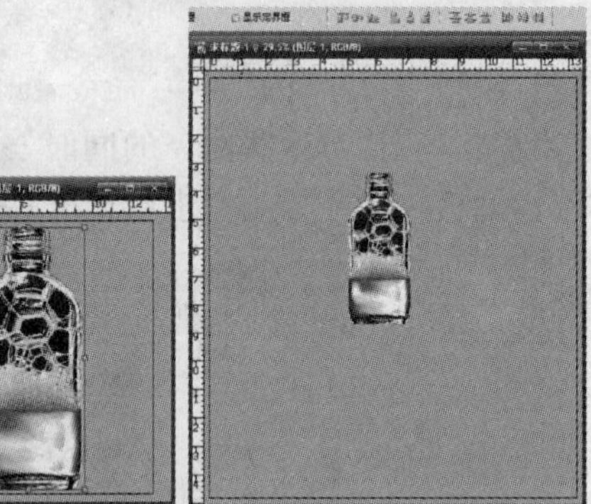

图 8-27

8.4.3 斜切图像

打开图片，执行“编辑”→“自由变换”，在出现显示框的情况下，单击鼠标右键，在弹出菜单中选择“斜切”命令，如图 8－28 所示，鼠标单击并拖拽任意四周控制点，可使图像中该控制点朝任意方向移动，如图 8－29 所示，单击并拖动显示框中的其他控制点，可使图像成平行四边形状，如图 8－30 所示。

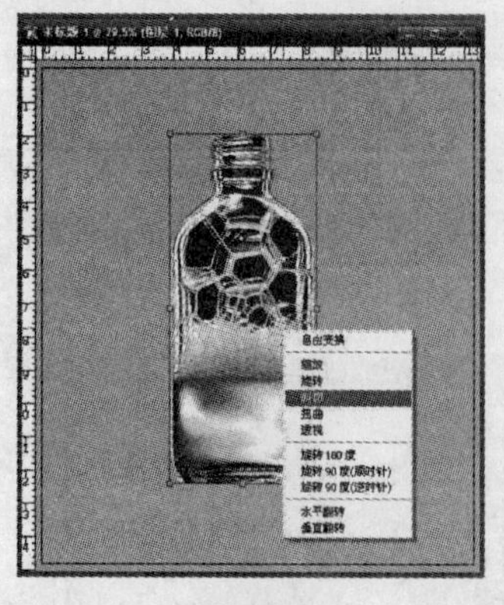

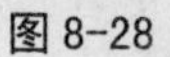

图 8-28

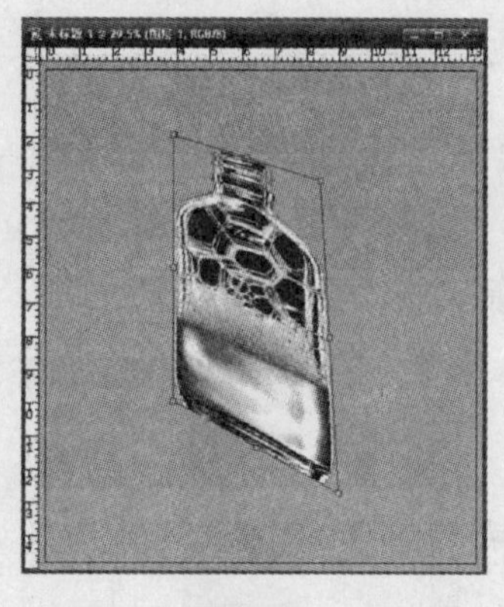

图 8-29

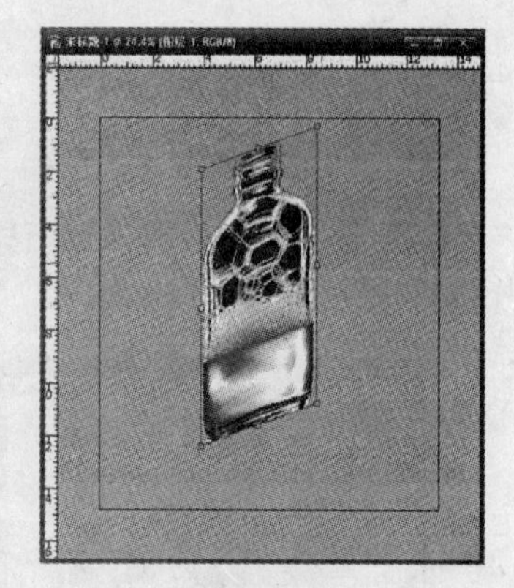

图 8-30

8.4.4 扭曲图像

打开图片，执行"编辑"→"自由变换"，在出现显示框的情况下，单击鼠标右键，在弹出菜单中选择"扭曲"命令，单击并拖拽四周控制点可对图像进行多边形操作，变形如图 8-31、8-32 所示。

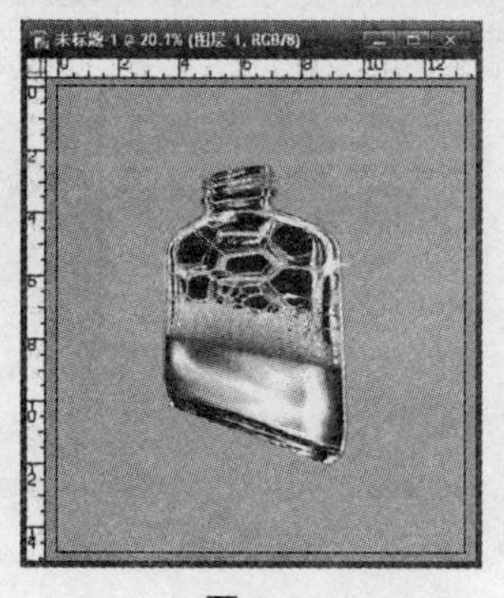

图 8-31

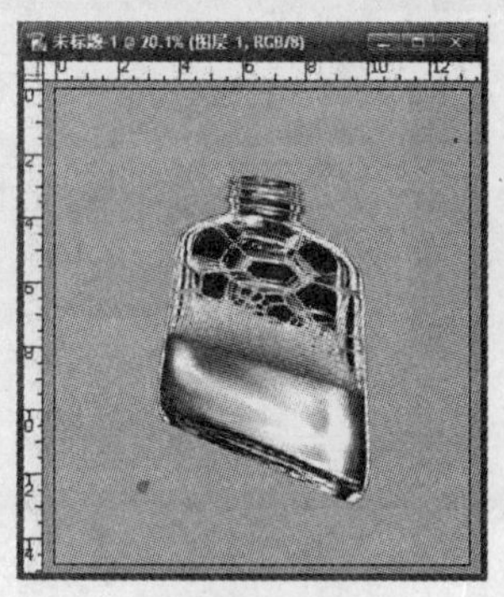

图 8-32

8.4.5 透视图像

打开图片，执行"编辑"→"自由变换"，在出现显示框的情况下，单击鼠标右键，在弹出菜单中选择"透视"命令，将鼠标放至四周控制点上并进行拖拽，可产生如图 8-33、8-34 所示的透视效果，我们可以利用这样的透视来制作立体效果图。

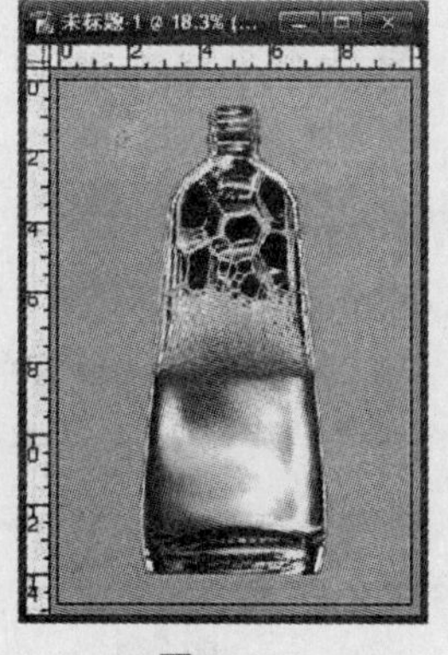

图 8-33

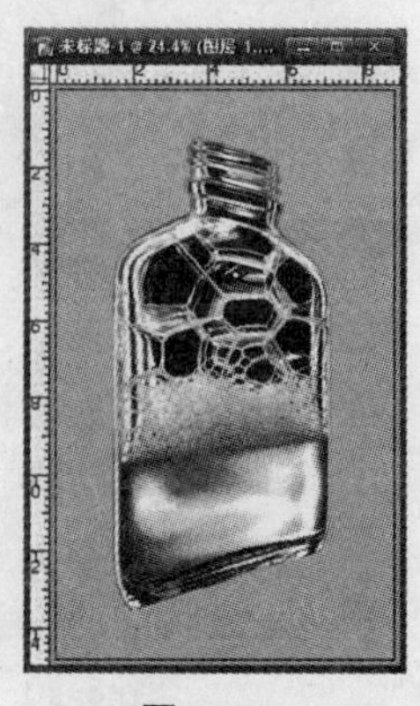

图 8-34

8.4.6 精确变换

除了上述变换之外，我们还可以对图像设置更精确的变换。打开文件，执行"编辑"→"自由变换"命令，单击鼠标右键，选择"旋转 180"、"旋转 90(顺时针)"、"旋转 90(逆时针)"，效果如图 8－35、8－36、8－37 所示。

图 8-35

图 8-36

图 8-37

右键执行"水平翻转"、"垂直翻转"，效果如图 8－38、8－39 所示。

图 8-38

图 8-39

8.4.7 实战练习

(1) 打开一个图像文件，并用钢笔将礼盒上的丝带选择下来，如图 8－40 所示，按下"Ctrl＋C"组合键进行复制，再按"Ctrl＋V"组合键粘贴为一个新的图层，如图 8－41 所示。

图 8-40

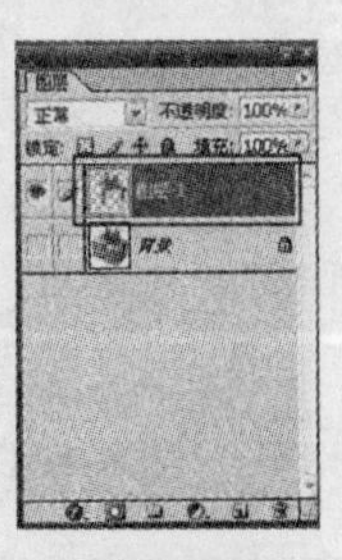

图 8-41

(2) 打开三个文件，将其分别移至该文件的三个面上，并按明暗层次通过变换图像中的“透视”和“扭曲”命令，如图 8-42、8-43、8-44 所示。最后将丝带的图层移至图层顶端，达到最后如图 8-45 所示的效果。

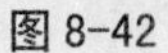

图 8-42　　图 8-43　　图 8-44

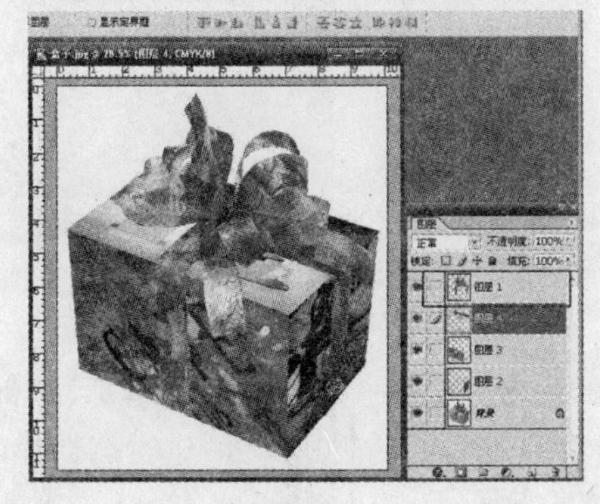

图 8-45

(3) 先将此文件合并图层(除背景层)，并保存。

(4) 再次打开两个文件，如图 8-46 所示，并按照同样的方法将图片粘贴到杯壁上，具体做法先将杯壁的选区抠出，选择杯子图层选区，执行“选择”→“反选”命令，删除多余部分，效果如图 8-47 所示。

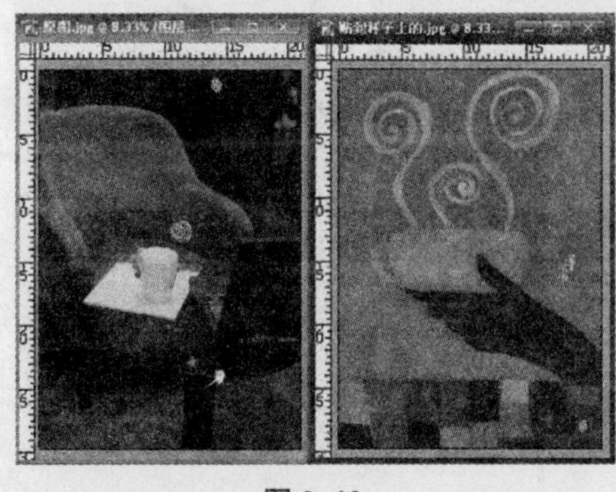

图 8-46

图 8-47

(5) 最后将刚才合并的礼盒移至图 8-47 上，通过图像大小缩放完成，最后效果如图 8-48 所示。

图 8-48

8.5 颜色调整

8.5.1 直方图

直方图不是调整图像的命令，而是一种检测图像暗部、灰部和亮部色阶像素数目的多少，在观察后发现哪个部分存在不足的话，可在之后进行有选择的调整。打开图像，执行“窗口”→“直方图”命令，如图 8-49 所示。

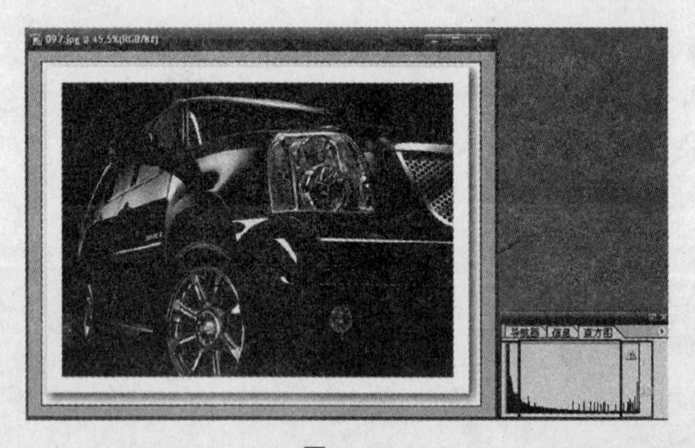

图 8-49

我们观察一下图 8-49 中右下方的直方图片，其中三个颜色框从左到右分别是亮部、灰部和暗部，可以看出这个图像大部分色阶位于左侧，即该图片是一张暗调为主的图片。

8.5.2 自动色阶/色阶

1） 自动色阶

执行“图像”→“调整”→“自动色阶”。该命令不需要手动调节，应用电脑系统的自动分析去调整图像中的黑、白、灰关系，达到增强图片对比度的效果，图 8-50 为原图，图 8-51 为执行自动色阶后的效果。

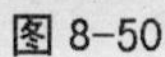

图 8-50

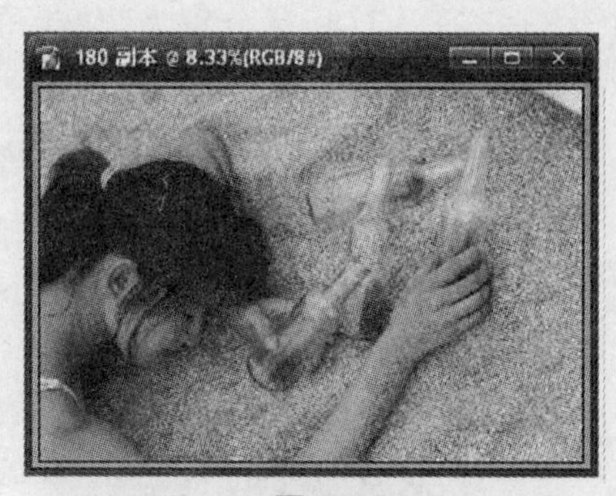

图 8-51

2）色阶

使用色阶命令可以分别调整图像中的阴影、中间调和亮部强度的级别，从而达到校正图像色值的目的。执行“图像”→“调整”→“色阶”命令，弹出如图 8－52 所示对话框。

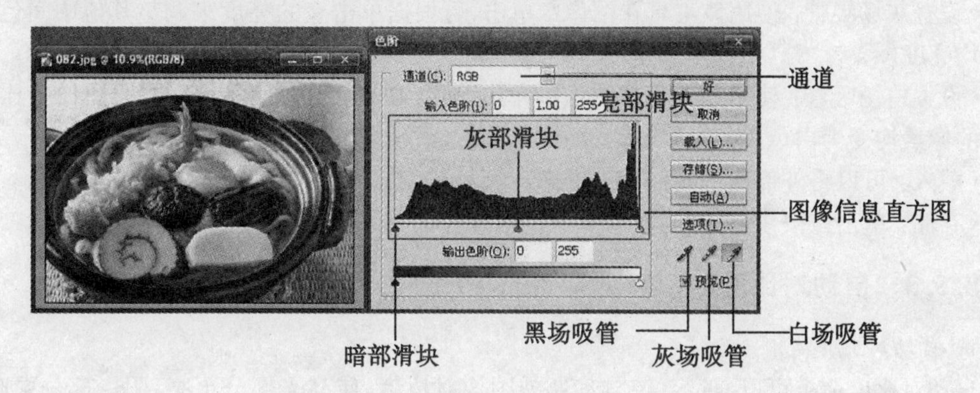

图 8-52

• 直方图：显示当前图像的色阶分布信息，左侧为暗调，中间为灰调，而最右侧代表高光区域。

• 通道：在下拉列表中可以选择要调整的通道，可以对复合通道进行调整，也可以对单独通道进行调整。

• 输入色阶：可以通过下方的 3 个滑块输入数值进行调整图像中阴影部分、灰色部分和高光部分的调整。如图 8－53、8－54、8－55 所示分别为调整的暗部、灰部和亮部的效果。

图 8-53

图 8-54

图 8-55

• 输出色阶：可以通过下方的两个滑块输入数值进行调整图像中整体的变暗和变亮的效果。如图 8－56、8－57 所示分别为调整后的效果。

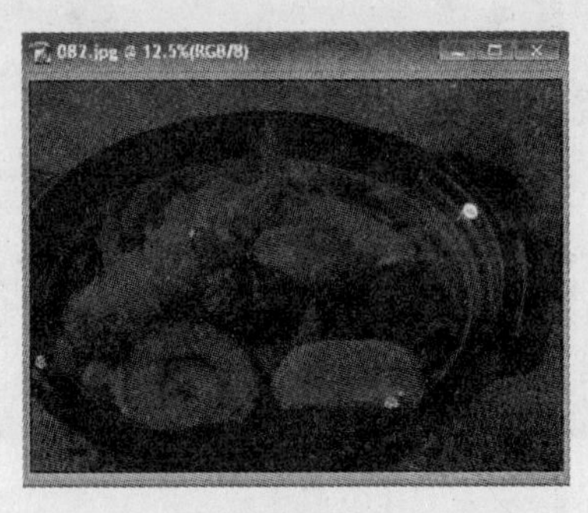

图 8-56

图 8-57

• 设置黑场吸管：使用该工具在图像中单击，则该单击点的像素为黑色，原图像中比该点暗的像素均变为黑色。

• 设置灰场吸管：使用该工具在图像中单击，可根据单击点的亮度来调整其他中间色调的平均亮度。

• 设置白场吸管：使用该工具在图像中单击，则该单击点的像素为白色，原图像中比该点亮的像素均变为白色。

• 载入：可以将外部色阶文件导入进来。

• 存储：单击该按钮，可将当前调节的色阶设置状态保存为一个色阶文件。

8.5.3 自动对比度/亮度(对比度)

1) 自动对比度

自动对比度命令可以通过系统自动调整图像对比度，使高光部分更亮，阴影部分更暗，执行“图像”→“调整”→“自动对比度”。图 8－58、8－59 为执行命令前后的效果对比。

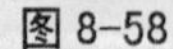
图 8-58

图 8-59

2) 亮度/对比度

执行“图像”→“调整”→“亮度(对比度)”命令可对图像色调范围进行简单的调整，在对话框中向左拖动滑块可降低亮度对比度，如图 8－60 所示，向右侧可以提高亮度对比度，如图 8－61 所示。

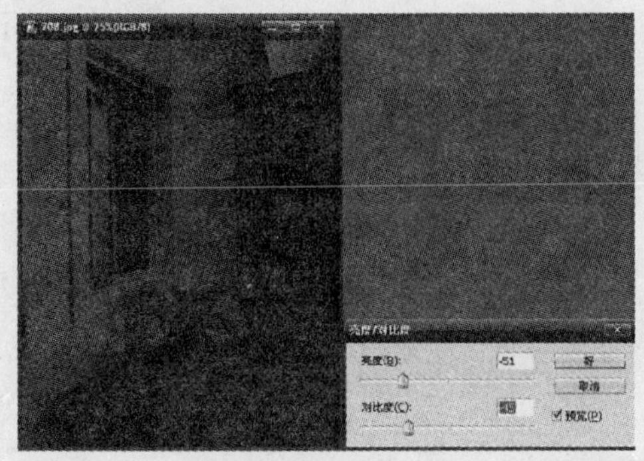

图 8-60

图 8-61

8.5.4　曲线

与色阶调整的原理相同，曲线调整主要也是应用于图像的色彩与色调，但色阶只有黑、白、灰三个系数，而曲线允许在图像内从阴影到高光区域内共设置 14 个点进行最为精确的调整，执行“图像”→“调整”→“曲线”命令，如图 8－62 所示。

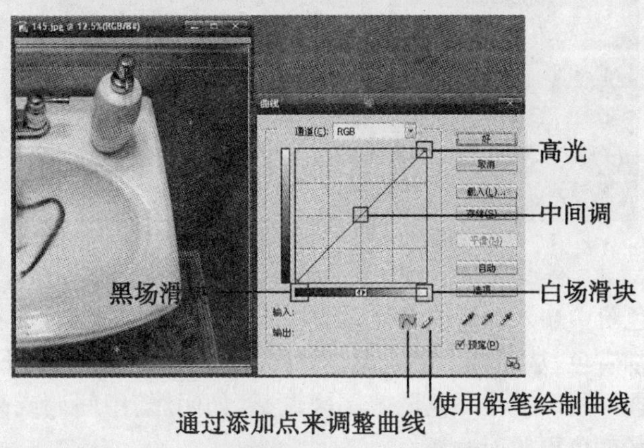

图 8-62

• 通道：在其下拉列表中可以选择需要调节的通道，如 RGB 模式的 R、G、B 通道等。

• 通过添加点来调整曲线：选择该按钮可在对角线上添加新的控制点，拖动控制点改变曲线形状来达到调整的效果，如图 8－63、8－64 所示。

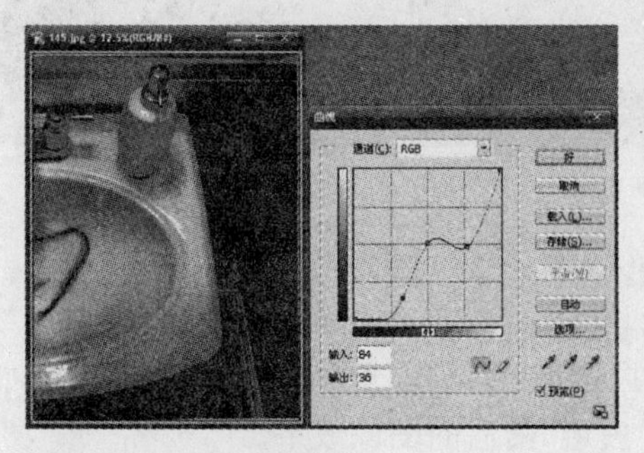

图 8-63

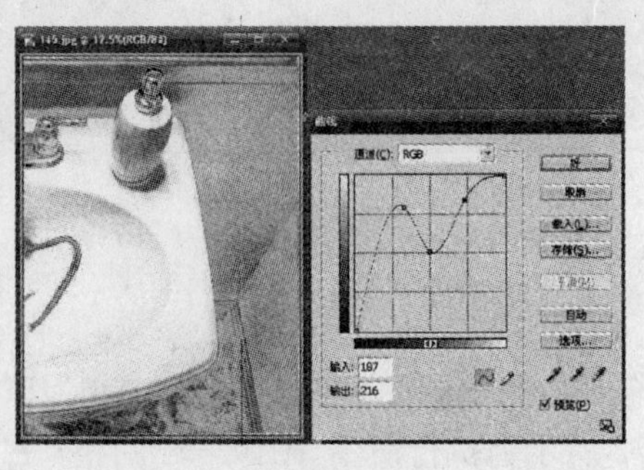

图 8-64

• 使用铅笔绘制曲线：单击该按钮，可在对话框中绘制手绘效果的自由曲线，绘制完曲线后，单击“添加点调整曲线”按钮，可显示控制点并进一步调整。如图 8－65、8－66 所示。

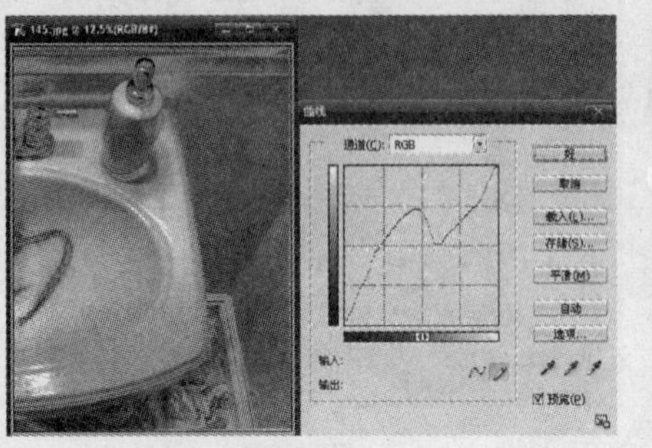

图 8-65

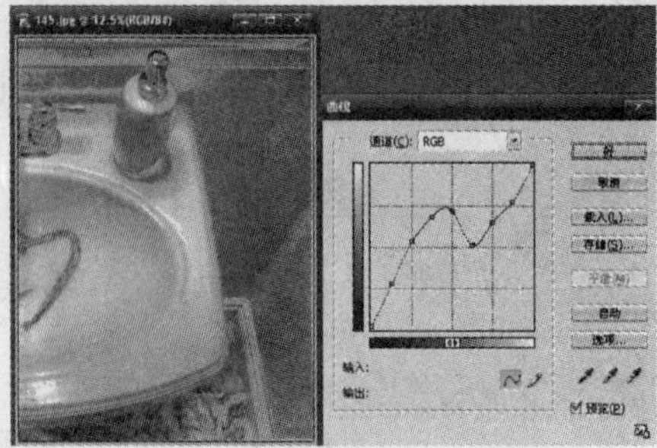

图 8-66

8.5.5　色彩平衡

该命令可更改图像的总体颜色混合，打开一个图像，执行“图像”→“调整”→“色彩平衡”命令，如图 8－67 所示。

图 8-67

• 色彩平衡：在色阶中输入数值或者拖动滑块来进行图像的调节，如将第一行滑块向左滑，表示在图像中增加青色，从而减少了红色。如图 8－68、8－69、8－70 所示。

• 色调平衡：可选择图像中某一色调范围来调整，如阴影、中间调或高光，勾选“保持亮度”可防止图像亮度随颜色更改而改变。

图 8-68

图 8-69

图 8-70

8.5.6　去色

去色命令可删除图像中的色彩，改变为黑白图像，但不会改变图像的色彩模式，如图 8－71、8－72 所示为执行命令“图像”→“调整”→“去色”前后的图像效果。

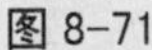
图 8-71

图 8-72

8.6　图像调整的特殊命令

8.6.1　色相/饱和度

“色相”→“饱和度”命令可以调整图像中特定颜色的色相、饱和度和亮度。打开一个图像，如图 8－73 所示，执行“图像”→“调整”→“色相饱和度”命令，如图 8－74 所示。

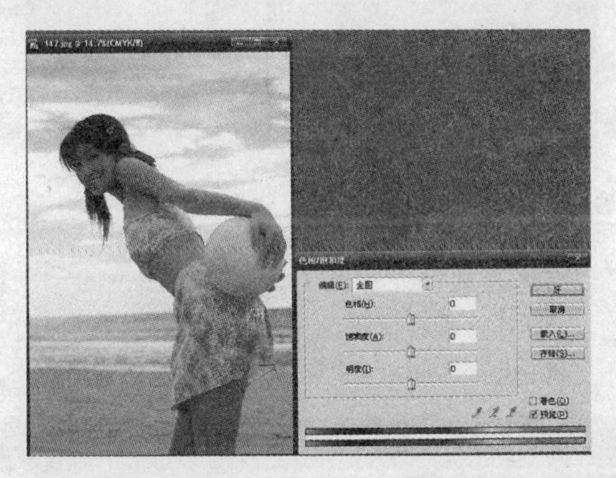

图 8-73　　　　图 8-74

• 编辑：在其下拉列表中可以选择全图，也可选择对图像中某单独色彩进行调整。

• 色相：拖动滑块可改变整个图像的色彩相貌，如图 8－75、8－76 所示。

• 饱和度：拖动滑块向右侧可以增加图像饱和度，拖动滑块向左滑动可以降低图像饱和度。

• 明度：向右侧拖动滑块可以提高图像整体的亮度，反之则降低亮度。

• 着色：勾选该选项，可将图像转换为只有一种色彩的单色图像，在变为单色图像后，可继续调节色相、饱和度和亮度。这种效果常用于人物照片，类似于影楼中的艺术效果。如图 8－77、8－78 所示。

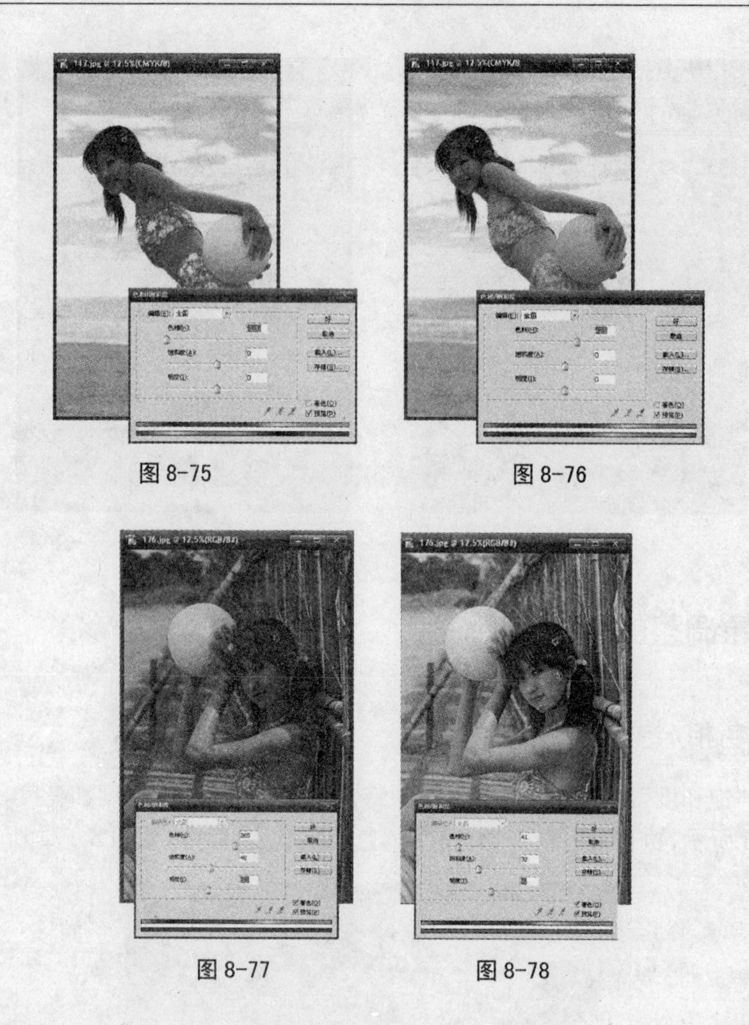

图 8-75　　图 8-76

图 8-77　　图 8-78

8.6.2　可选颜色

“可选颜色”命令可以有选择地修改图像中任何主要颜色的印刷数量，在调节的同时又能做到不影响其他颜色，例如可以通过校正图像中绿色中的青色成分，同时又能保持黄色中的青色成分不变。打开文件，执行“图像”→“调整”→“可选颜色”命令，如图 8－79 所示。

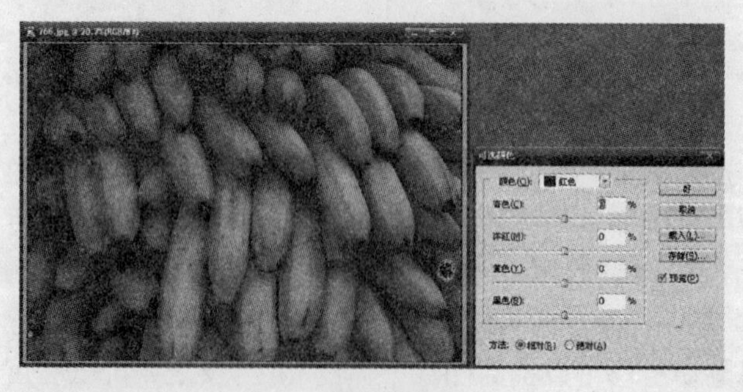

图 8-79

• 颜色：在下拉列表中可以选择需要调整的颜色。如图 8－80 所示为增加香蕉的黄色中的红色的分量，如图 8－81 所示为增加黄色中的青色效果。

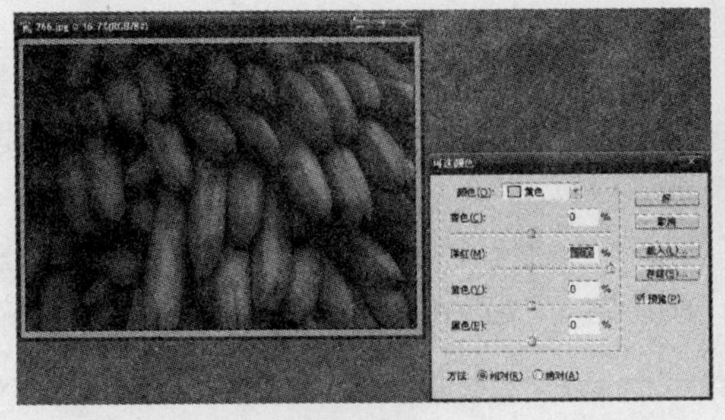

图 8-80

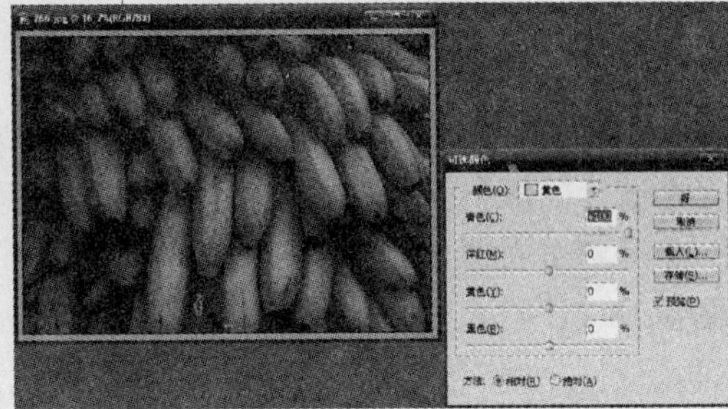

图 8-81

8.6.3　替换颜色

使用该命令，可以在图像中选择特定的色彩，然后用其他颜色将其替换。打开一个文件，执行“图像”→“调整”→“替换颜色”命令，如图 8－82 所示。

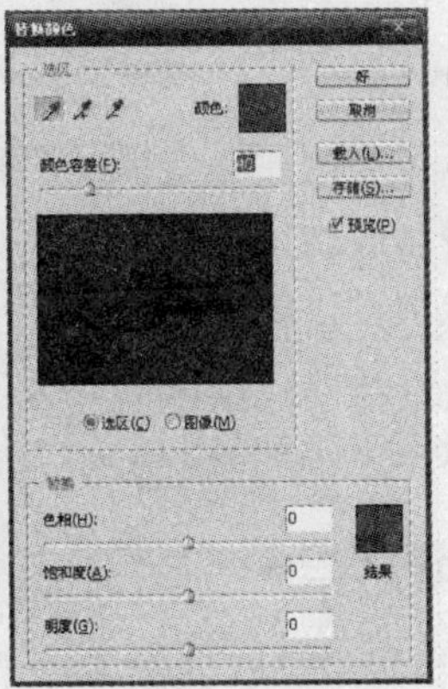

图 8-82

在枫叶上单击鼠标，并调节容差，在对话框中观察被选择的红色区域的人小，如图 8－83 所示。再次拖动下方色相调节滑块，选择用于替换该红色的颜色，并适当增加其饱和度，如图 8－84 所示。

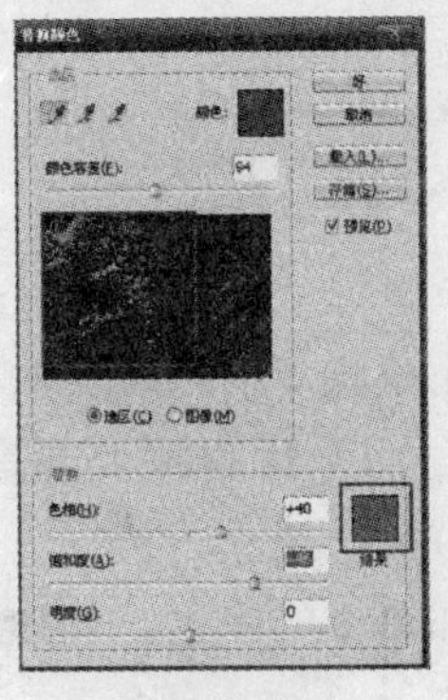

图 8-83

图 8-84

8.6.4 匹配颜色

“匹配颜色”命令可以将一个图像的色彩与另外一个图像中的颜色匹配，该命令比较适合多个图片的颜色保持一致。匹配颜色命令只适用于 RGB 模式的图像。

打开两个文件，如图 8－85、8－86，我们要求雪景的颜色和右边图像颜色一致。单击左边图像，执行“图像”→“调整”→“匹配颜色”命令，在图 8－87 中源下拉列表中选择“181”文件，再进行“亮度”和“颜色强度”的调整即可达到如图 8－88 所示效果。

图 8-85

图 8-86

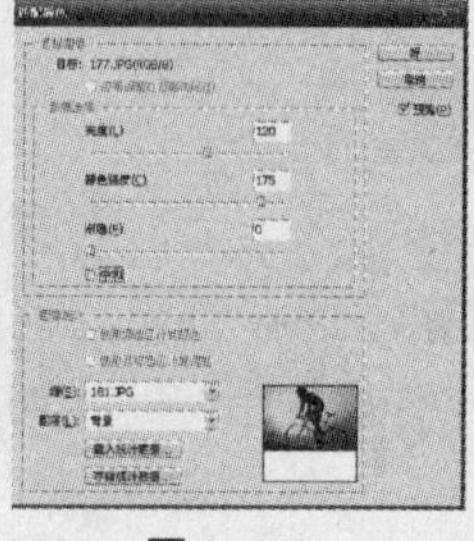

图 8-87

图 8-88

• 目标：显示了当前目标图像的名称和颜色信息。

• 渐隐：可控制应用于图像的调整量，数值越高，强度越弱。

• 中和：选此项可以消除色差。

• 源：选择将要与颜色匹配的源文件。

• 图层：显示用于匹配的特定的图层。

8.6.5 通道混合器

“通道混合器”命令可以使图像中现有颜色通道的混合来修改目标通道。打开一个文件，如图 8－89 所示，执行“图像”→“调整”→“通道混合器”命令。

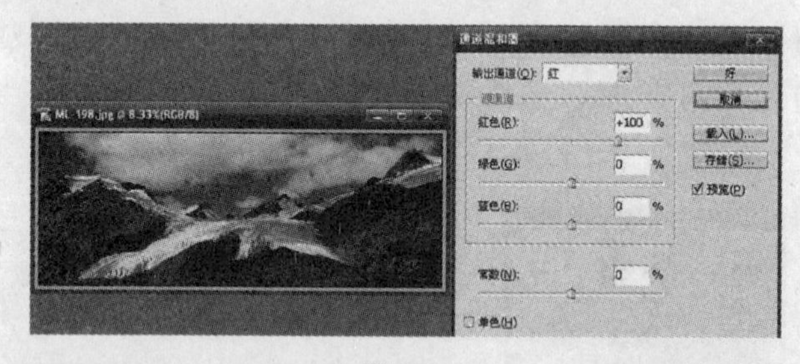

图 8-89

• 输出通道：可选择要在其中混合的一个或者多个现有通道进行调节。

• 源通道：用来设置通道中源通道所占百分比。向左移则减少该通道在输出通道中的百分比；反之，向右移动则增加该通道在输出通道中的百分比。

• 常数：用来调整输出通道的灰度值。负值增加更多的黑色，正值增加更多的白色。

• 单色：勾选该项，可将彩色图像转为黑白图像。

如图 8－90、8－91 所示为增加蓝色通道的百分比及减少蓝色通道的百分比。

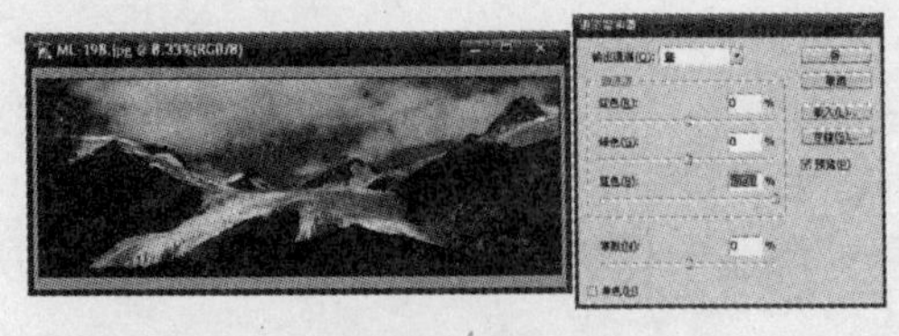

图 8-90

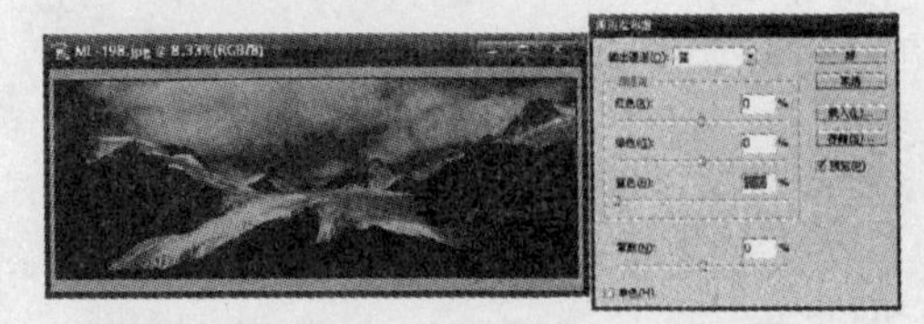

图 8-91

8.6.6 照片滤镜

“照片滤镜”可以模拟通过彩色校正滤镜拍摄照片的效果，该命令可以允许用户选择的滤镜颜色向图像应用色相的调整。

打开文件，如图 8－92 所示，执行“图像”→“调整”→“照片滤镜”。

图 8-92

• 滤镜：在该选项中下拉列表中可以选择使用的滤镜，以便调整通过镜头传输的光的色彩平衡和色温。

• 颜色：单击该选项右侧的颜色色块，可以在打开的“拾色器”中设置自定义的滤镜颜色。

• 浓度：可调整应用到图像中的颜色数量，该数值越高，颜色调整幅度越大。如图 8－93 所示。

• 保留亮度：勾选选项，不会因为添加滤镜而使图像变暗。如图 8－94、8－95 所示。

图 8-94

图 8-93

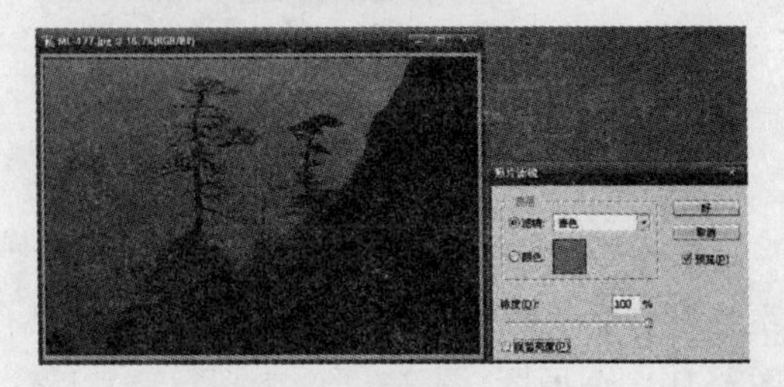

图 8-95

8.6.7 渐变映射

该命令可以将相等的图像灰度范围映射到所指定的渐变填充色。

(1) 打开文件,如图 8-96 所示,执行“图像”→“调整”→“渐变映射”,弹出如图 8-97 所示对话框。

(2) 在对话框颜色条上单击鼠标,打开渐变编辑器,设置颜色,如图 8-98 所示。

(3) 单击“确定”按钮后,图像效果如图 8-99 所示。

(4) 勾选“仿色”按钮,可在图像中增加随机杂色来平滑外观;勾选“反向”则切换渐变填充方向。

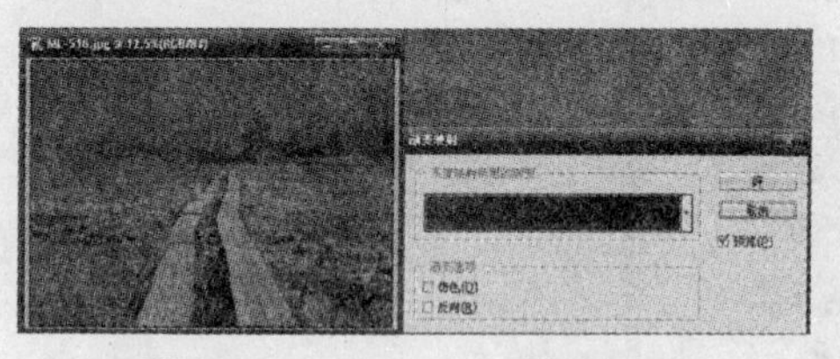

图 8-96　　图 8-97

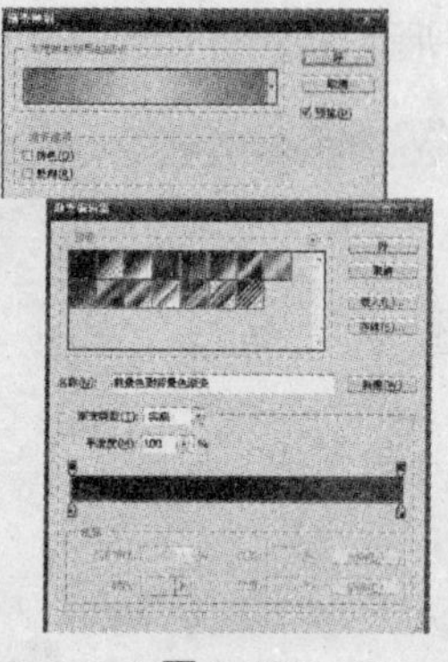

图 8-98

图 8-99

8.6.8 反相

该命令可反转图像的颜色并创建负片效果,如图 8-100、8-101 所示。

图 8-100

图 8-101

8.6.9 色调均化

该命令可以重新分布图像中像素的亮度值,使其更加均匀地呈现所有范围的亮度级别,系统将最亮值设置为白色,最暗值设置为黑色,而中间值则均匀地分布在整个灰度范围中,图8-102 为原图,图 8-103 为执行调整后的效果。

图 8-102

图 8-103

8.6.10　阈值

该命令可以删除图像中的色彩信息，将图像转换为黑白两色，打开一个文件，执行“图像”→“调整”→“阈值”，弹出对话框如图 8－104 所示。

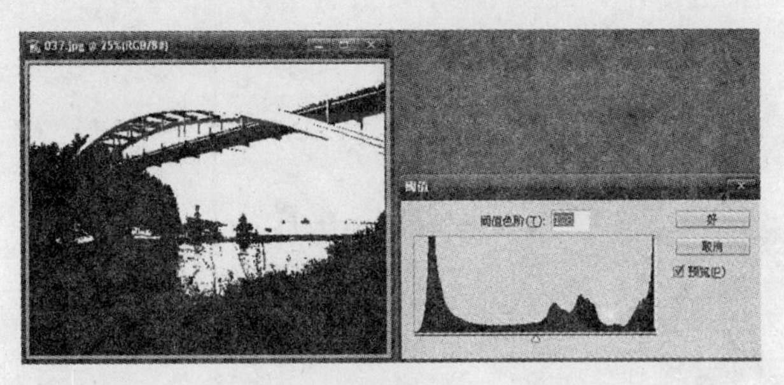
图 8-104

拖动滑块，亮度值大于阈值色阶的像素转换为白色，如图 8－105 所示，而小于阈值色阶的像素则转换为黑色，如图 8－106 所示。

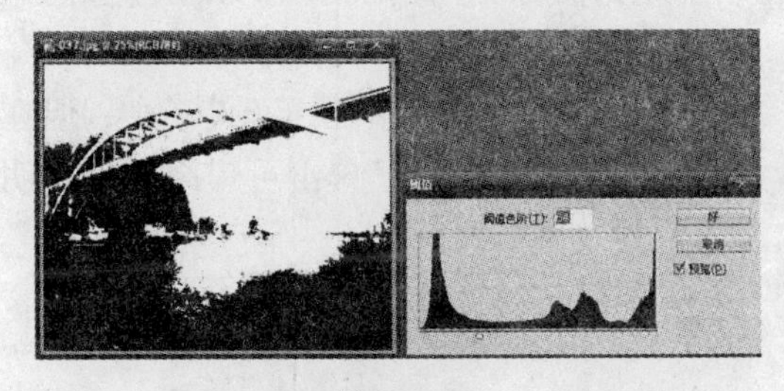
图 8-105

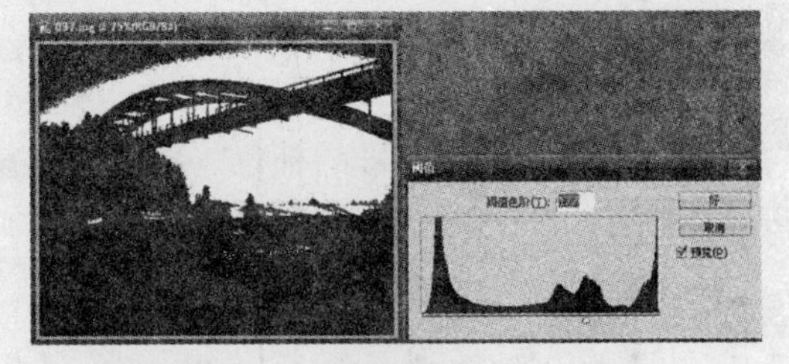
图 8-106

8.6.11　色调分离

该命令可按照指定色阶减少图像中颜色，在照片中创建特殊效果。打开一个文件，执行“图像”→“调整”→“色调分离”，弹出如图 8－107 所示对话框。

拖动滑块，数值越小，分离效果越明显，如图 8－108、8－109 所示为数值设置成 2 和 6 的不同效果。

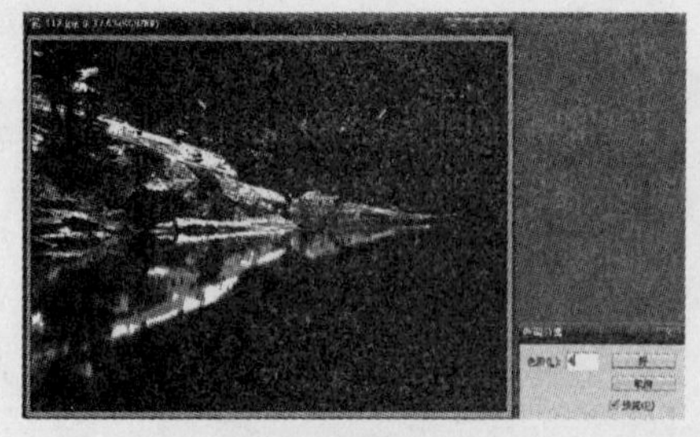

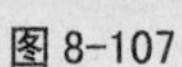
图 8-107

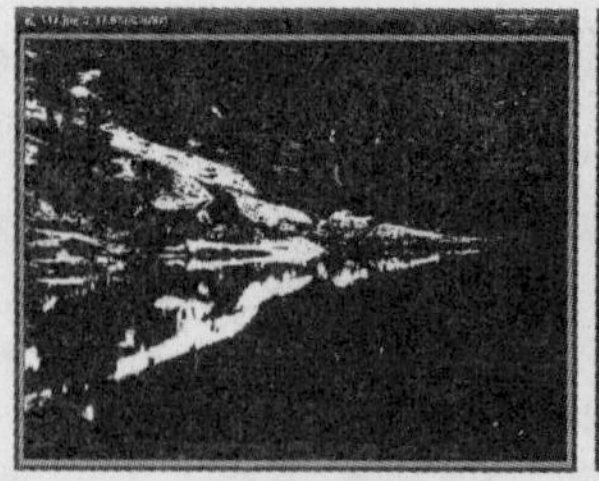

图 8-108

图 8-109

8.6.12 变化

通过该命令可以使用预览图来调整图像的色彩平衡、对比度与饱和度，该命令也可消除图像色偏，打开文件，执行“图像”→“调整”→“变化”，如图 8－110 所示。

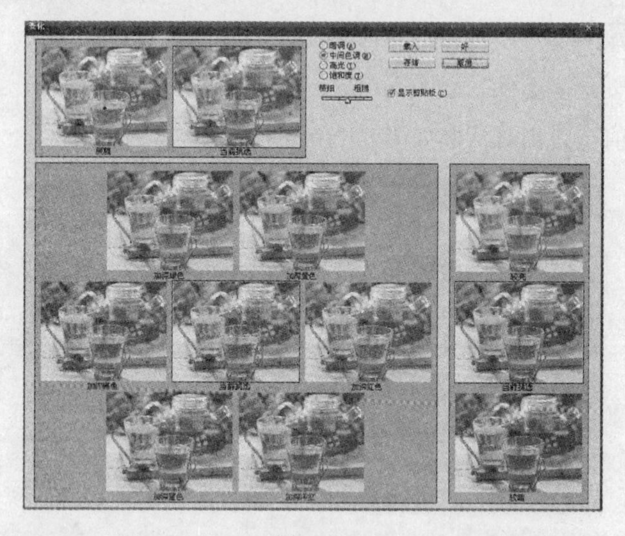

图 8-110

• “原稿”→“当前挑选”：“原稿”的缩略图显示了原始图像，“当前挑选”显示了图像的调整结果。

• 加深绿色（黄色）等缩略图：单击某个命令，便可在“当前挑选”中预览到其效果，但在“加深绿色”的同时该色彩的补色“黄色”便会减少，右侧“较亮”、“较暗”单击可提高或减少明度。如图 8－111、8－112 所示为加深红色和加深黄色的效果。

图 8-111

图 8-112

• “阴影”→“中间调”→“高光”：选择相应选项，可以调整图像的阴影、中间调和高光。
• “精细”→“粗糙”：用来控制每次的调整数量，每移动一格，可使调整量双倍增加。

8.7　实战练习

我们通过下面一个例子来观察和了解图像调节在设计中的应用。

(1) 在文件菜单中单击“新建”命令，设置纸张高度 5 cm，长度 36 cm，分辨率为 200 dpi，CMYK 模式，单击“好”按钮，如图 8 - 113、8 - 114 所示。

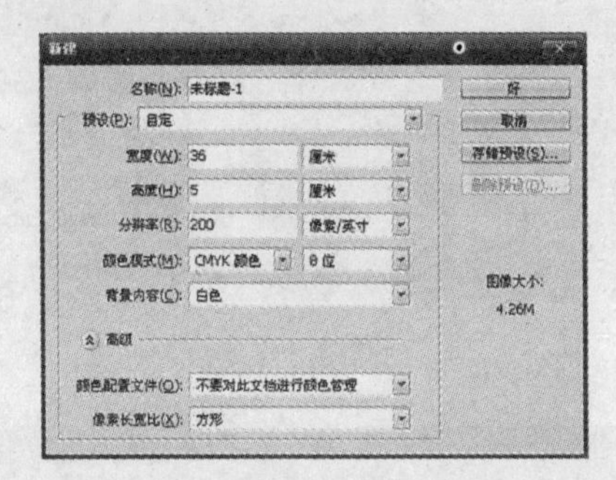

图 8-113

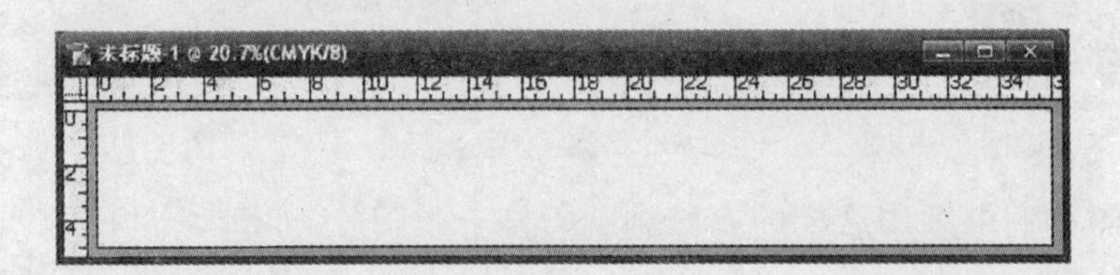

图 8-114

(2) 我们打开四个文件，如图 8 - 115 所示，并通过使用裁剪工具设置宽度、高度分别为 9 cm 和 5 cm，分辨率为 200 dpi，如图 8 - 116 所示，并调整到合适的裁剪区域。

图 8-115

图 8-116

(3) 我们打算对四张图片分别进行图像调整,最终处理成春、夏、秋、冬四季的色调。

(4) 首先打开 079.jpg 文件,转换为 CMYK 模式,然后进行调整,要将其变为春天色调,原理只要将图像中绿色像素量增加,把青色像素数量略微减少。我们在这里用到的命令先是"色阶",在之前我们讲过要增加某种颜色的数量,只需将其通道中的亮度层次调暗即可。如图 8-117 所示。

(5) 接着执行"图像"→"调整"→"色相饱和度"命令,在"绿色"编辑中增加绿色饱和度,如图 8-118 所示,在"青色"中略微降低一些饱和度,如图 8-119 所示,单击"好"按钮。

图 8-117

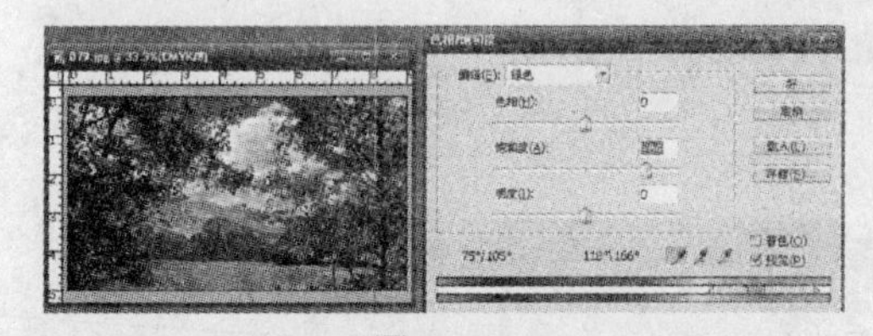

图 8-118

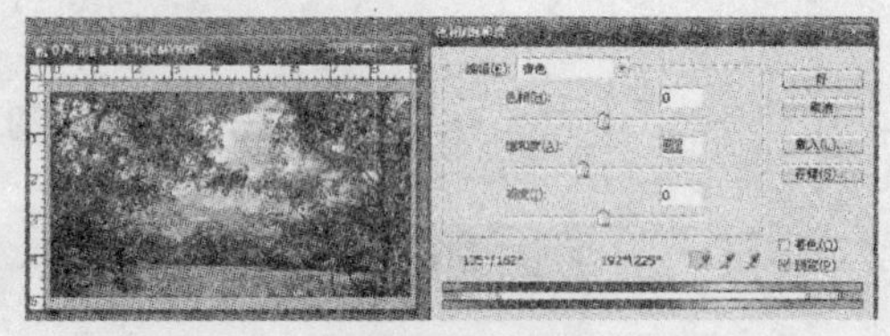

图 8-119

(6) 同理,我们继续用这样的方法调整另外一张图片,如图 8-120、8-121、8-122 所示。

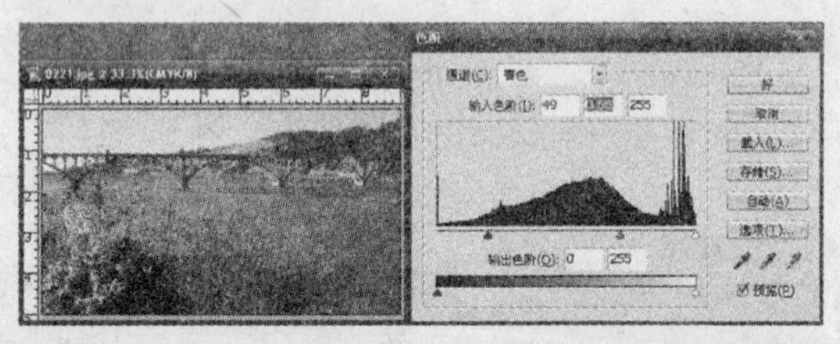

图 8-120

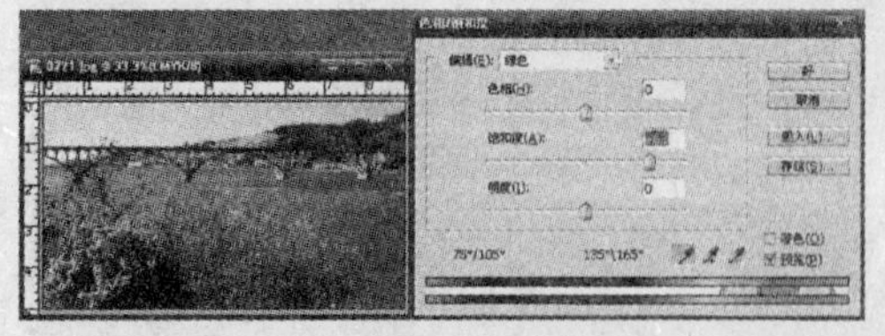

图 8-121

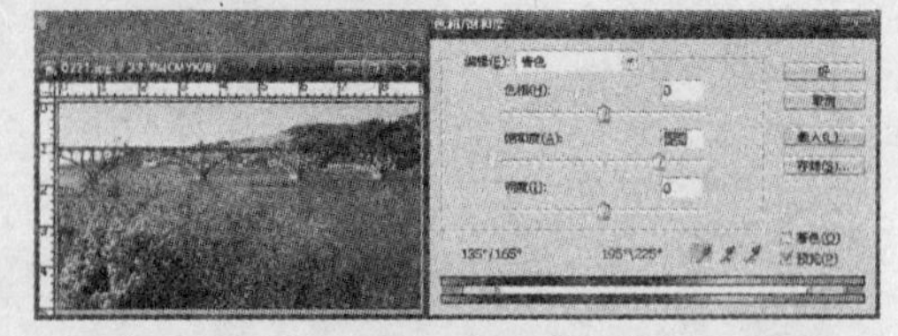

图 8-122

(7) 再次调整下一张图片,如图 8-123、8-124、8-125 所示。

图 8-123

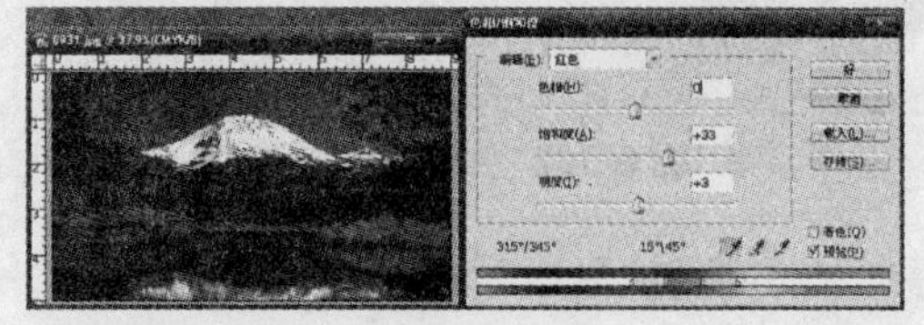

图 8-124

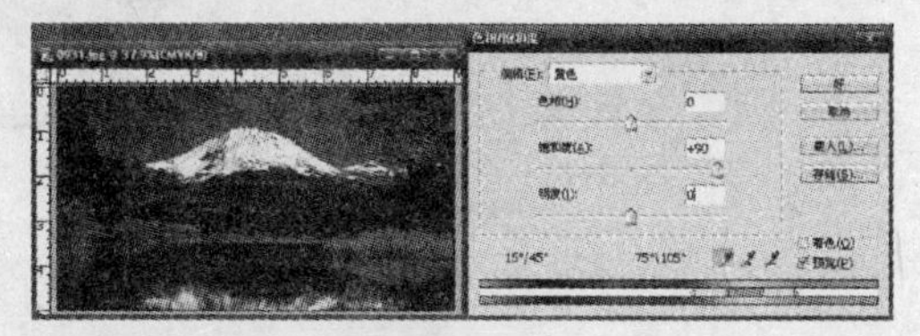

图 8-125

（8）调整最后一张图片，如图 8－126、8－127、8－128 所示。

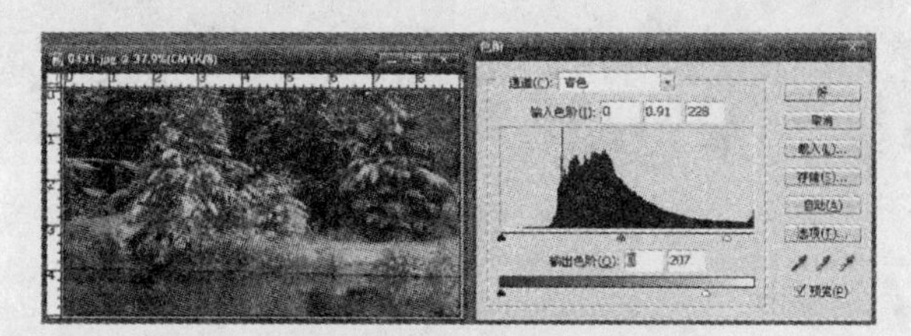

图 8-126

图 8-127

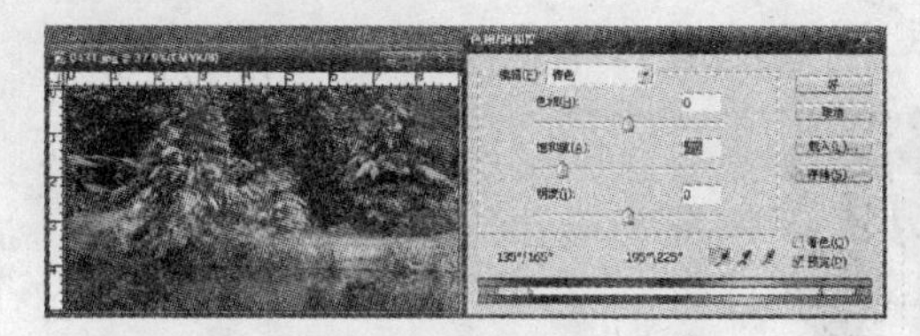

图 8-128

（9）同时将调整前和调整后的四张图片放在我们刚开始新建的文件中进行对比，可以发现效果变化很明显，图 8－129 为原图，图 8－130 为调整后的图像。

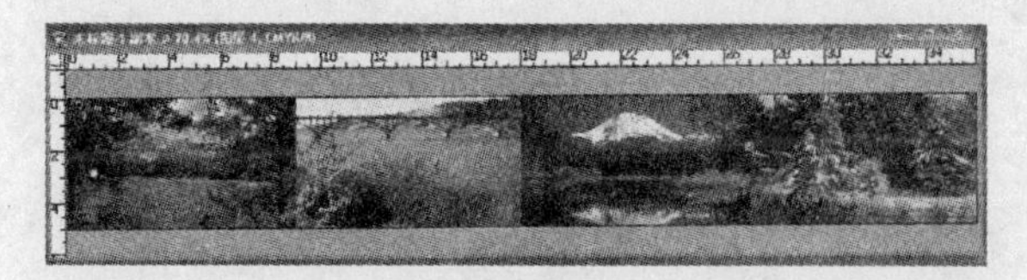

图 8-129

图 8-130

(10) 在图 8 - 130 文件上执行“图像”→“画布大小”命令，将画布定位在上方，高度设置为7 cm，画布设置为黄色，如图 8 - 131 所示，最后效果如图 8 - 132 所示。

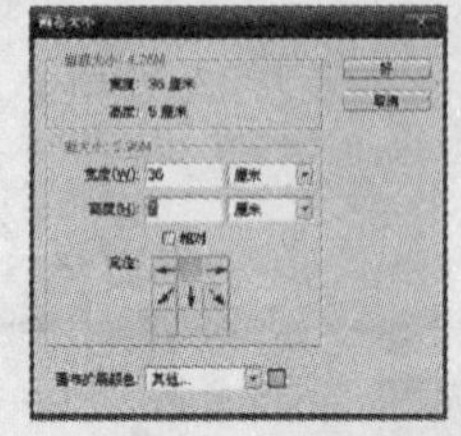

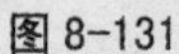

图 8-131

图 8-132

(11) 完成文字键入，色彩字体可根据自己需要自行设置，最后效果如图 8 - 133 所示。

图 8-133

第9章　图像的编辑与修饰

9.1　绘画工具组

9.1.1　使用工具箱

在 Photoshop 中界面左侧为工具箱，如图 9－1 所示。选中工具箱中任何工具，在其上方工具选项中会出现相应的设置选项。工具箱中有些工具右下角有黑色三角箭头，表示该工具含有相关的工具组，在其上方按下鼠标并停留几秒会出现其余工具，如图 9－2 所示，移动鼠标选择你所需要的工具，使之呈高亮显示即可。

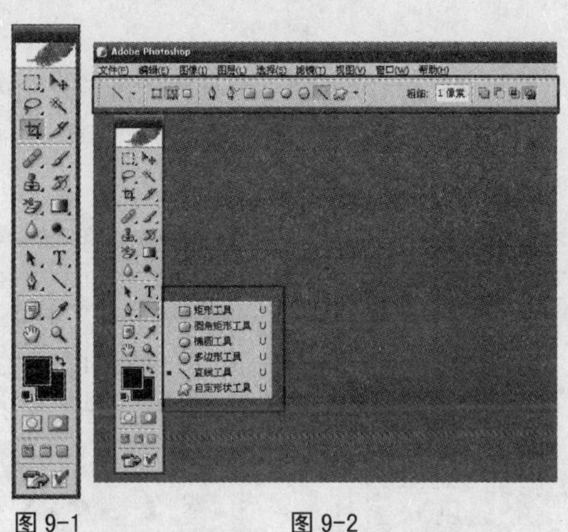

图 9-1　　图 9-2

9.1.2　绘画工具组

画笔工具组中的工具 画笔工具 B 铅笔工具 B 主要作用是用来绘制图形，当然要是配合手写板则效果更为精确，其中包括画笔工具和铅笔工具两种，按下鼠标可将其完全显示。

1）画笔工具

画笔工具最主要的特点是以毛笔或水彩的效果在图像区域进行绘制，可以创建生硬和柔软的线条。选择该工具，可在画面中单击鼠标并拖拽进行绘制，如图 9－3 所示。

图 9-3

画笔工具的选项

选中画笔工具，其相应工具选项属性如图 9－4 所示，在该选项中可以完成画笔的形状、大小等设置。

图 9-4

• 不透明度：该选项中数值输入的高低直接决定画笔笔触在纸张上的透明效果。如图 9－5 所示。

• 流量：流量的多少直接决定画笔的干湿程度，流量设置越小，画笔笔触越干涩。如图 9－6 所示。

• 喷枪：单击该图标后，所绘制的笔触会带有明显的喷笔效果，如图 9－7 所示。

图 9-5　　图 9-6　　图 9-7

上述几个选项较为简单，我们下面来看看更为具体的画笔选项的设置，选中画笔工具，执行“窗口”→“画笔”命令，将调出画笔面板，如图 9－8 所示，单击“画笔笔尖形状”，将调出所有设置，如图 9－9 所示。

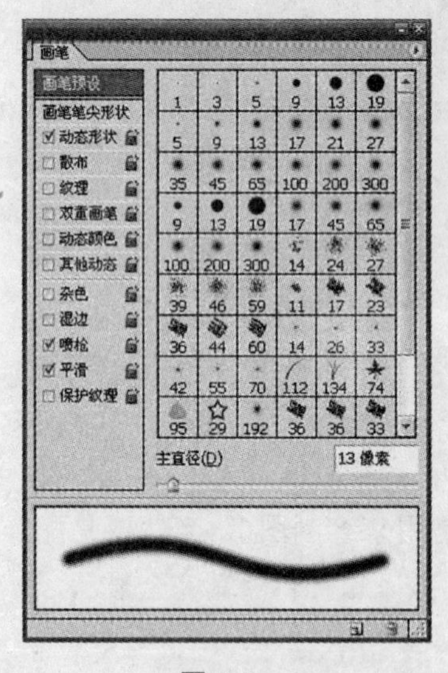

图 9-8

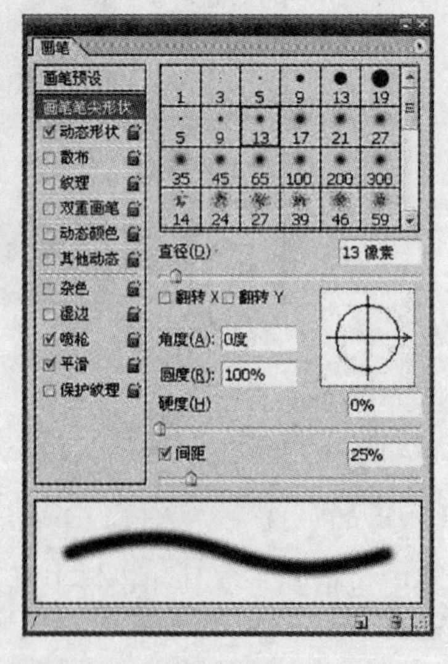

图 9-9

在“笔尖形状”下的一系列选项如“动态形状”、“散布”等可以设置笔尖的形状效果，并在右侧的设置中进行相应的具体设置。

右侧已由电脑系统提供了部分笔触造型，也可以再通过下拉箭头进行选择，如图 9－10 所示。

单击右侧三角箭头会弹出菜单，如图 9－11 所示。

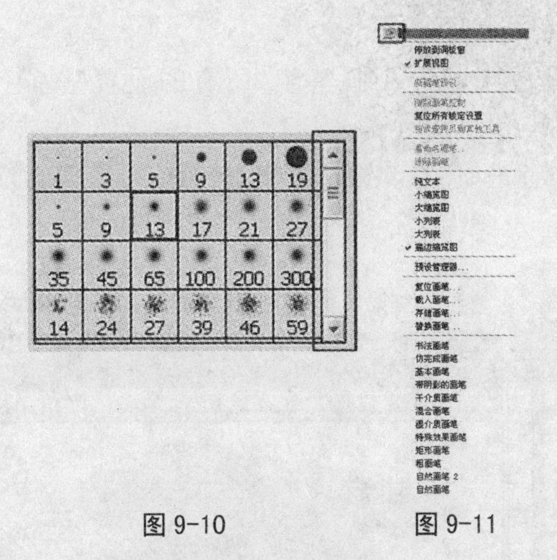

图 9-10　　　　图 9-11

• 复位画笔：可将所有的笔触选项设置恢复至系统初始的默认状态。

• 载入画笔：可将新的画笔形状载入到这些画笔形状中来。

• 替换画笔：可将某组新的画笔形状替换当前画笔。

• 书法画笔：自然画笔等是若干带有艺术风格的笔触，可将这些特殊效果的笔触替换至当前笔触，也可以追加至当前画笔库，如图 9－12 所示。

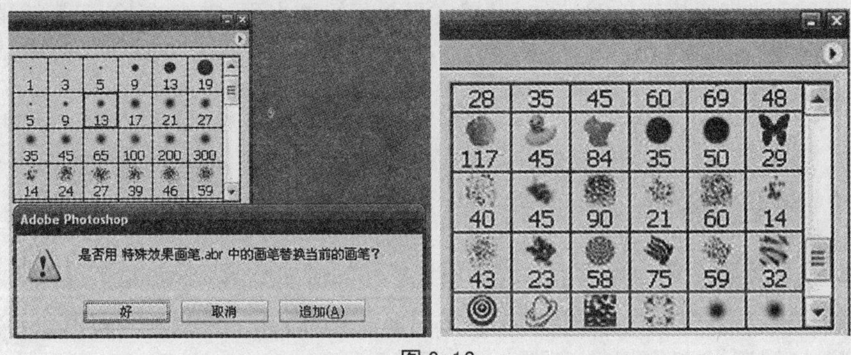

图 9-12

• 直径：画笔笔触的大小，向右滑动滑块可在下方预览图中看到笔触明显直观的变化。

• 翻转 x、翻转 y：将笔触分别以水平或者垂直方向翻转。

• 角度：决定画笔在绘制时以水平方向为基点的倾斜度。

• 圆度：画笔的圆或扁的程度。

• 硬度：数值越高，绘制出的线条越生硬，反之，则越柔软。

• 间距：画笔与画笔之间绘制时的连贯性，间距越大，在绘制拖动时会出现明显的间隙，如图 9－13 所示。

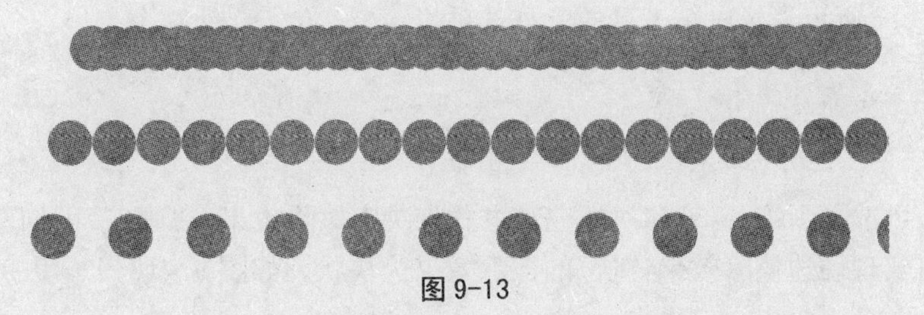

图 9-13

2）铅笔工具

铅笔工具和画笔工具位于同一个画笔组，所有的设置基本上同画笔相似，具体区别在于：

在铅笔的工具选项中有一项“自动涂抹”，将其勾选，可在包含前景色的区域上绘制背景色，如图 9－14 所示。

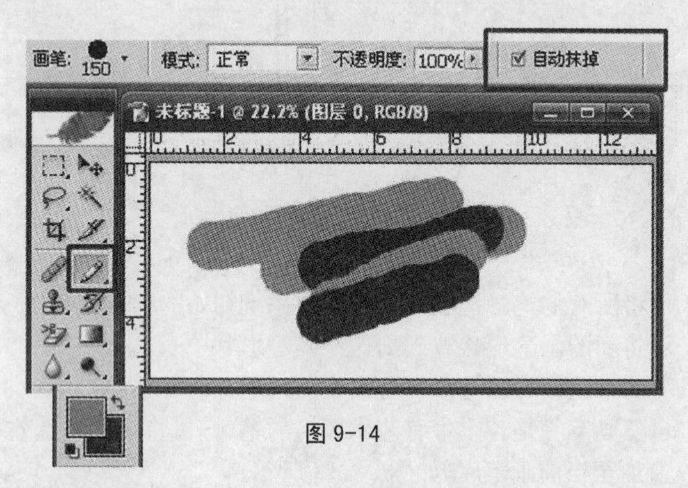

图 9-14

当使用画笔或者铅笔绘制时按住 Shift 键可强行绘制水平、垂直或者 45 度的线条。

9.2 擦除工具组

9.2.1 橡皮擦工具

橡皮擦工具 ：在选择该工具后可通过鼠标的拖动来擦除图像中的指定区域。如果在背景层上使用该工具擦除，被擦除部分变为背景色，如图 9－15 所示。如果在其他图层上擦除，被擦除区域变为透明区域，如图 9－16 所示。

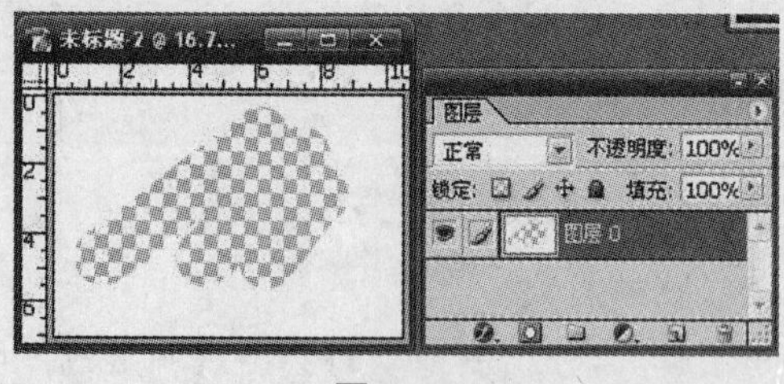

图 9-15

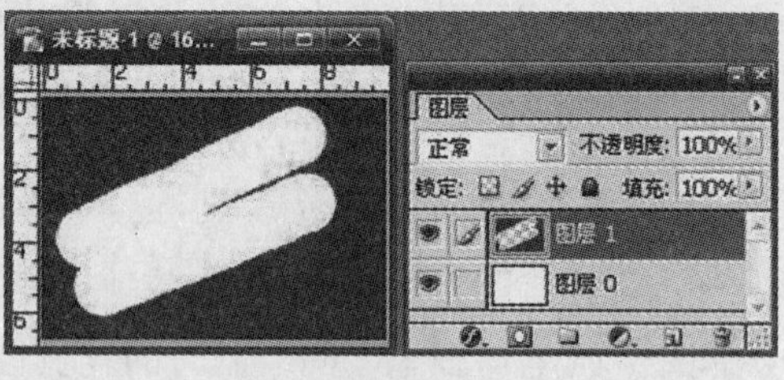

图 9-16

如图 9－17 所示为橡皮擦工具的工具选项栏。

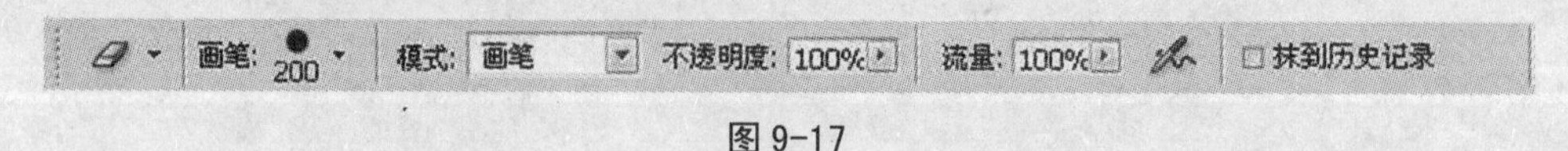

图 9-17

• 模式：可选择画笔、铅笔和块的三种方式来决定擦除效果。“画笔”可创建柔边擦除效果，“铅笔”可实现硬边擦除效果，“块”的擦除效果为块状。如图 9－18、9－19、9－20 所示。

图 9-18

图 9-19

图 9-20

• 不透明度：设置擦除的强度，100％为完全擦除，较低的透明度在擦除后会出现半透明状态。

• 流量：可以控制工具的涂抹速度。

• 抹到历史记录：勾选此项，在历史记录面板中指定某一状态或快照，在擦除时可将图像恢复至该状态。

9.2.2　背景橡皮擦工具

背景橡皮擦工具 是一种智能橡皮擦，它能自动识别对象边缘，采集画笔中心色样，并删除在画笔内出现的颜色，使擦除区域变为透明。

(1) 打开一个文件，选择背景橡皮擦工具，在工具选项栏中设置如图 9－24 中所示参数，如图 9－21 所示。

(2) 将光标移至画面中心，圆形中心有十字线，单击并拖动鼠标即可擦除背景，如图 9－22 所示。

(3) 按下键盘中的“[”、“]”键来切换擦除笔触大小，完成细节上的修饰，将其余背景部分擦除，注意在擦除时不要让十字线碰到主体物体。最后完成效果如图 9－23 所示。

图 9-21

图 9-22

图 9-23

背景擦除橡皮擦工具选项栏如图 9－24 所示。

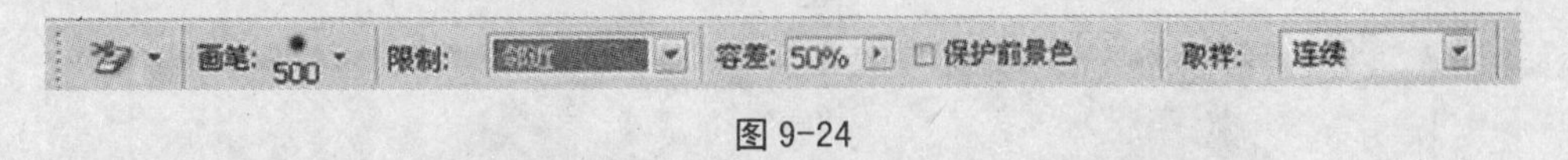

图 9-24

• 取样：按下“连续”按钮，在拖动鼠标时，可对需要擦除的色彩连续取样，只要光标碰到处将被擦除；按下“一次”按钮，可擦除包含第一次单击时颜色的区域；按下“背景色板”按钮，只擦除与背景色相近的色彩区域。

• 限制：“不连续”按钮可擦除在光标下任何位置的样本颜色；“连续”按钮只擦除与取样颜色相连续的区域；“查找边缘”按钮在擦除包含样本颜色的连续区域的同时能更好地保留

外边缘的锐化程度。

• 容差：设置颜色的容差范围。

• 保护前景色：在擦除时按下 Alt 键，光标变为吸管状，吸取该处色彩，勾选此项，可以防止擦除与前景色相临近的区域。

9.2.3 魔术橡皮擦工具

魔术橡皮擦工具具有自动分析图像边缘的功能，功能原理类似于“魔术棒＋Delete”组合，被擦除部分呈透明状。

魔术橡皮擦工具选项栏如图 9－25 所示。

容差: 32 ☑消除锯齿 ☑邻近 □用于所有图层 不透明度: 100%

图 9-25

• 容差：设置可擦除颜色的范围。

• 消除锯齿：勾选此项，可使擦除区域的边缘像素变得平滑。

• 邻近：勾选的话，则只可擦除与单击像素点邻近的像素，不勾选则擦除图像中所有的相似像素。

• 用于所有图层：勾选此项，可对所有可见图层进行数据取样并擦除。

• 不透明度：用来设置擦除强度。

(1) 打开一个文件，如图 9－26 所示，选择魔术橡皮擦工具，设置参数如图 9－27 所示。

(2) 将光标移至图像背景上，单击鼠标即可擦除背景，如图 9－28 所示。

(3) 将光标移至其余部分，单击鼠标将其擦除，如图 9－29 所示。

图 9-26

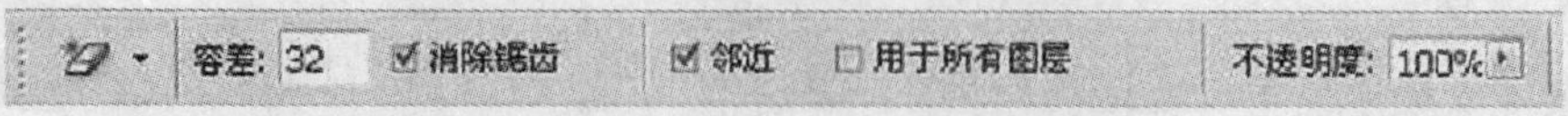

容差: 32 ☑消除锯齿 ☑邻近 □用于所有图层 不透明度: 100%

图 9-27

图 9-28

图 9-29

9.3　图章修复工具组

Photoshop 中提供了多个修复处理照片的工具，其中包括仿制图章工具、图案图章工具、修复画笔工具、修补工具，它们都可以很快速地修复图像中的污点与瑕疵。

9.3.1　仿制图章工具

仿制图章工具  的原理是可以从图像中取样，然后应用到其他图像或同一图像中的其他部分。其工具选项栏中包含该工具的设置选项，基本设置与画笔一致。

• 对齐的：勾选此项，会对像素连续取样，即使放开鼠标也不会丢失取样点；不勾选此项，在每次停止再绘画时使用初始取样点中的样本像素。

• 用于所有图层：勾选此项，可对所有可视图像进行取样。

(1) 打开一个文件，如图 9－30 所示，设置参数如图 9－31 所示。

(2) 将光标移至地球仪上，按住 Alt 键进行取样，然后将光标移至画面右侧，拖动进行复制，得到如图 9－32 所示最终效果。

图 9-30

画笔: 21　模式: 正常　不透明度: 100%　流量: 100%　☑对齐的　☐用于所有图层

图 9-31

图 9-32

9.3.2 图案图章工具

图案图章工具 与仿制图章工具最大的区别在于它是利用图案进行绘画。

打开一个文件，如图 9－33 所示，选择图案图章工具，将模式设置为“柔光”，在下拉列表中选择一个图案(如图 9－34 所示)，移至眼镜片上，单击鼠标并拖动。最终效果如图 9－35 所示。

图 9-33

图 9-34

图 9-35

9.3.3 修复画笔工具

修复画笔工具 和仿制图章工具原理类似，可以去除照片中的污点、划痕等，当然它同时具有图案图章工具的特点，利用图案进行绘画，在进行取样时可将样本的纹理、光照、透明度、阴影等与被修复的像素相匹配，从而使去除效果比仿制图章更为柔和。

修复画笔工具选项栏如图 9－36 所示。

图 9-36

• 画笔：在该选项下拉列表中选择画笔样本。

• 模式：可以用来设置修复后的混合模式。

• 源：可以选择从图像像素上取样，也可选择在图案中进行取样。

• 对齐的：勾选此项，会对像素连续取样，不勾选，则始终以一个取样点为起始点。

• 用于所有图层：作用于所有可视图层。

(1) 打开一个文件，如图 9－37 所示。

(2) 选择修复画笔工具，设置一个笔触，在“模式”中选择替换，“源”设置为取样，将光标移至该人物脸部附近没有皱纹处，按下 Alt 键单击进行取样，单击并拖动鼠标进行修复，如图 9－38 所示，最终完成效果如图 9－39 所示。

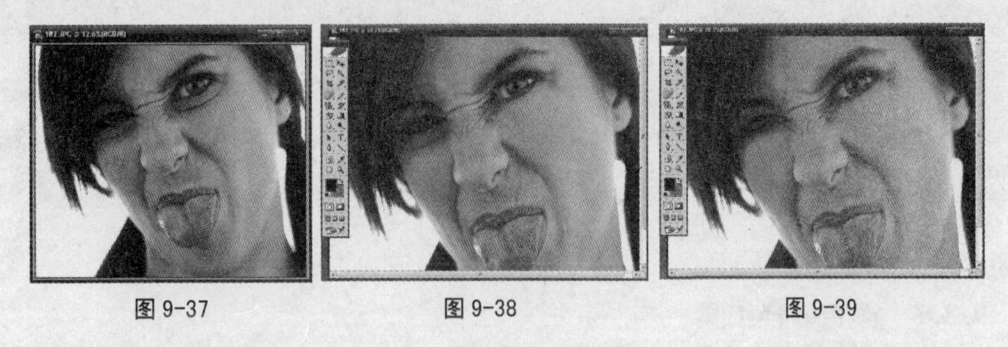

图 9-37　　图 9-38　　图 9-39

9.3.4　修补工具

修补工具 可以使用其他区域或者图案中的像素来修复选中的区域，同修复画笔工具一样，修补工具会将样本像素的纹理、光照和阴影等与源像素进行匹配，但此工具的特别之处是需要在修补前建立选区来定位修补范围。

修补工具的工具选项栏如图 9－40 所示。

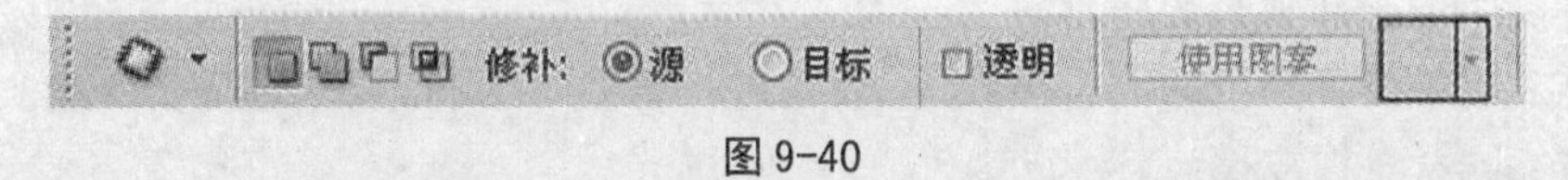

图 9-40

• 创建选区方式：分别是创建选区、添加选区、减去选区和选区交集。当然我们也可以通过使用矩形选框工具、魔术棒等来创建。

• 源/目标：选择“源”，将选区拖拽到要修复处，选区被要修复的图形覆盖，如图 9－41 所示，反之选择“目标”则要修复的图形被选区覆盖，如图 9－42 所示。

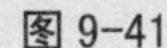

图 9-41　　图 9-42

• 透明：勾选此项后，可使被修补图像与源图像产生透明的叠加效果。

• 使用图案：可使用图案来修补选区内的图像。

(1) 打开一个文件，如图 9 - 43 所示。

(2) 选择修补工具，并在工具栏选项中设置“源”，将光标移至画面中间小象处，并创建选区，如图 9 - 44 所示。

(3) 将光标移至选区内，单击并向右方拖动鼠标进行修补，放开鼠标后，可以看到画面中原来小象的区域已经被其附近的像素所替换修复了，如图 9 - 45 所示。

图 9-43

图 9-44

图 9-45

9.3.5 颜色替换工具

颜色替换工具使用前景色替换图像中的颜色，一般我们会将它使用在改变某些色调或者为黑白照片上色等。

该工具选项栏与背景橡皮擦工具接近，如图 9 - 46 所示。

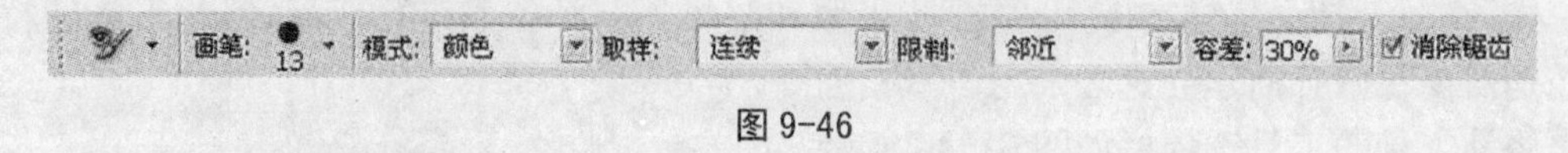

图 9-46

• 画笔：用于选择画笔的样本。

• 模式：用于设置颜色的混合模式，一般在进行替换时，我们选择“颜色”模式。

• 取样：同背景橡皮擦。

• 限制：同背景橡皮擦。

• 容差：数值设置越高，被替换的色彩范围就越广泛。

• 消除锯齿：可使被替换的区域有一个较为平滑的边缘。

(1) 打开一个文件，选择颜色替换工具，选择一个合适的画笔，按下“连续”按钮，如图 9 - 47 所示。

(2) 将前景色设置为黄色，在图像的草地上单击替换，如图 9 - 48 所示。

(3) 将前景色设置为红色，在树木上单击替换，如图 9 - 49 所示。

(4) 再将前景色设置为橘红色然后继续替换，以增加画面层次，完成最终效果，如图 9 - 50 所示。

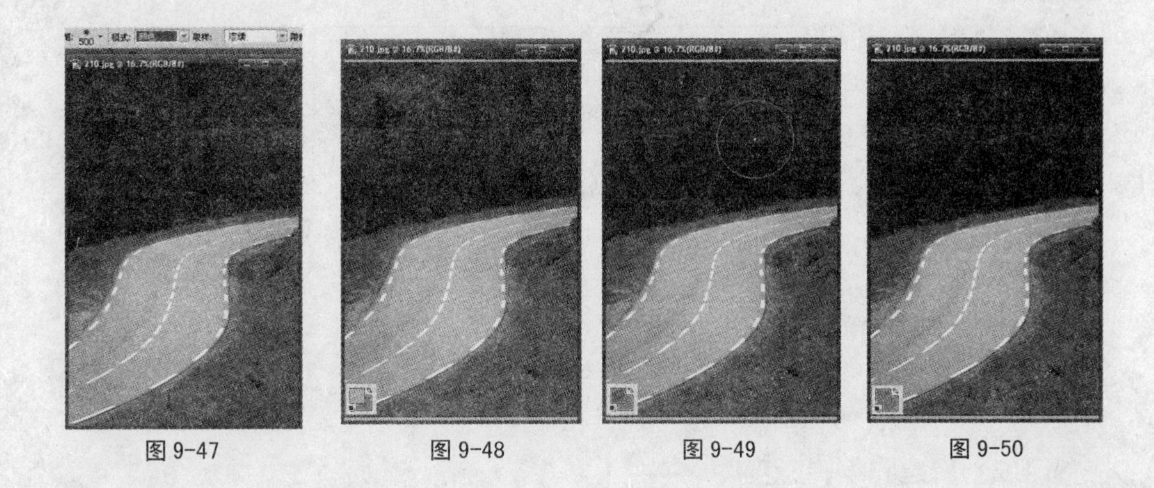

图 9-47　　图 9-48　　图 9-49　　图 9-50

9.4　渐变工具组

9.4.1　渐变工具选项栏

渐变工具 的作用是用于整个文档或某个选区内填充渐变的颜色。选择渐变工具后，在图像中单击并拖动出一条直线，直线上的起始两个点分别表示渐变的起点和终点，放开鼠标后即可创建渐变效果。渐变工具选项栏如图 9－51 所示。

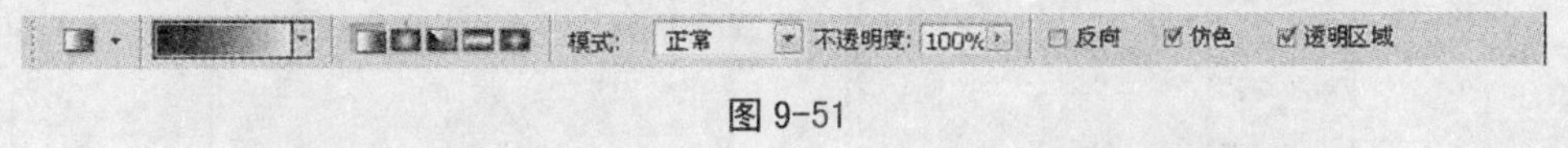

图 9-51

• 颜色渐变条：当前渐变色条显示了当前的颜色条，即黑色到白色的渐变。当用鼠标单击渐变色条右边三角箭头时会弹出如图 9－52 所示菜单，可在调色板中单击任何你需要的渐变。当然也可以直接单击渐变色条，可出现如图 9－53 所示的渐变编辑器，也可根据自己的喜好来新建或编辑渐变。

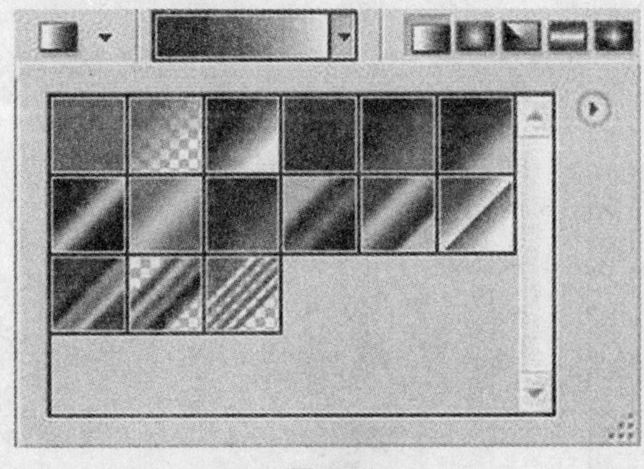

图 9-52

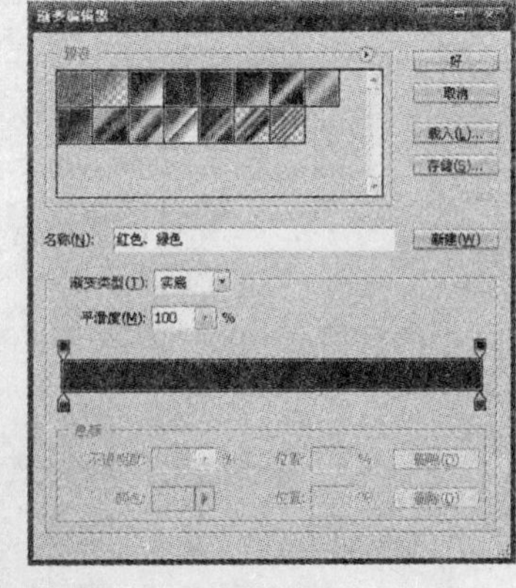

图 9-53

• 渐变类型：在渐变色条旁依次为五种渐变类型，分别是线性渐变、径向渐变、角度渐变、对称渐变和菱形渐变，如图 9－54 所示。

 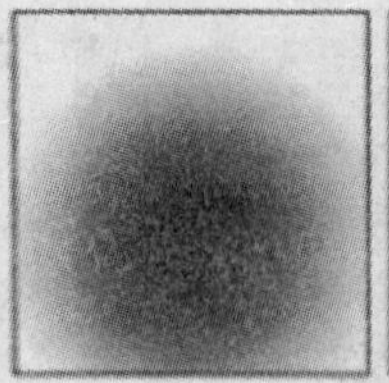   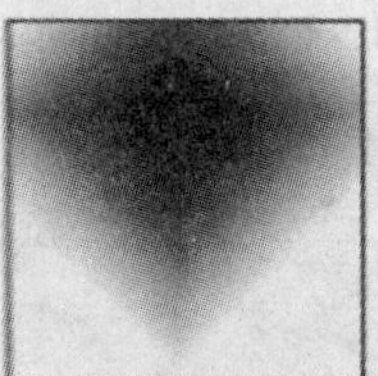

图 9-54

- 模式：用于设置应用渐变的混合模式。
- 不透明度：设置渐变的不透明强度。
- 反向：勾选此项，可得到反方向渐变的效果。
- 透明区域：可为选区或者图像创建透明效果。

9.4.2　新建和编辑渐变

在“渐变编辑器”中，双击色条下方的色块，可在拾色器中选择你需要的色彩，在色条上任何位置单击均可添加一个新的色彩，如图 9－55 所示。选中该色块向外拖动即可删除该颜色。当完成编辑后，在上方自定义处命名你的渐变，按下“新建”按钮，我们发现，刚才我们创建的渐变已经被保存到了渐变库里，选中某一渐变，鼠标右键选择“删除渐变”可以删除自己不满意的渐变。如图 9－56 所示。

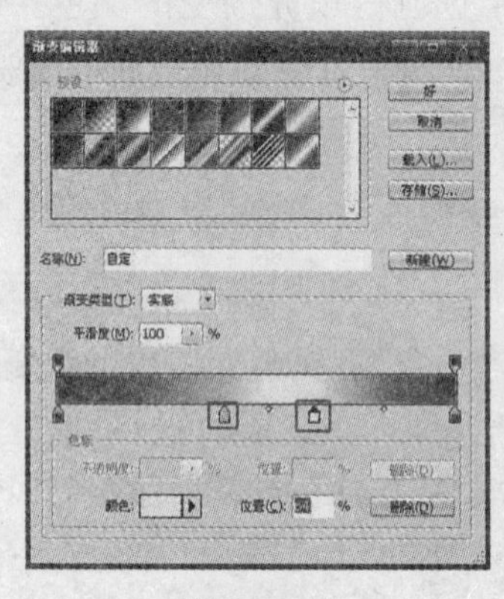

图 9-55

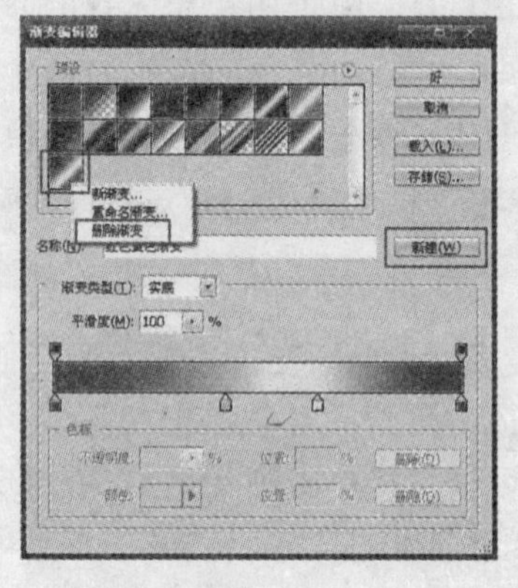

图 9-56

（1）打开一个文件，用魔术棒工具单击其背景，然后执行“选择”→“反选”命令，将酒瓶与酒杯选中，如图 9－57 所示。

图 9-57

图 9-58

(2) 新建一个文件,并将酒瓶与酒杯放至其中,并调整其位置,如图 9－58 所示。

(3) 暂时隐藏主体物图层,选择渐变类型中第二个“径向渐变”并进行颜色设置,然后执行,得到如图 9－59 所示渐变效果。

(4) 新建图层,并在下方绘制矩形选框,选择“线性渐变”按钮,设置颜色,执行后得到如图 9－60 所示效果。

(5) 显示图层 1 物体,并为其加上一个外发光效果,得到最后如图 9－61 所示效果。

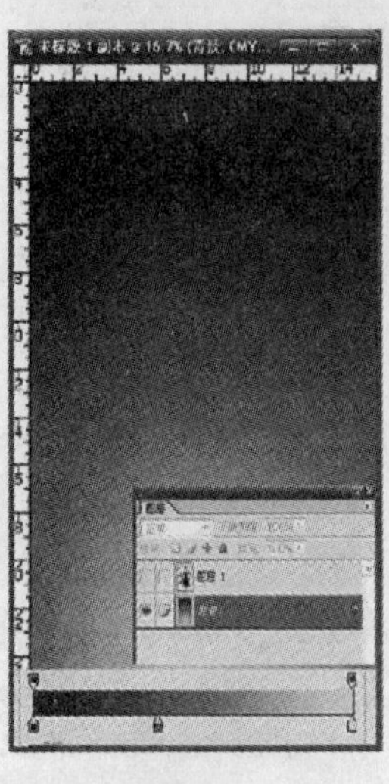

图 9-59

图 9-60

图 9-61

9.4.3　油漆桶工具

油漆桶工具 可在图像中填充前景色或图案。油漆桶的工具选项栏如图 9－62 所示。

图 9-62

• 填充：用来选择填充的方式,包括前景色与图案。
• 模式/不透明度：用于设置填充的混合模式以及不透明度。
• 容差：用来定义颜色填充的相似程度。
• 消除锯齿：用于平滑填充选区的边缘。
• 连续的：勾选此项,只填充与鼠标单击点相邻近的像素。
• 所有图层：勾选此项,可对所有图层进行填充。

注：油漆桶工具不能用于位图模式的图像。

(1) 打开一个文件,用矩形选择工具进行框选,执行“编辑”→“定义图案”,命名图案名称为“酒杯”,如图 9－63 所示。

(2) 新建一个 A4 文件,执行“编辑”→“填充”,选择刚才我们定义的酒杯图案进行填充,最终效果如图 9－64 所示。

图 9-63

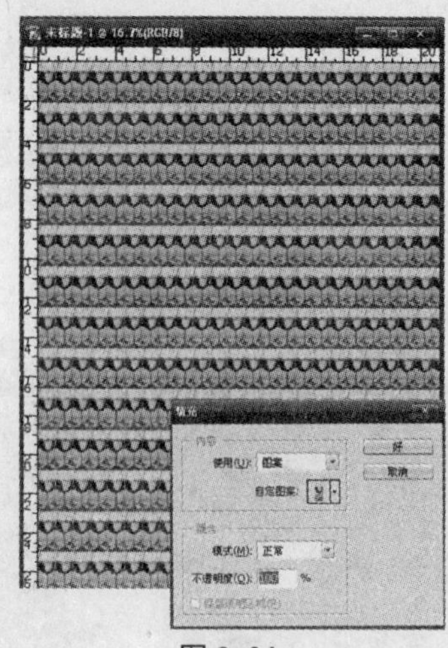

图 9-64

(3) 再次打开一个文件,将其模式转换成 RGB,选择油漆桶工具,填充设为前景色,填充模式为"颜色",容差设置为 60,如图 9-65 所示。

(4) 将光标移至人物身体,单击鼠标进行填充,如图 9-66 所示。

(5) 再次选择需要的颜色,依次单击人物的头发、背景以及天空等,完成最终效果如图 9-67 所示。

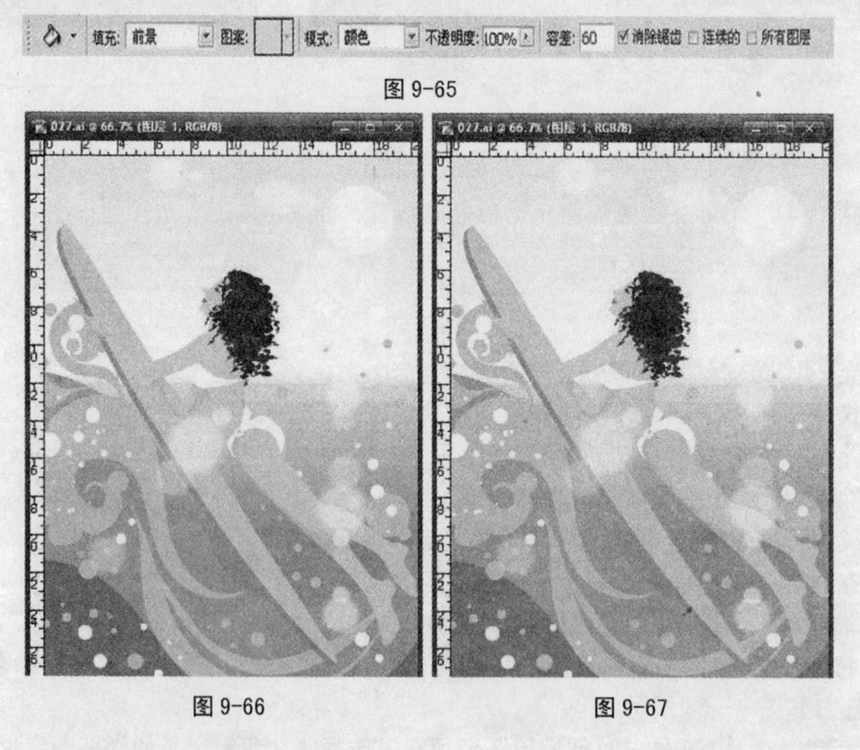

图 9-65

图 9-66

图 9-67

9.5 图像润饰工具组

图像润饰工具组包括模糊、锐化、涂抹、减淡、加深和海绵工具。其工具的任务可以很便捷地改善图像的细节、色调和色相饱和度。

9.5.1　模糊与锐化工具

模糊工具 可以柔化图像的边缘，减少图像细节；锐化工具 可以增强画面中像素的对比，提高清晰度。选择该工具后，在图像中单击鼠标并拖动即可处理。图 9－68 为模糊工具的选项栏。

图 9-68

• 画笔：画笔的大小决定模糊或锐化区域的大小。
• 模式：用来设置工具的混合模式。
• 强度：用来设置工具的强度。
• 用于所有图层：勾选后可对所有可见图层进行取样。

图 9－69、9－70 和 9－71 为原图、模糊后的图像和锐化后的图像。

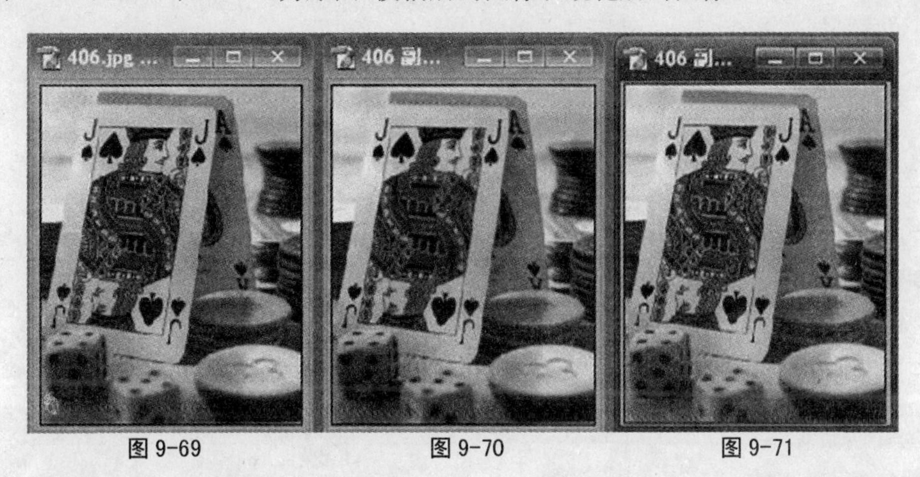

图 9-69　　图 9-70　　图 9-71

9.5.2　涂抹工具

涂抹工具 可拾取描边开始位置的颜色，并按拖移方向展开这种颜色，从而达到模拟手指拖过时的效果。如图 9－72 所示为工具选项栏，除了“手指涂抹”外，所有选项均和模糊/锐化工具一致。

图 9-72

• 手指绘画：勾选此项，使用前景色颜色进行涂抹，如图 9－73 所示，不勾选则没有这样的效果，如图 9－74 所示。

图 9-73

图 9-74

9.5.3 减淡与加深工具

减淡工具 与加深工具 在调节照片特定区域的曝光度中，通过减弱光线和增加曝光度使照片区域变亮或变暗。其工具选项栏如图 9-75 所示。

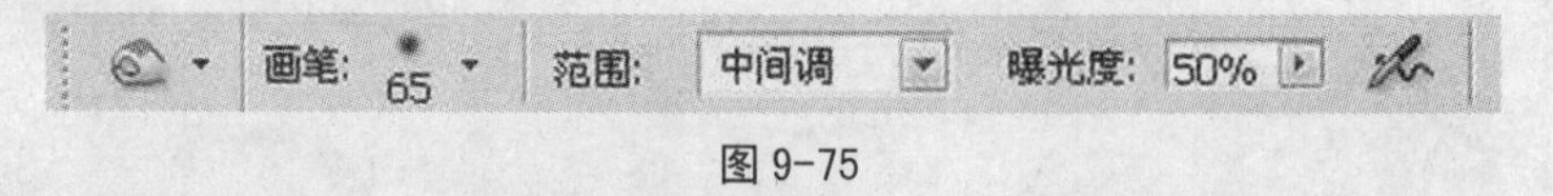

图 9-75

- 画笔：画笔样本的大小直接决定处理区域的大小。
- 范围：可设置需要修改的色调，选择阴影处理暗调，选择高光则处理亮调。
- 曝光度：数值设置越高则效果越明显。
- 喷枪：勾选此项，使画笔工具具有喷枪功能。

图 9-76、9-77、9-78 分别为原图及减淡工具处理、加深工具处理后的效果。

图 9-76　　图 9-77　　图 9-78

9.5.4 海绵工具

海绵工具 可以精确地修改色彩的饱和度。选择该工具后，在画面中单击并拖动鼠标涂抹即可。工具选项栏如图 9-79 所示。

- 模式：更改色彩的方式，"去色"为降低饱和度；"加色"则增加色彩的饱和度。

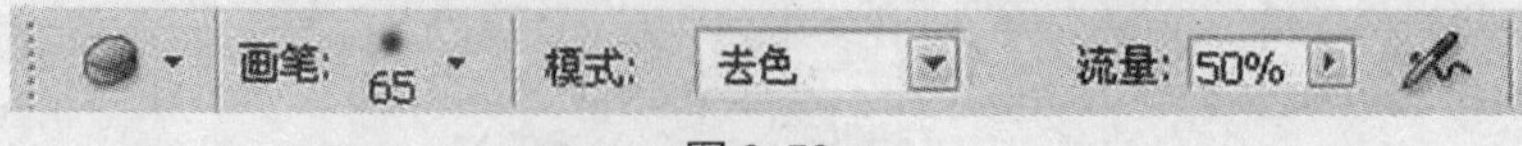

图 9-79

• 流量：数值设置越高，工具强度越大，效果越明显。

如图 9－80、9－81、9－82 所示分别为原图及去色和加色的效果。

图 9-80　　图 9-81　　图 9-82

9.6　历史画笔工具组

9.6.1　历史画笔记录工具

历史画笔记录工具 可将图像恢复到编辑过程中某一状态或将部分图像恢复为原样，在操作时需要配合历史记录面板一起使用。

(1) 打开一个文件，如图 9－83 所示，执行“图像”→“调整”→“去色”，如图 9－84 所示。

(2) 从窗口中调出历史记录面板，可以发现图像在打开后会自动登录到快照片区，如图 9－85 所示，即我们可以使用历史记录画笔直接恢复至这步。

(3) 选择历史记录画笔，设置合适的笔触，创建矩形选区，将鼠标移至画面中的笔记本屏幕内，单击并拖动可使这部分的图像恢复到刚打开时的色彩状态，如图 9－86 所示。

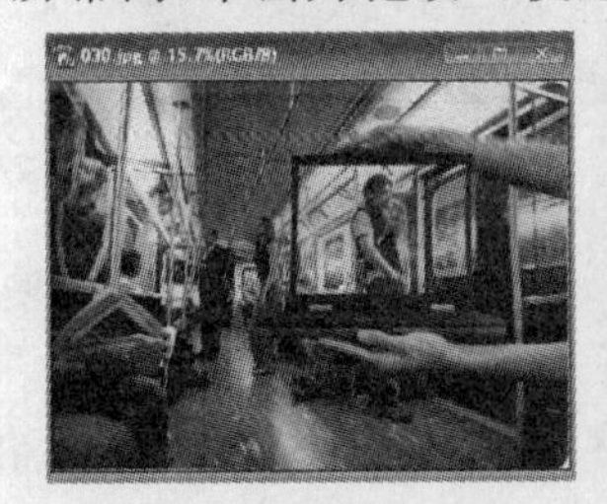

图 9-83

图 9-84

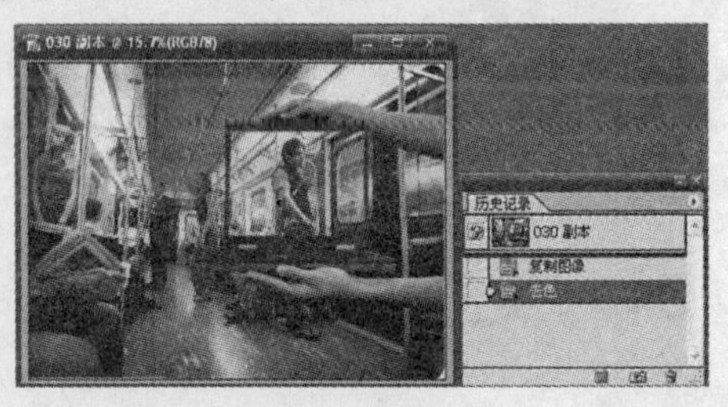

图 9-85

图 9-86

9.6.2 历史记录艺术画笔

历史记录艺术画笔 指定记录对象状态，以风格化描边进行绘画，可以通过不同的绘画样式、大小、容差等选项用不同的艺术风格模拟绘画的纹理效果。

历史记录艺术画笔工具选项栏中的画笔、模式、不透明度都与画笔工具相应选项一致，如图9－87 所示。

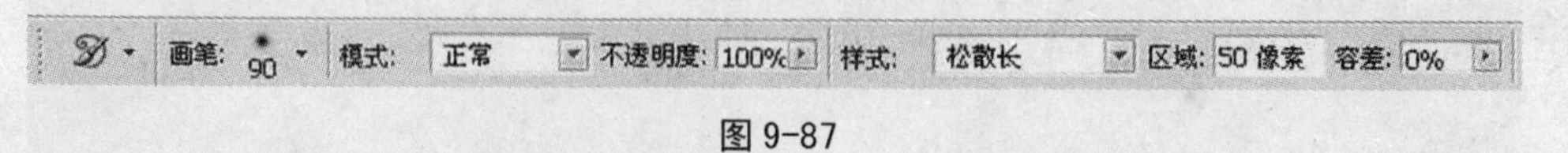

图 9-87

• 样式：可以选择某一个选项来控制绘画描边的形状，包括“绷紧短”、“绷紧中”、“绷紧长”等选项。

• 区域：设置绘画描边所覆盖的区域，数值越高区域越大。

• 容差：容差值的大小可以限定可应用绘画描边的区域。

（1）打开一个文件，如图 9－88 所示，执行“滤镜”→“模糊”→“径向模糊”，如图 9－89 所示。

（2）选择历史记录艺术画笔工具，设置样式为“轻涂”，打开历史记录面板，历史记录艺术画笔源在原始图像快照上，将光标移动至物体上单击并拖动鼠标恢复图像，在恢复的同时，用“轻涂”样式对图像进行艺术处理，最终效果如图 9－90 所示。

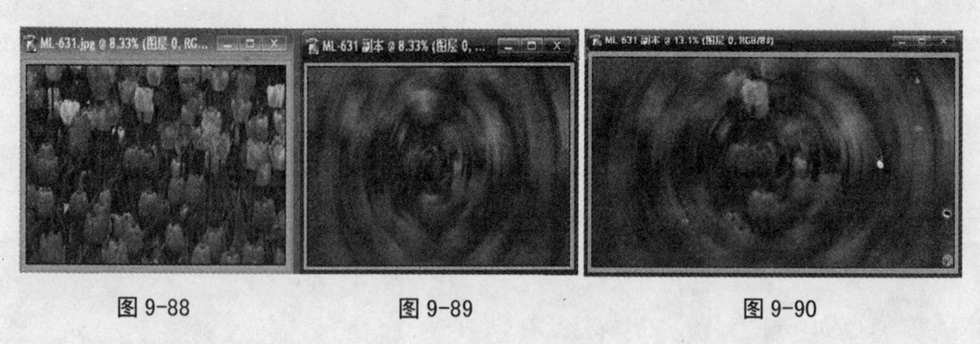

图 9-88　　图 9-89　　图 9-90

9.7 实战练习

通过这章的学习我们来完成如图 9－91 所示的 MP4 播放器的制作。

图 9-91

关键步骤提示：

- 圆角矩形工具绘制外形。
- 径向渐变工具。
- 加深减淡工具。
- 图像的变换。
- 图层蒙版。

(1) 首先，我们新建一个文件，大小为 21 cm×13 cm，RGB 模式，分辨率为 300 dpi。调出图层面板，新建一个图层，选择圆角矩形工具，设置半径为 50 像素，绘制一个圆角矩形。

(2) 选择渐变工具中的径向渐变，在矩形内部执行黑色至青色的渐变。同时，选择多边形套索工具在左侧绘制多边形选区，并填充黑色，如图 9-92 所示。

(3) 在圆角矩形上方绘制矩形选区，并选择减淡工具单击，将其亮部强调出来，如图 9-93 所示。

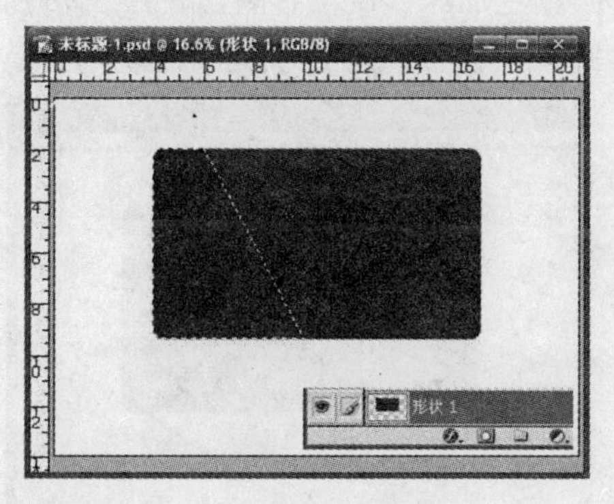

图 9-92

图 9-93

(4) 新建图层，继续选择圆角矩形工具，设置半径为 10，颜色为灰色，在左侧绘制 MP4 的屏幕，并进行黑色描边，同时再次新建图层，绘制长条矩形，并执行绿色到白色的径向渐变，同时在右侧绘制两个黑色矩形，完成电池的图形，如图 9-94 所示。

(5) 新建图层，在 MP4 屏幕右侧居中位置绘制一个矩形和一个圆形，并将其组合成如图 9-95 所示形状，并执行灰色到白色的径向渐变。

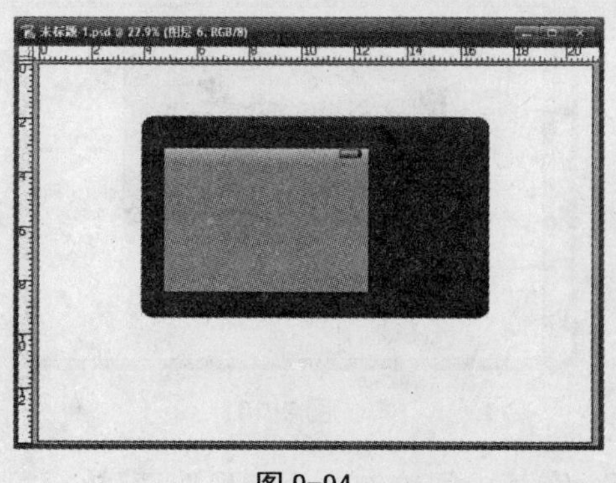

图 9-94

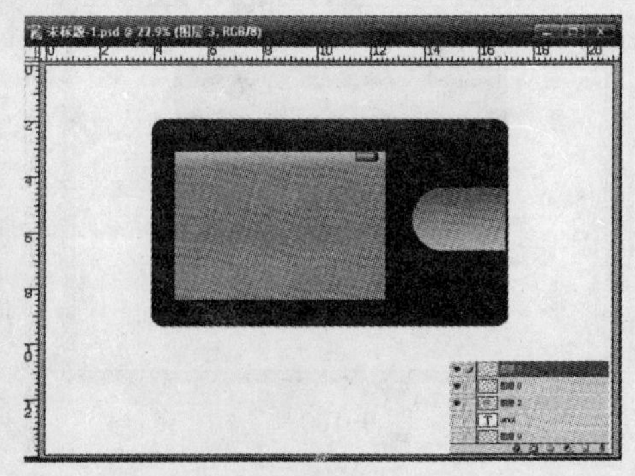

图 9-95

(6) 复制该图层位于该图层上方，并将其进行缩小变换，模式选择“颜色加深”，如

图 9－96 所示。

(7) 同理,新建两个图层,绘制上下两个图形,执行渐变,如图 9－97 所示。

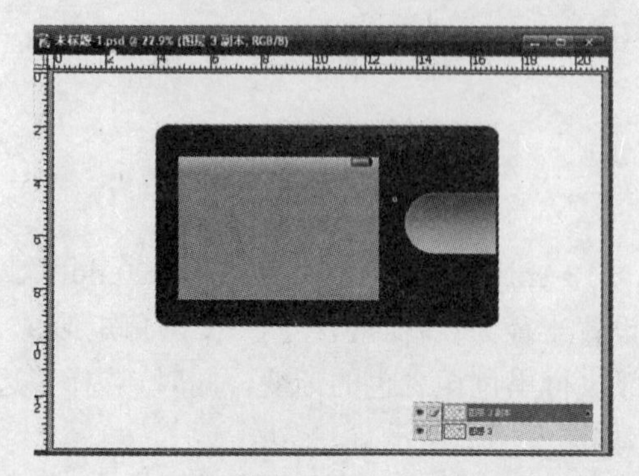

图 9-96

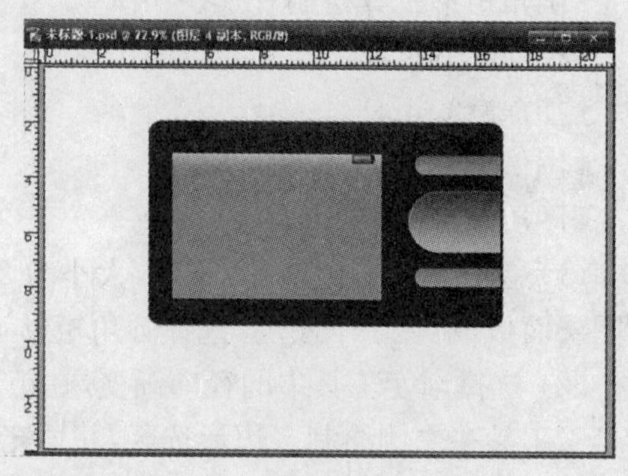

图 9-97

(8) 新建图层,绘制一个灰色圆环,模式设置为“颜色加深”,放至右侧,如图 9－98 所示。

(9) 分别新建图层,绘制圆形、三角形和矩形,并放至合适的位置,如图 9－99 所示。

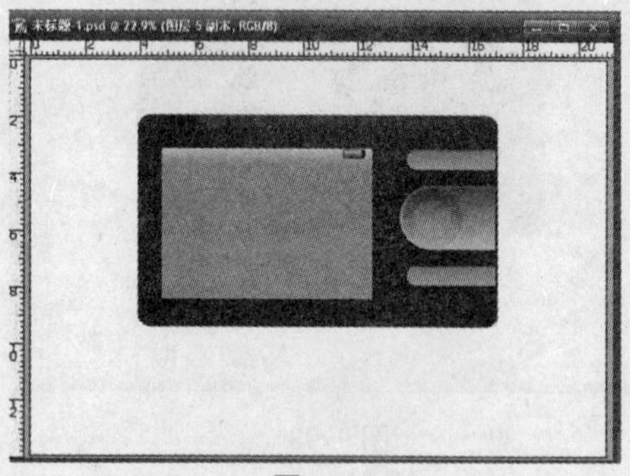

图 9-98

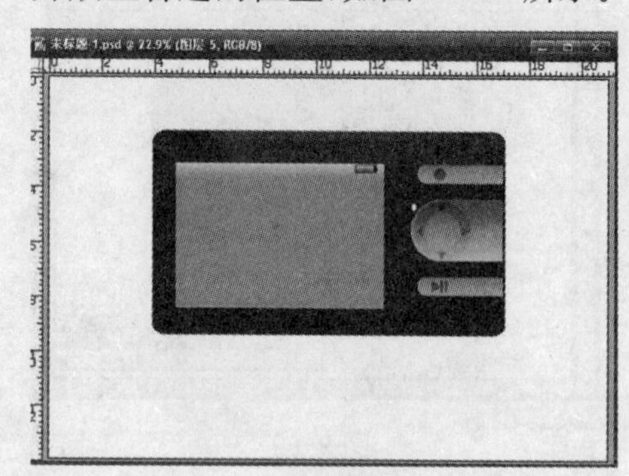

图 9-99

(10) 选择“自定义工具”完成 MP4 的 logo 与文字输入,如图 9－100 所示。

(11) 打开一张图片,通过图像变换与修剪,适当调整图像色阶与饱和度,放至屏幕内。如图 9－101 所示。

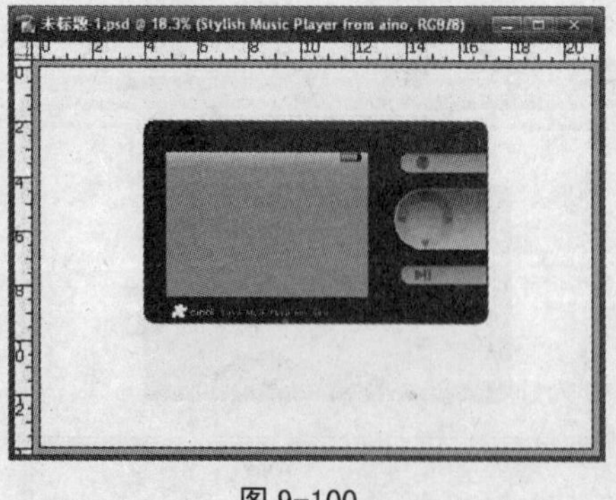

图 9-100

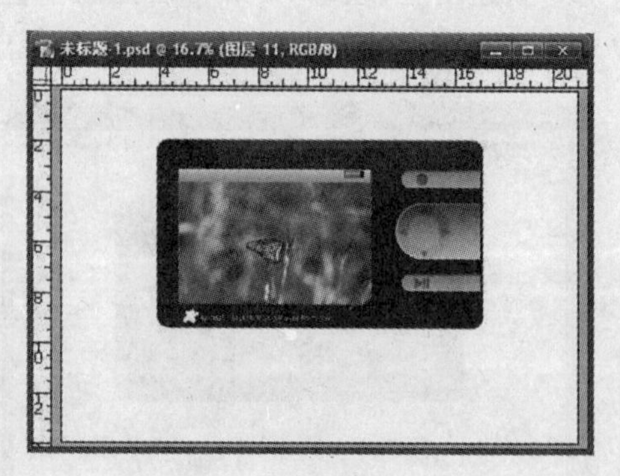

图 9-101

(12) 新建图层,放至底部,并填充成蓝灰色,在其中间绘制一个矩形选区,执行“羽化”数值为 100,并填充一个较亮的蓝色,使画面中的主体后方产生光感。同时在画面下方建立矩形选区,调整色阶,使之变暗,产生水平面,如图 9－102 所示。

(13) 合并除蓝色背景的所有图层，将其复制，执行“Ctrl＋T”，右键选择“垂直翻转”放至MP4 下部，为该图层添加蒙版，选择黑白渐变，完成投影效果，最后选择加深工具对画面进行最后调整，完成最终效果，如图 9－103 所示。

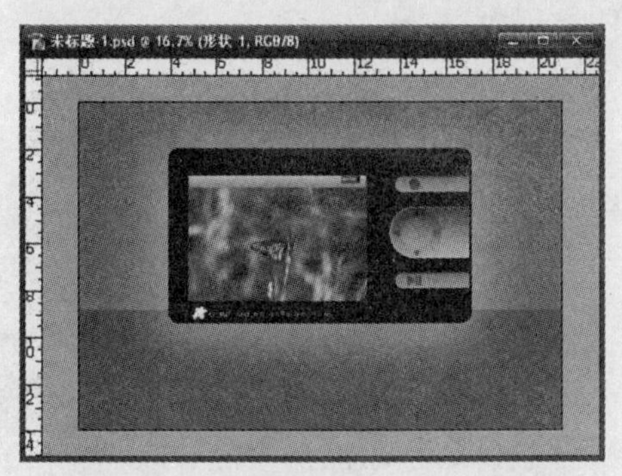

图 9-102

图 9-103

第 10 章　滤　　镜

10.1　滤镜的特点与使用方法

10.1.1　滤镜概述

滤镜是 Photoshop 中最具魅力的一种功能，它可将普通的图像变成非同凡响的视觉作品，同时还可以模拟各种绘画效果进行图像处理，如水彩、水粉或素描等。

滤镜类似相机上的滤光镜片，不同的滤光镜片会产成不同的外界景物的呈现方式，但 Photoshop 中的滤镜要比相机中的种类多得多，其效果也更加丰富多彩。这些滤镜均被放置在了滤镜菜单下，如图 10－1 所示。菜单后带省略号的表示该滤镜需要自己手动来调节参数设置，而带黑色三角箭头的表示其还有子菜单，如“像素化”滤镜组下方包含“彩块化”、“彩色半调”等滤镜命令。

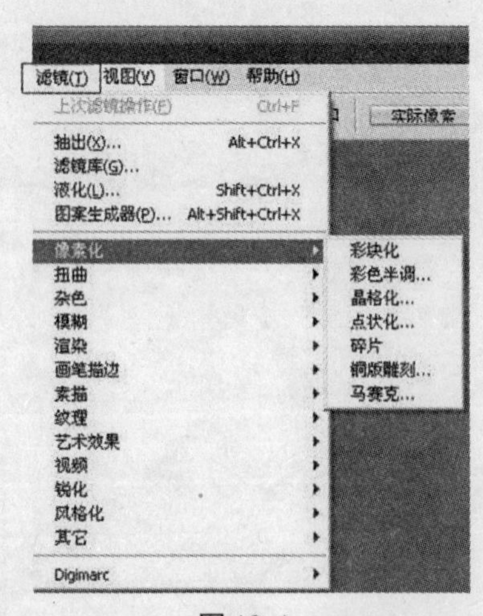

图 10-1

10.1.2　滤镜的使用方法

• 选中某个图层，滤镜则对该图层奏效；图层上如果有选区的话，则对选区内的图像奏效。

• 滤镜处理的效果与像素有关，不同分辨率的图像，执行后效果也不尽相同。

• 滤镜不能用于处理位图模式图像和索引模式图像，一部分滤镜同时也不支持 CMYK 模式，建议先转为 RGB 模式，执行滤镜处理后再转回至 CMYK。

• 滤镜的处理速度会因图像大小而相应变化，较大的图像在处理时会很费时，也很占机器内存。

10.1.3　预览滤镜效果

在执行滤镜命令后会打开相应的对话框，如图 10－2 所示。

• 对话框中包含参数的设置、图像的预览框，可以直观预览相应的图像。

• 单击“＋”、“－”符号可以放大、缩小图像在预览框中的比例大小，如图 10－3 所示。

• 将鼠标移动至预览框内会变成抓手工具，拖拽鼠标，可移动观察图像在预览框中的位置。

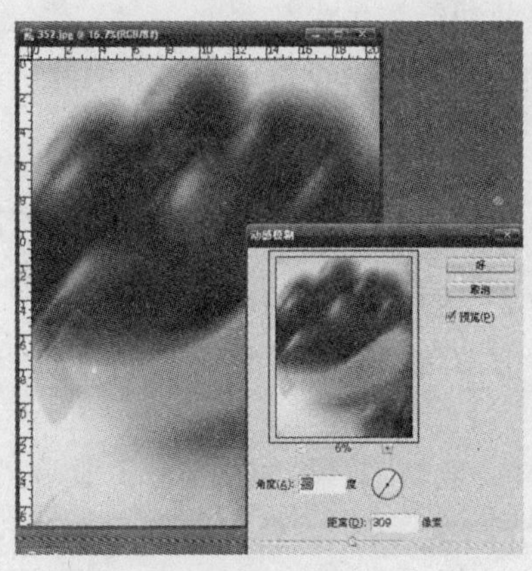

图 10-2

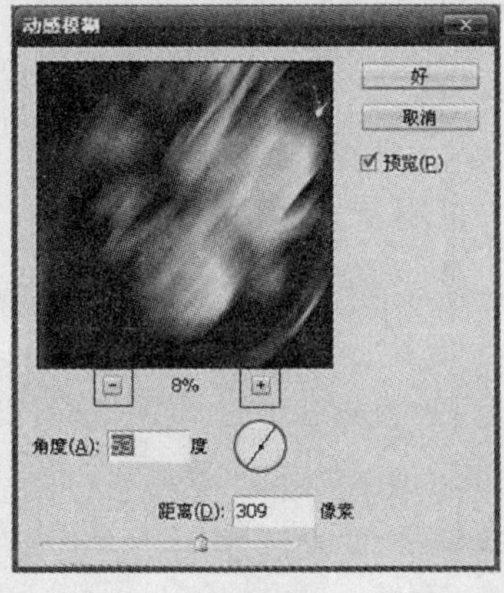

图 10-3

10.2　滤镜库

滤镜库是一个集合了多种滤镜的菜单命令，使用滤镜库可以将多个滤镜同时应用于同一图像，或者相对于同一图像多次应用同一滤镜。

10.2.1　滤镜库面板

执行“滤镜”→“滤镜库”，可以弹出如图 10－4 所示对话框，对话框左侧为预览图，中间区域为六组可供选择的滤镜，右侧区域为参数设置。

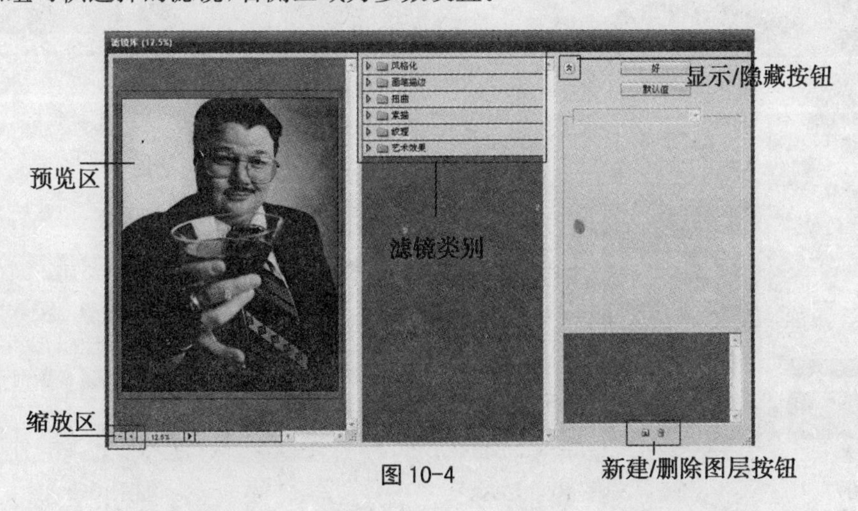

图 10-4

• 预览区：位于左侧的图像可以直接预览滤镜的效果。

• 滤镜类别：位于中间区域，共有六组滤镜，单击每个三角箭头，即可展开该组滤镜，单击每一个右边均会出现相应的参数设置。

• 当前滤镜缩略图：位于面板右下角，显示了当前使用的滤镜，因为还未使用滤镜，在图 10－4 上没有显示。

• 显示/隐藏滤镜缩略图：点击后可以隐藏中间滤镜类别的缩略图，从而节省更大空间给左侧预览图。

• 参数设置区：在参数设置区可以设置当前滤镜相关参数。

• 新建/删除图层效果：可为图像增加新的滤镜效果，也可单击将其删除。

• 缩放区：可以单击“＋”、“－”符号进行缩放，也可直接输入数值。

10.2.2 使用滤镜库

(1) 打开一个文件，选中要使用滤镜库的房子图层，如图 10－5 所示。

(2) 执行“滤镜”→“滤镜库”命令，在对话框中选择“扭曲”组滤镜中的“玻璃”效果，效果如图 10－6 所示。

(3) 单击“新建图层”按钮，系统会自动添加“玻璃”效果，如图 10－7 所示。

(4) 选择滤镜组“艺术效果”中的“干画笔”命令，两个滤镜在设置后会出现更加丰富的效果，如图 10－8 所示。

(5) 同时，将这两个滤镜的位置调换也可以产生不同的效果，如图 10－9 所示。

图 10-5

图 10-6

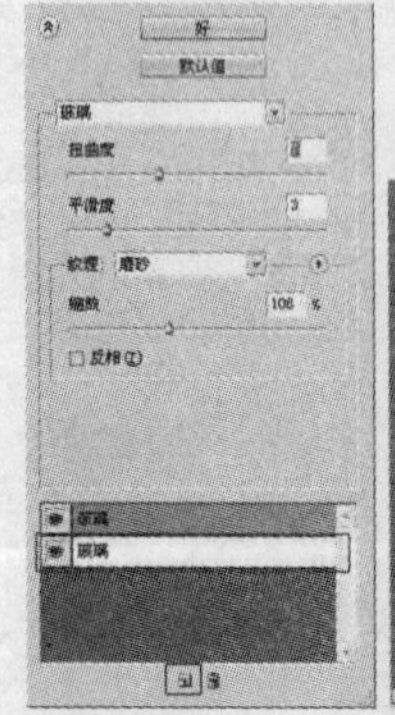

图 10-7

图 10-8

图 10-9

10.3 像素化滤镜组

该滤镜可将图像中的像素冻结成色块，并将颜色值相近的放置在一起。该滤镜组包括7个滤镜命令：彩块化、彩色半调、晶格化、点状化、碎片、铜版雕刻和马赛克。

10.3.1 彩块化滤镜

使用该滤镜可使相近的颜色像素结成色块，这种方式使图像看起来像手绘效果。如图10-10、10-11所示为执行前和执行后的效果。

图10-10

图10-11

10.3.2 彩色半调滤镜

使用该滤镜可在每个通道上使用网屏效果，并用图形表示，如图10-12、10-13所示为执行前和执行后的效果。

图10-12

图10-13

10.3.3 晶格化滤镜

使用该滤镜可使画面中的像素结块成多边形纯色块，在对话框中可拖动滑块设置单元格大小。如图 10－14、10－15 所示为执行前和执行后的效果。

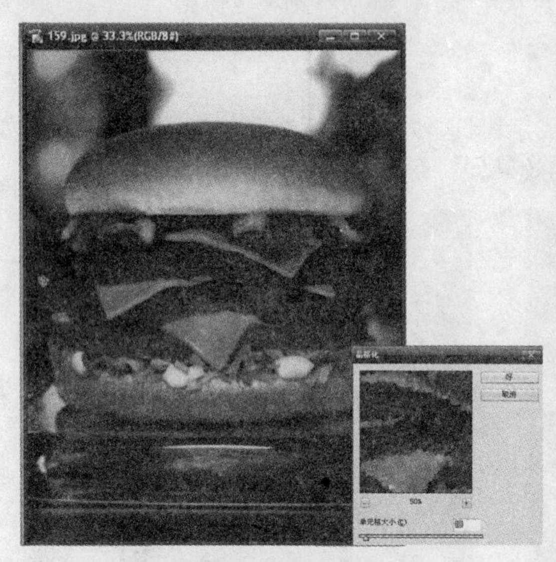

图 10-14

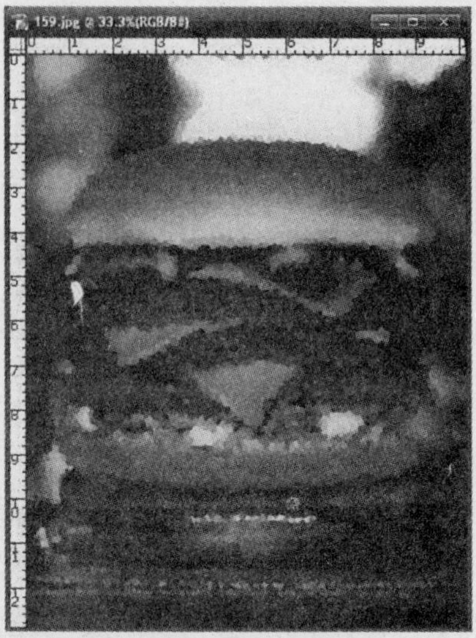

图 10-15

10.3.4 点状化滤镜

该滤镜可使图像中的颜色分解成随机分布的网点，并用背景色作为网点之间区域的填充色，在对话框中输入数值或拖动滑块可控制单元格大小。如图 10－16、10－17 所示为执行前和执行后的效果。

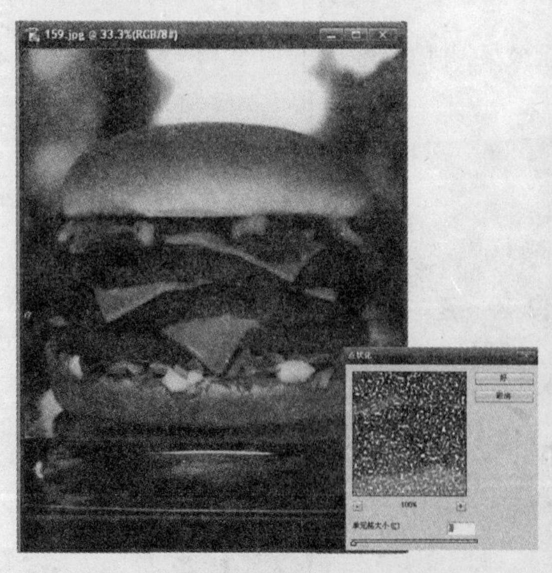

图 10-16

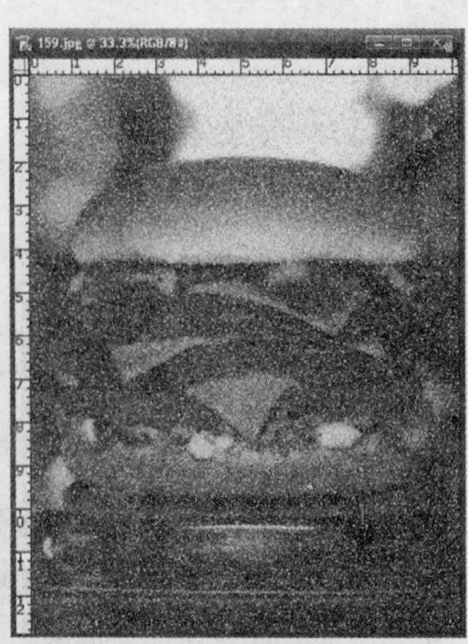

图 10-17

10.3.5 碎片滤镜

使用该滤镜可将图像中像素复制成14个副本，并将其相互偏移，如图10－18、10－19所示为执行前和执行后的效果。

图 10-18

图 10-19

10.3.6 铜版雕刻滤镜

该滤镜可将图像转换为黑白区域的随机图案和彩色图像。在对话框类型下拉列表中选择网点图案，如图10－20、10－21所示为执行前和执行后的效果。

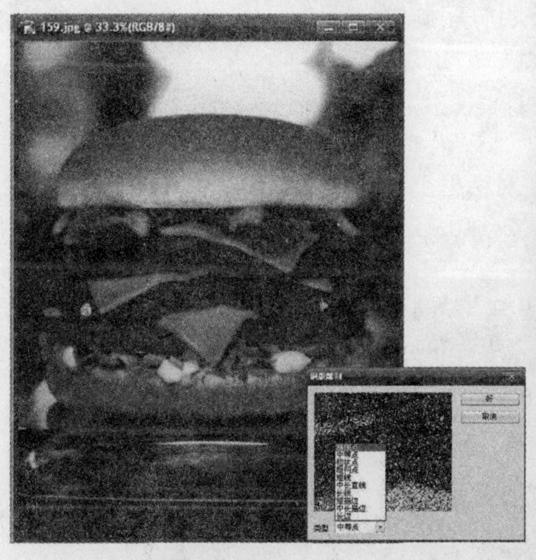

图 10-20

图 10-21

10.3.7 马赛克滤镜

该滤镜可以使用矩形的像素来表现画面，并根据画面的深浅进行分布，对话框中的参数设置可以设定单元格的大小。如图 10－22、10－23 所示为执行前和执行后的效果。

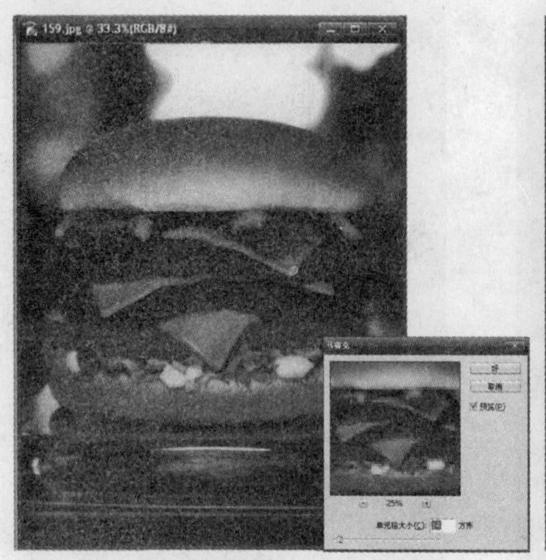

图 10-22

图 10-23

10.4 扭曲滤镜组

该滤镜组最大的效果是将图像进行几何扭曲，从而达到 3D 或其他整形效果。需要注意的是，在进行这类滤镜操作时，建议图像画面不要过大，因为此类滤镜很占内存，速度较慢。该滤镜组包含 12 个命令：切变、扩散亮光、挤压、旋转扭曲、极坐标、水波、波浪、波纹、海洋波纹、玻璃、球面化和置换。

10.4.1 切变滤镜

该滤镜可以沿一条曲线扭曲图像。在对话框上方的正方形网格中有一条曲线，在上面可以添加任何控制点进行调节。如图 10－24、10－25 所示为执行前和执行后的效果。

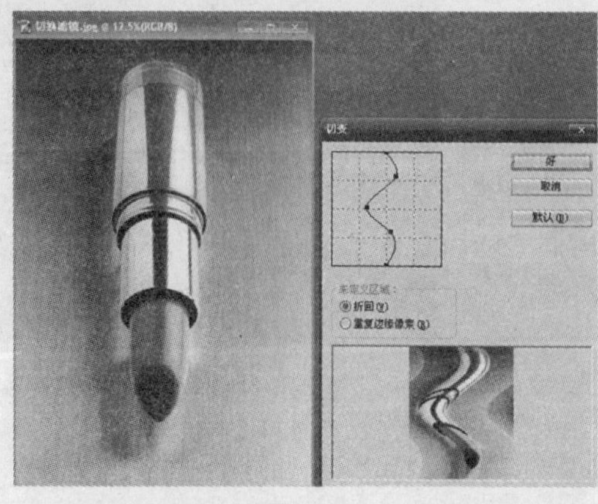

图 10-24

图 10-25

10.4.2 扩散亮光滤镜

该滤镜将图像渲染为像是透过一个柔和的扩散滤镜来观看图像的效果，同时在图像中随机添加白色杂色颗粒，并从图像中心向外渐隐。设置如下：

- 颗粒：颗粒数值越大，效果也就越明显。
- 发光量：滤镜的发光量直接决定了最终出现的效果。
- 清除数量：该数量越大，图像也就越清晰。

如图 10-26、10-27 所示为执行前和执行后的效果。

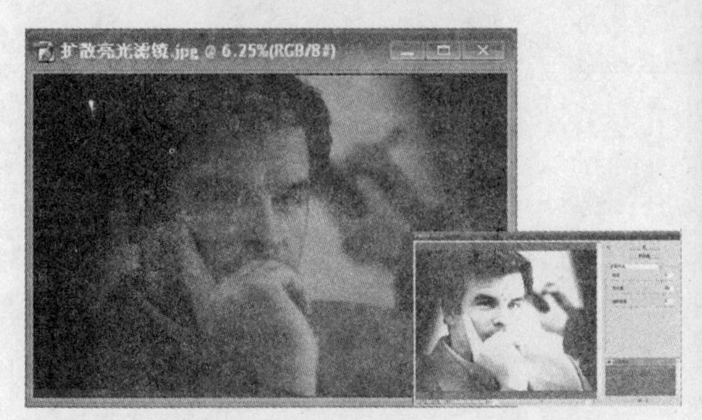

图 10-26

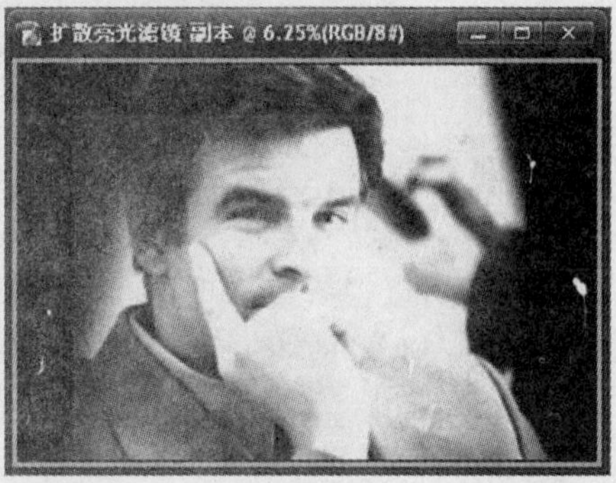

扩散亮光滤镜 副本 @ 6.25%(RGB/8#)

图 10-27

10.4.3 挤压滤镜

该滤镜可对图像产生挤压效果。在数量滑块上左右拖拽，可对挤压数量进行设置。如图 10-28、10-29 所示为执行前和执行后的效果。

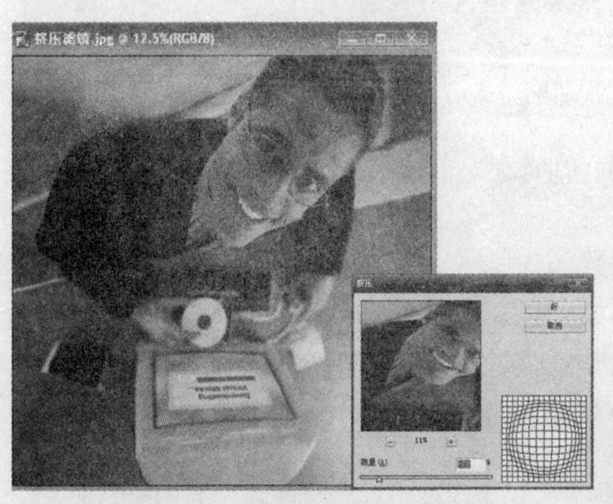

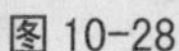
图 10-28

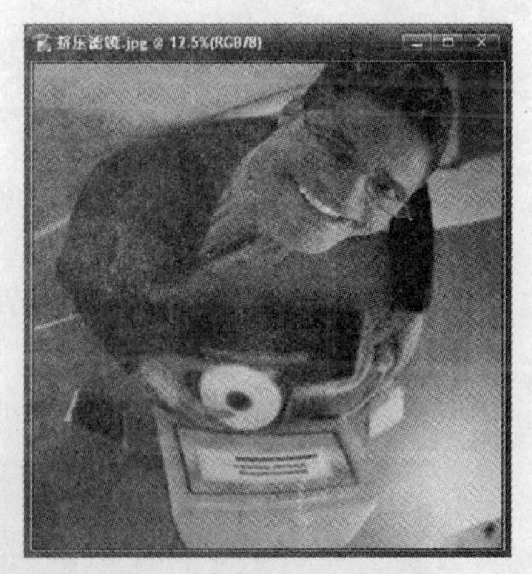

图 10-29

10.4.4 旋转扭曲滤镜

该滤镜可以旋转图像，但中心旋转程度要比边缘旋转程度大。拖动下方滑块可对角度进行设置。如图 10-30、10-31 所示为执行前和执行后的效果。

图 10-30

图 10-31

10.4.5　极坐标滤镜

该滤镜可以将图像从平面坐标转换为极坐标，或者从极坐标转换到平面坐标。如图 10－32、10－33 所示为执行前和执行后的效果。

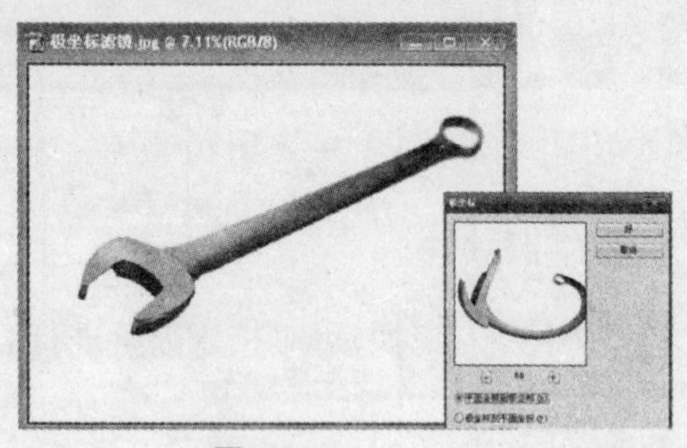

图 10-32

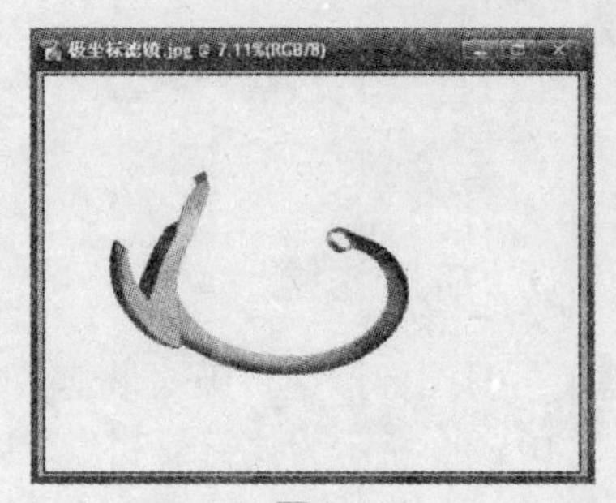

图 10-33

10.4.6　水波滤镜

该滤镜根据画面中的像素将图像径向扭曲，在对话框中有如下设置：

• 数量：设置水波数量的多少。

• 起伏：水波从中心到边缘的反转次数。

• 样式：设置进行水波的样式，有“围绕中心”、“从中心向外”和“水池波纹”三种。

如图 10－34、10－35 所示为执行前和执行后的效果。

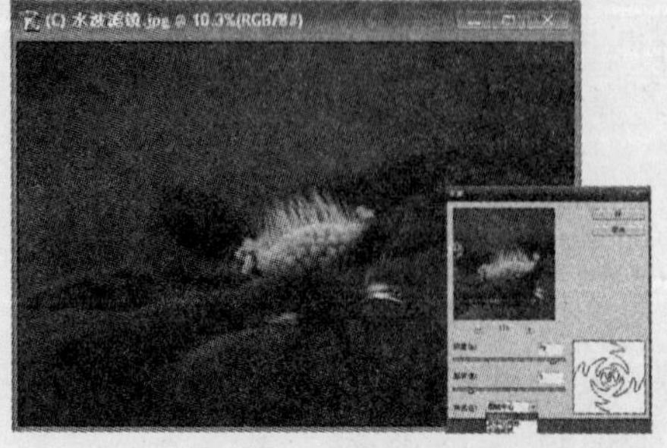

图 10-34

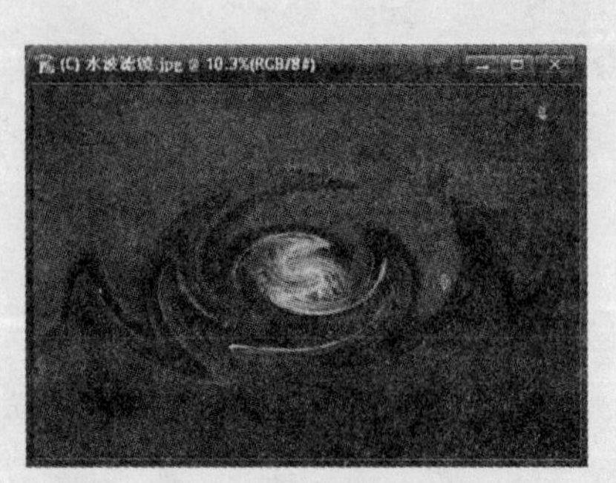

图 10-35

10.4.7　波浪滤镜

该滤镜可在图案上创建起伏图案，像是水池表面上的波纹。

• 生成器数：设置波浪生成的数目。波动越大，效果越明显。

• 波幅：波浪起伏幅度。

• 比例：设置水平方向和垂直方向图像缩放变形程度。

• 类型：选择波型的类型。

如图 10－36、10－37 所示为执行前和执行后的效果。

图 10-36

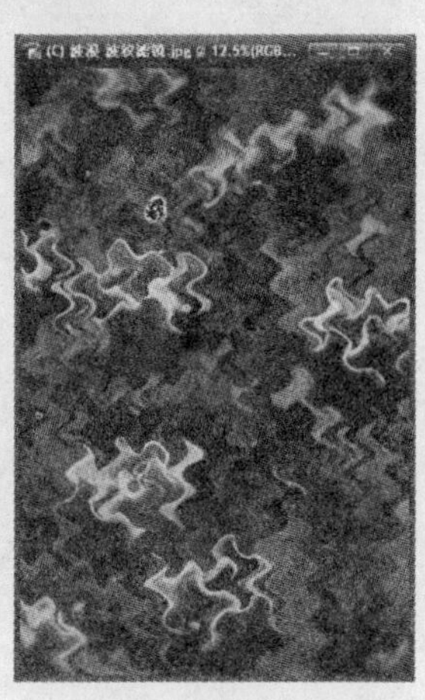

图 10-37

10.4.8　波纹滤镜

该滤镜可在选区中创建起伏的图案，类似于水池表面的波纹。

• 数量：设置波纹发生器的数量，数值越大则起伏越大。

• 大小：用来设置波纹的大小。

如图 10－38、10－39 所示为执行前和执行后的效果。

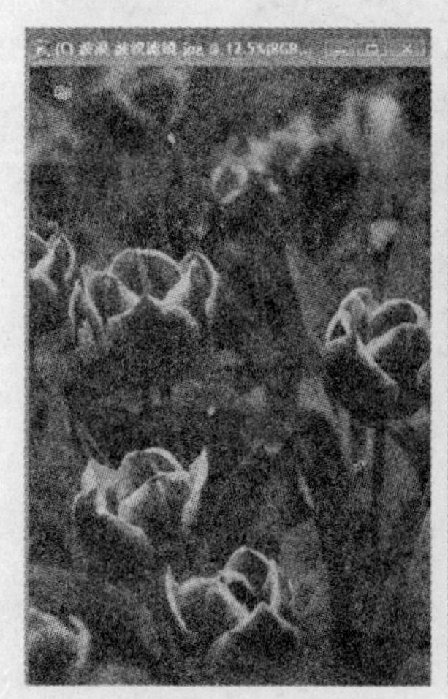

图 10-38

图 10-39

10.4.9 海洋波纹滤镜

该滤镜可将随机产生的波纹添加到图像表面，使图像看上去像在充满波浪的海洋中一样。

• 波纹大小：设置波纹的大小。

• 波纹幅度：设置波纹的起伏幅度。

如图 10－40、10－41 所示为执行前和执行后的效果。

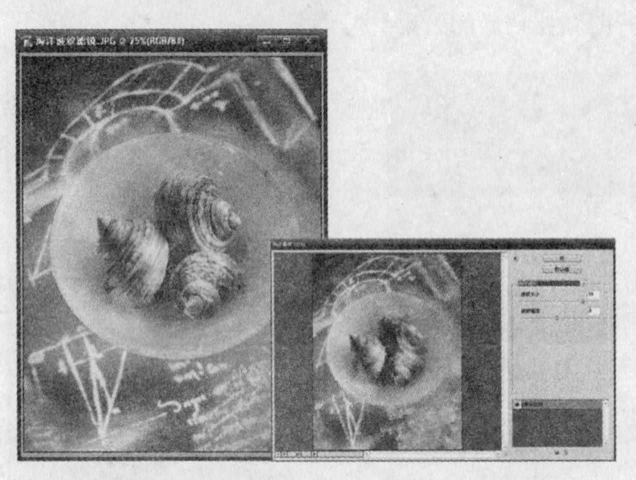

图 10-40

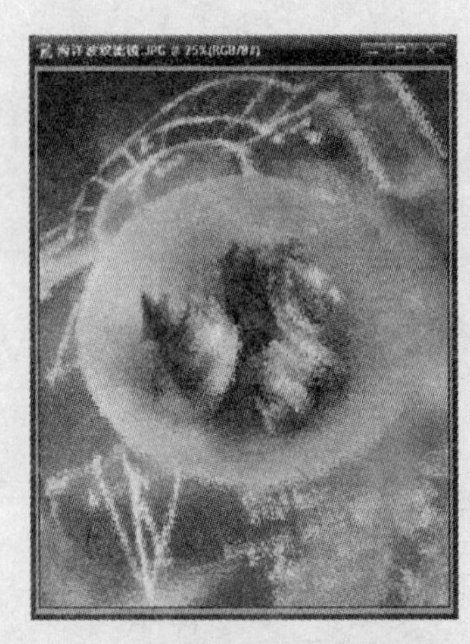

图 10-41

10.4.10 玻璃滤镜

该滤镜可使图像产生像透过玻璃观看的效果。如图 10－42、10－43 所示为执行前和执行后的效果。

图 10-42

图 10-43

10.4.11 球面化滤镜

该滤镜可将图像折成球形，扭曲图像，使对象具有 3D 效果。如图 10－44、10－45 所示为执行前和执行后的效果。

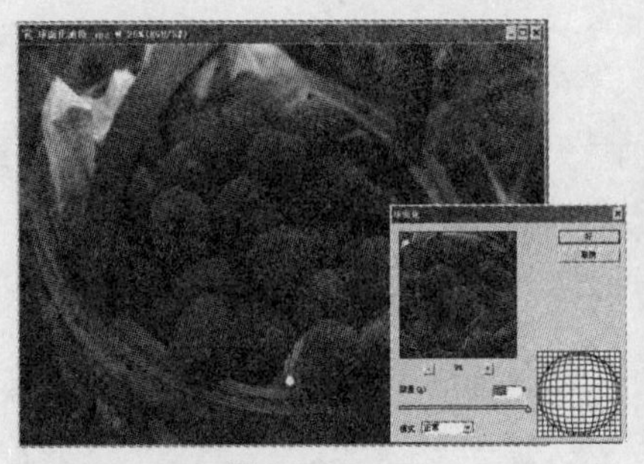

图 10-44

图 10-45

10.4.12 置换滤镜

该滤镜可使用置换图来确定如何扭曲选区，执行时先打开要置换的图片，在执行“滤镜”→“扭曲”→“置换”设置后选择你存储在电脑里需要置换的源文件，必须是PSD格式，并且图像大小要一致。如图10－46、10－47所示为执行前和执行后的效果。

图 10-46

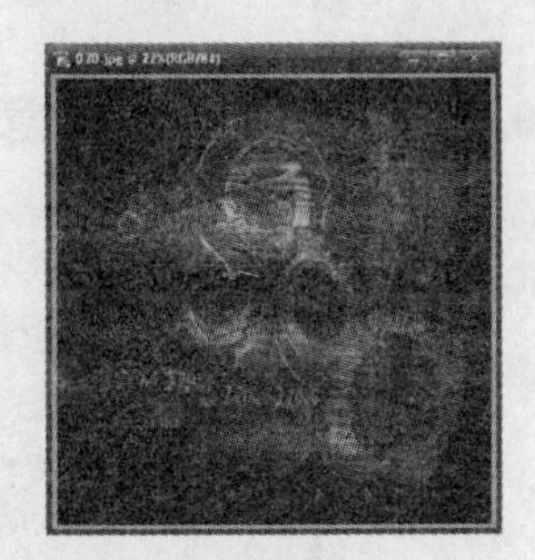

图 10-47

10.5 杂色滤镜组

该滤镜组中的滤镜可完成添加或移去图像中的杂色或者是带有随机分布色阶的像素。该滤镜组内包含4个命令：中间值、去斑、添加杂色和蒙尘与划痕。

10.5.1 中间值滤镜

中间值滤镜的原理是通过混合选区中像素的亮度来减少图像的杂色。在“半径”文本框中输入数值或拖拽滑块可以对半径进行设置，如图10－48所示。

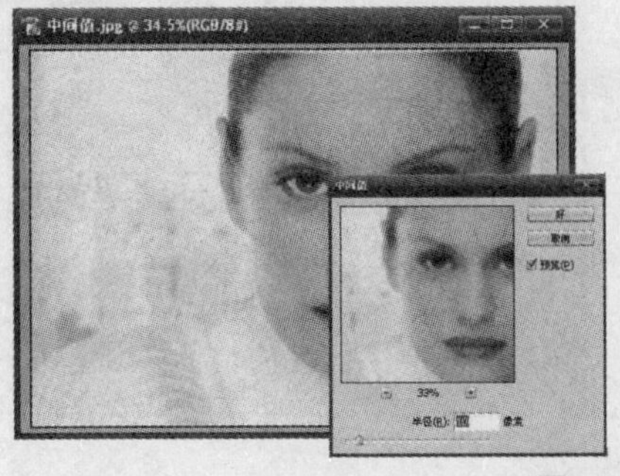

图 10-48

10.5.2 去斑滤镜

该滤镜可以检测图像边缘(主要指发生显著颜色变化的区域)并模糊那些边缘外的选区,如图 10-49 所示。

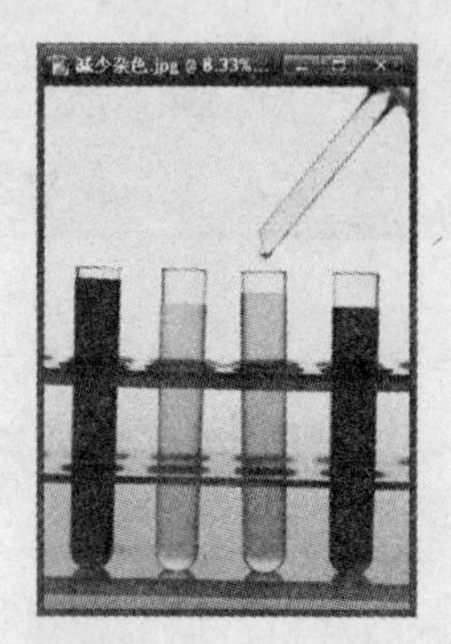

图 10-49

10.5.3 添加杂色滤镜

该滤镜可将随机像素应用于图像,模拟在高速胶片上拍照的效果。如图 10-50 所示。

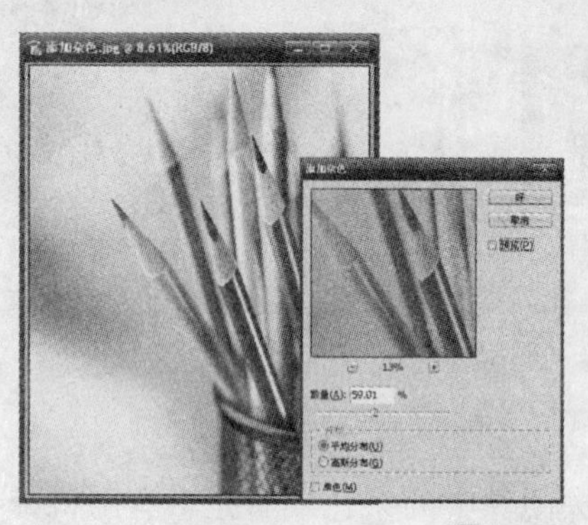

图 10-50

10.5.4 蒙尘与划痕滤镜

该滤镜可以通过更改相异的像素来减少杂色。可以通过调节半径和阈值来取得锐化图像和隐藏瑕疵的效果,如图 10-51 所示。

图 10-51

10.6 模糊滤镜组

该滤镜组的滤镜可以达到柔化图像和选区的效果，同样，可以使图像变得模糊。该滤镜组包含8个滤镜，分别是：动感模糊、平均、径向模糊、模糊、特殊模糊、进一步模糊、镜头模糊和高斯模糊。在这里我们着重介绍以下几种：

10.6.1 动感模糊滤镜

该滤镜可以沿特定角度和特定强度对物体进行模糊处理，类似我们拍摄移动物体时的效果。如图10-52所示。

图10-52

- 角度：用于调节模糊的方向。
- 距离：调节模糊效果的强度，数值越高，效果越明显。

10.6.2 径向模糊滤镜

该滤镜可以模拟移动或者旋转相机所产生的模糊效果。如图10-53所示。

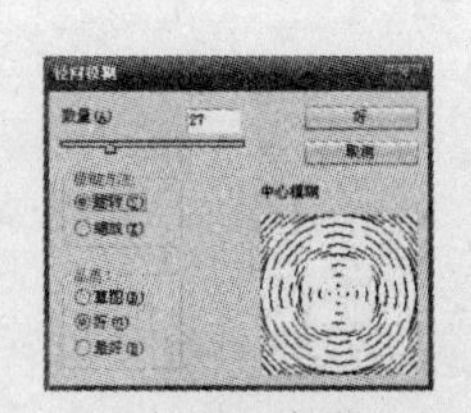
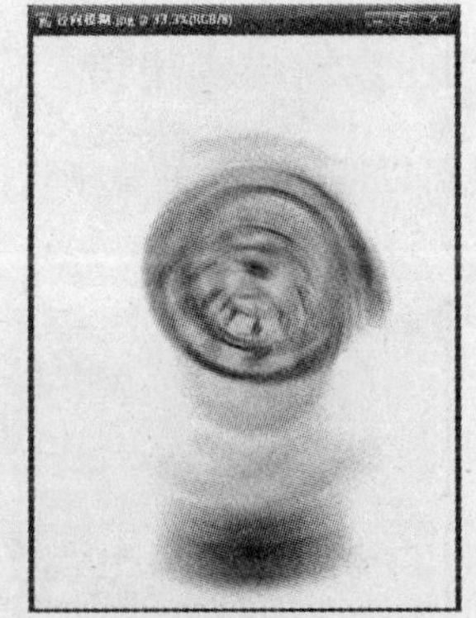

图10-53

10.6.3 特殊模糊滤镜

该滤镜可以进行精确模糊图像，通过参数设置可以达到理想的效果。

• 半径：滤镜需要搜索要模糊的不同像素的距离，数值越大，图像就越模糊。
• 阈值：消除像素值差别的控制器。
• 品质：指设置模糊的品质，有“高”、“中”、“低”三个选项。
• 模式：提供模糊图像的模式。

其效果如图 10－54 所示。

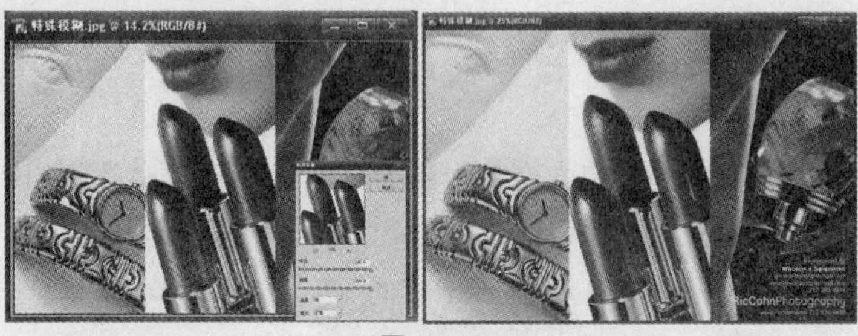

图 10-54

10.6.4 镜头模糊滤镜

该滤镜可以在画面中产生远近不同的景深效果，以便使焦点以外的区域变得模糊，焦点以内的区域变得清晰。效果如图 10－55 所示。

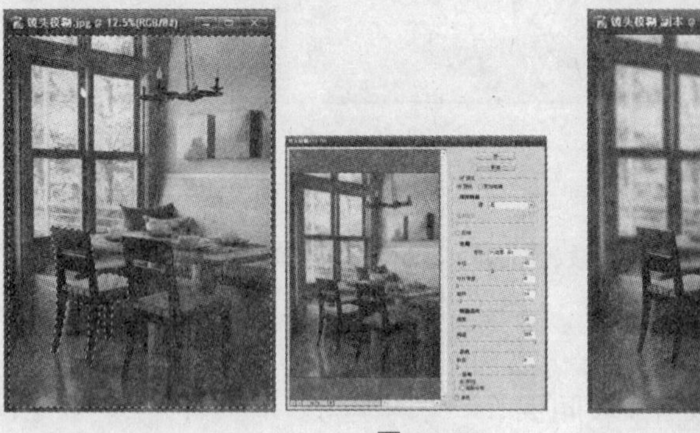

图 10-55

10.6.5 高斯模糊滤镜

该滤镜可以使用调整的量来快速模糊选区，对话框中“半径”的大小直接决定模糊的效果，如图 10－56 所示。

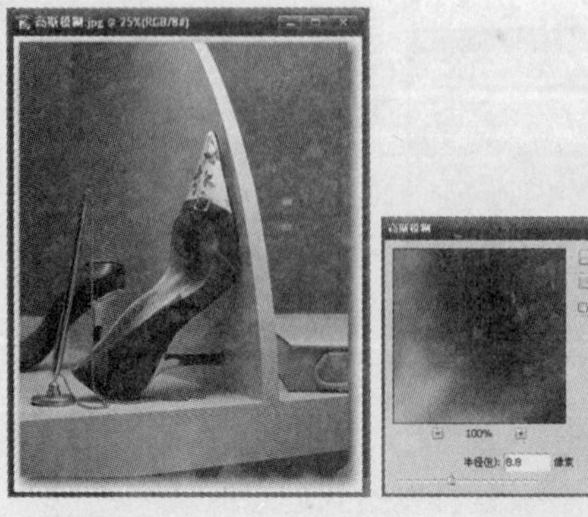

图 10-56

10.7　渲染滤镜组

该滤镜组包含 5 个滤镜命令，分别是：云彩、光照效果、分层云彩、纤维和镜头光晕。

10.7.1　云彩滤镜

该滤镜可在前景色和背景色之间创建随机的云彩图案。如图 10－57 所示。

图 10-57

10.7.2　光照效果滤镜

该滤镜可通过改变 17 种光照样式、3 种光照类型和 4 套光照属性在图像上产生多种光照效果，如图 10－58 所示。

- 样式：从其下拉列表中可选择光照的样式。
- 光照类型：选择光照的类型，有“平行光”、“全光”和“点光”3 种。
- 强度：光线照射的强度。
- 聚焦：只有当你选择了“点光”这项才变为可用，主要设置点光的光照范围。
- 光泽：设置图像的反光范围。
- 材料：设置光源照射的特体是否出现强烈的反光效果。
- 曝光度：设置物体曝光的强与弱求影响画面效果。
- 环境：设置光线与室内光的混合效果。
- 纹理通道：用于设置处理光线照射通道的单色层。

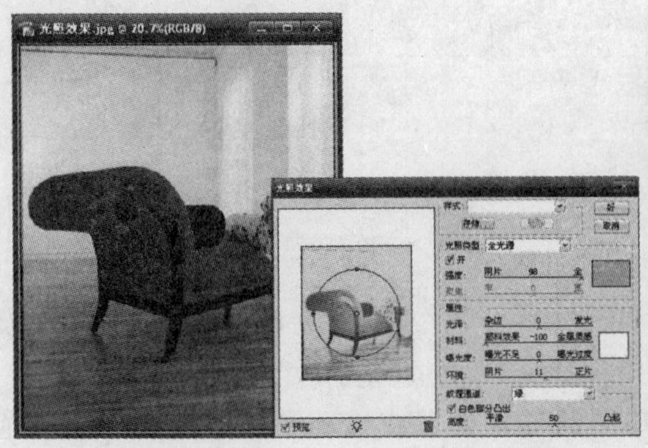

图 10-58

10.7.3 分层云彩滤镜

该滤镜可使随机产生的介于前景色和背景色之间的值生成云彩图案。第一次使用会产生反相效果,多使用几次后会出现相应的云彩图案。如图 10-59 所示。

图 10-59

10.7.4 纤维滤镜

该滤镜使用前景色和背景色来创建编制纤维的效果。在对话框中可通过"差异"和"强度"两个滑块来调节图案的效果。效果如图 10-60 所示。

图 10-60

10.7.5 镜头光晕滤镜

该滤镜可模拟亮光照射到相机镜头上所产生的折射。

• 光晕中心：通过单击图像缩略图的任意位置或拖动十字形焦点来指定光晕中心的

位置。

• 亮度：调节光线的照射强度。

• 镜头类型：设置不同类型的镜头。

设置后效果如图 10－61 所示。

图 10-61

10.8 画笔描边滤镜组

画笔描边滤镜组可以使用不同的画笔和油墨描边效果创造出绘画效果的外观。该滤镜组中包括 8 个滤镜命令喷溅、喷色描边、强化的边缘、成角的线条、油墨概况、深色线条、烟灰墨和阴影线。由于这些滤镜有共同之处，我们在这只介绍其中的几种。

10.8.1 喷溅滤镜

该滤镜可以模拟多种类型的喷溅喷枪效果。如图 10－62 所示。

图 10-62

10.8.2 深色线条滤镜

该滤镜可使用短的、绷紧的线条绘制图像中接近黑色的区域，用白色线条绘制图像中的亮部区域，如图 10－63 所示。

图 10-63

10.8.3 阴影线滤镜

该滤镜可以保留图像中的细节和特征，同时使用模拟的铅笔阴影线来添加纹理。效果如图 10－64 所示。

图 10-64

10.9 素描滤镜组

该滤镜组的特点是将纹理添加至图像，或创建类似于美术或手绘的外观，素描滤镜组包含 14 个滤镜命令：便条纸、半调图案、图章、基底凸现、塑料效果、影印、撕边、水彩画纸、炭笔、炭精笔、粉笔和炭笔、绘图笔、网状和烙黄。这些滤镜具有相似的对话框，在这里我们同样只介绍其中的几种。如图 10－65～10－70 所示分别为便条纸、塑料效果、影印、水彩画纸、炭笔、绘图笔的最终效果。

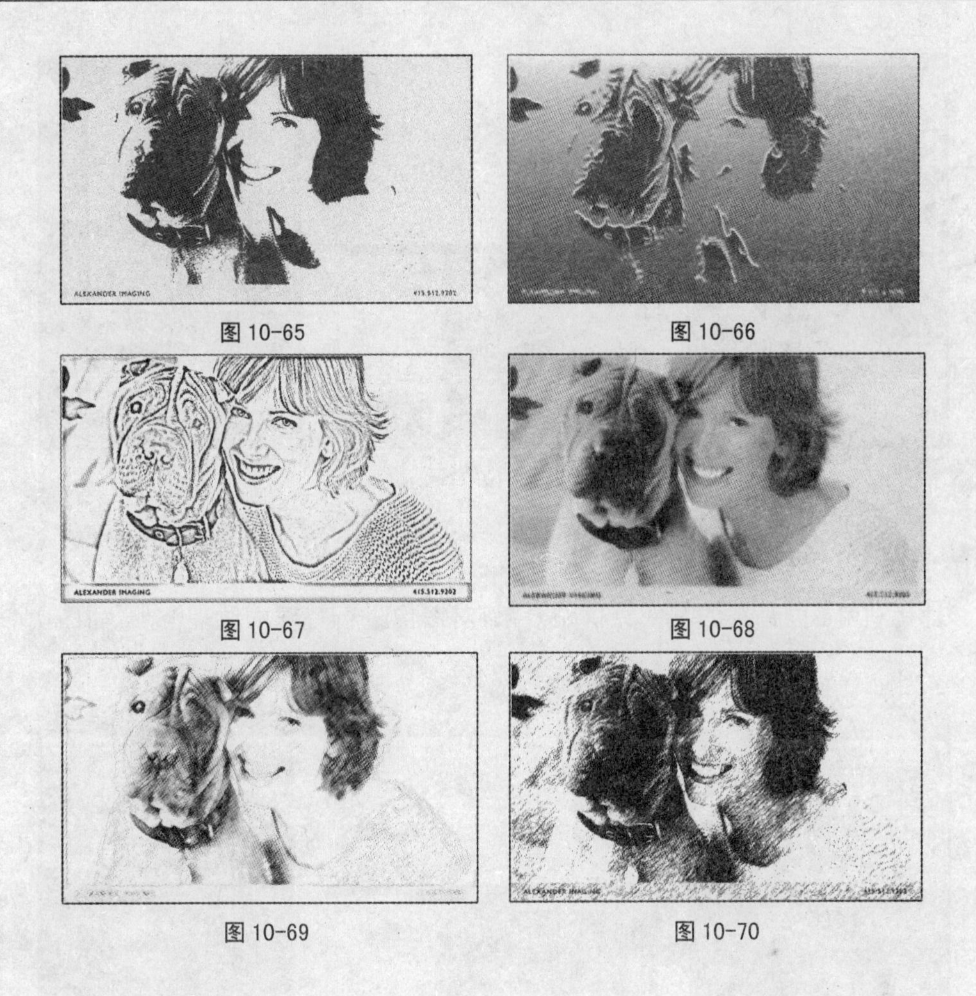

图 10-65　　图 10-66

图 10-67　　图 10-68

图 10-69　　图 10-70

10.10　纹理化滤镜组

纹理化滤镜组可使图像表面具有深度感或者给图像表面添加一种器皿材质。该滤镜组包含 6 个滤镜命令：拼缀图、染色玻璃、纹理化、颗粒、马赛克拼贴和龟裂缝。这些滤镜也有共同的对话框，我们介绍其中几种。

10.10.1　纹理化滤镜

该滤镜可以将选择或者创建的纹理应用至图像上。

• 纹理：在其下拉菜单中可选择纹理样式，如果不满意系统提供的样式，按下后方三角按钮可以自己载入纹理。

• 缩放：用来设置纹理的比例大小。

• 凸现：设置纹理的突出程度。

• 光照方向：灯光照射的方向。

• 反相：反转纹理的凹凸部分。

如图 10 - 71 所示为最终效果。

图 10-71

10.10.2 马赛克拼贴滤镜

该滤镜利用不同种类的马赛克拼贴效果，对图像进行特殊的纹理添加，如图 10－72 所示。

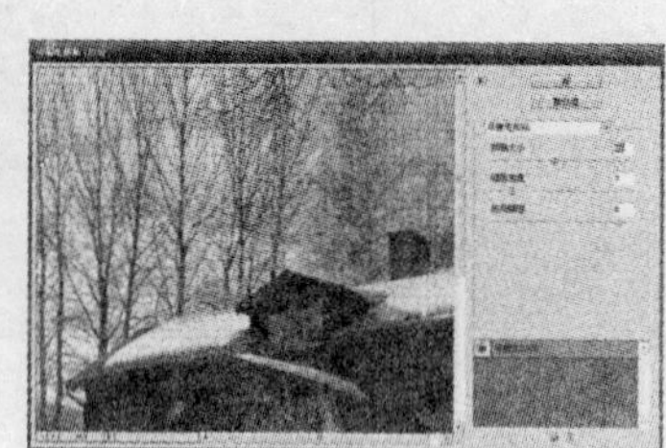

图 10-72

10.11 艺术效果滤镜组

艺术效果滤镜组中的滤镜能够很好地制作绘画特殊效果，并且能很好地模拟自然或传统介质效果。该滤镜组包括 15 个滤镜命令：塑料包装、壁画、干画笔、底纹效果、彩色画笔、木刻、水彩、海报边缘、海绵、涂抹棒、粗糙蜡笔、绘画涂抹、胶片颗粒、调色刀和霓虹灯光。由于这些滤镜具有共同的对话框，下面只介绍其中几种。

10.11.1 壁画滤镜

该滤镜为图像创建一种短而圆、粗略轻涂的小块颜料的粗糙绘画风格。其效果如图 10－73 所示。

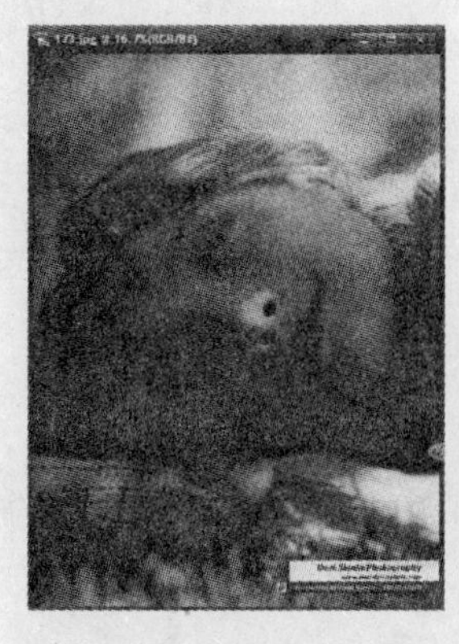
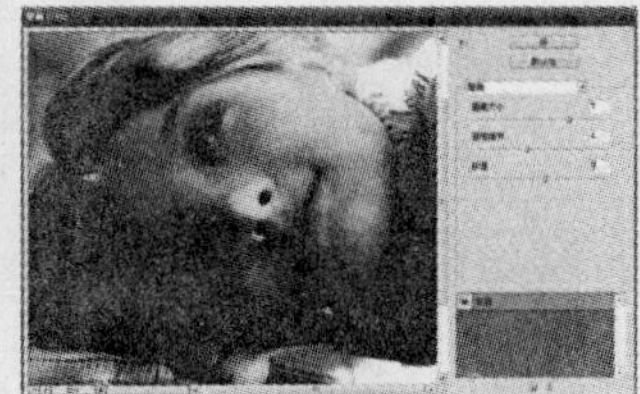
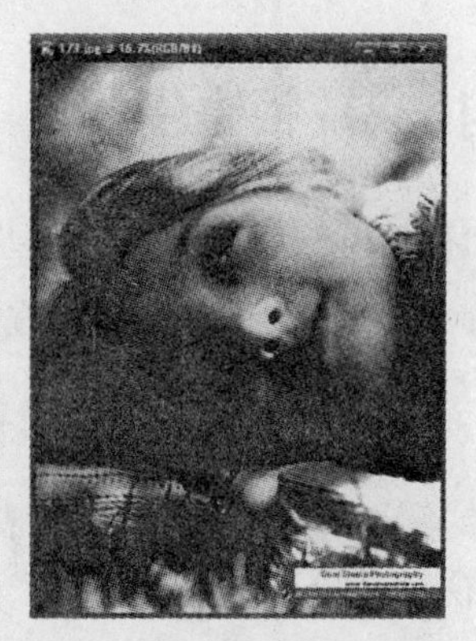

图 10-73

10.11.2 粗糙蜡笔滤镜

该滤镜为画面赋予一层彩色粉笔绘制在带有纹理的背景上之感，纹理在亮部区域不可见，而在暗部区域会很明显地显露出来，如图 10-74 所示。

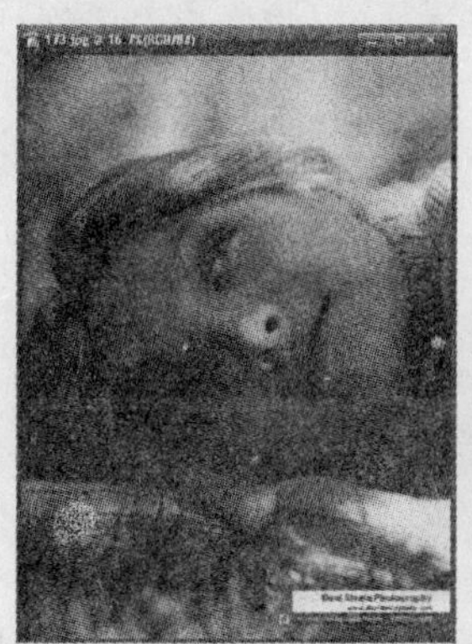
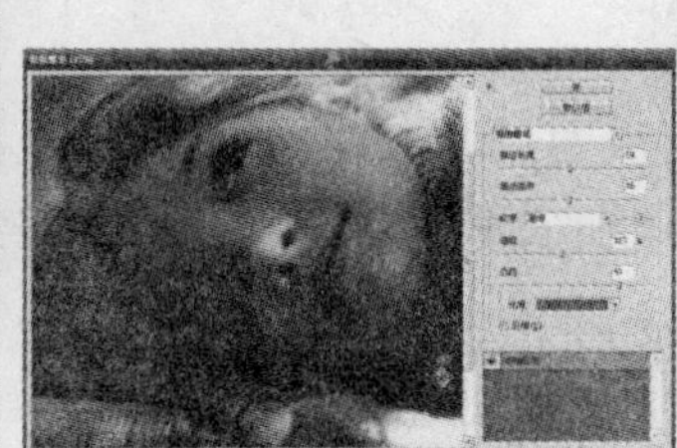
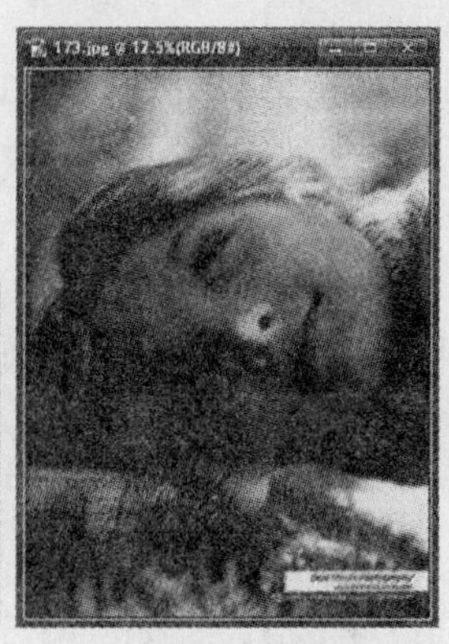

图 10-74

10.11.3 霓虹灯光滤镜

该滤镜可将各种类型的发光添加到对象上，在柔化图像外观时给图像着色。效果如图 10-75 所示。

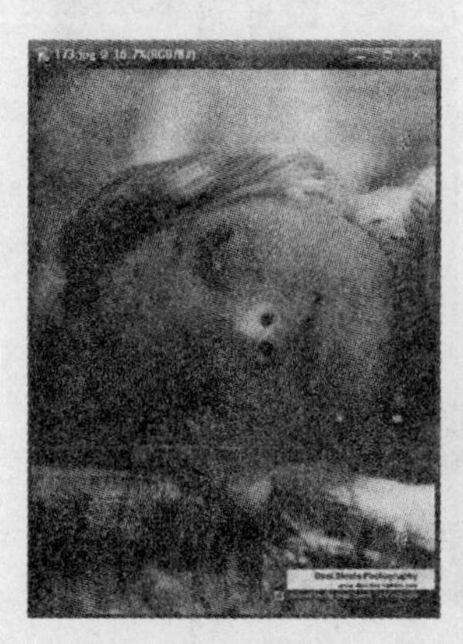
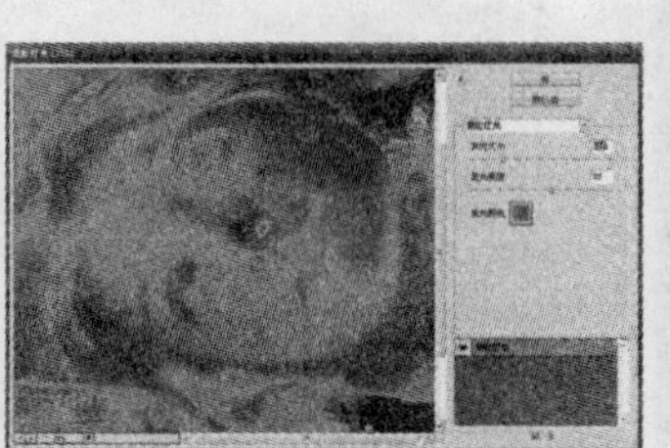
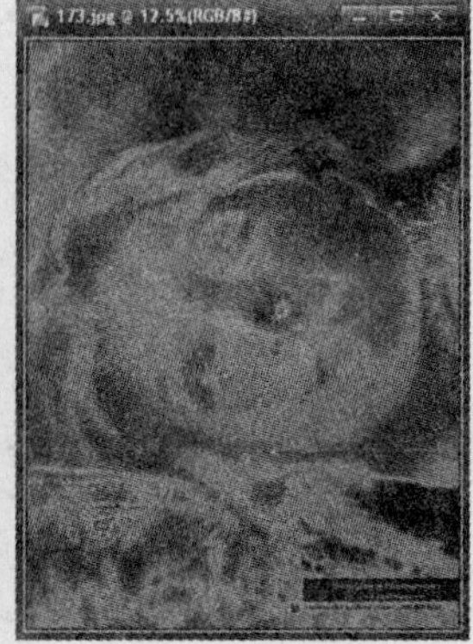

图 10-75

10.12 视频滤镜组

视频滤镜组最主要的作用是将图像转换成电视机可以接受的格式,该滤镜组包含两个命令,分别是“NTSC 颜色”和“逐行”。

10.12.1 NTSC 颜色滤镜

该滤镜可将色域限制在电视机重现图像时可接受的范围内,以防止过于饱和的颜色渗透到电视的扫描行中。

10.12.2 逐行滤镜

逐行滤镜可以移除视频图像中的奇数或偶数隔行线,使在视频上捕捉的运动图像变得平滑。

对话框中设置如下:

• 消除:选择要消除的电视扫描线。选择“奇数场”则移除奇数隔行线,选择“偶数场”则移除偶数隔行线。

• 创建新场方式:选择通过复制或插值来建立新场。

10.13 锐化滤镜组

锐化滤镜组中的滤镜效果可以通过增加相邻近像素的对比度,强化图像聚焦性。该滤镜组包含 4 个滤镜:USM 锐化、进一步锐化、锐化和锐化边缘。

10.13.1 USM 锐化滤镜

该滤镜可按指定的阈值定位不同于周围像素的像素,并按照指定的数量增加像素对比度。

• 数量:通过数值的输入或者滑块的滑动来增加像素对比度的数量。

• 半径:确定像素边缘的锐化数目。

• 阈值:其数值直接决定锐化的像素与周围区域的相差值。

其效果如图 10-76 所示。

图 10-76

10.13.2 进一步锐化滤镜

该滤镜作用和锐化滤镜效果相似，只是其效果比锐化滤镜更为强烈和明显。

10.13.3 锐化滤镜

该滤镜可以聚焦图像或者选区，以增加图像清晰度。

10.13.4 锐化边缘滤镜

该滤镜可以锐化图像的边缘，同时保留总体的平滑度。

如图10－77、10－78、10－79所示分别为进一步锐化、锐化和锐化边缘的效果。

图10-77

图10-78

图10-79

10.14 风格化滤镜组

风格化滤镜组中滤镜可以在选区或图像中形成绘画或印象派的效果。该滤镜组包含9个滤镜命令：凸出、扩散、拼贴、曝光过度、查找边缘、浮雕效果、照亮边缘、等高线和风。下面就几种滤镜予以介绍。

10.14.1 凸出滤镜

该滤镜可使选区或者图层产生凸出的3D纹理效果，如图10－80所示。

图10-80

10.14.2 拼贴滤镜

该滤镜可将图像分解为一系列的拼贴,使选区偏离原来的位置,如图 10 - 81 所示。

图 10-81

10.14.3 浮雕效果滤镜

该滤镜将选区的填充色转换为灰色,并用原色填充描画边缘,从而达到起伏的浮雕效果,如图 10 - 82 所示。

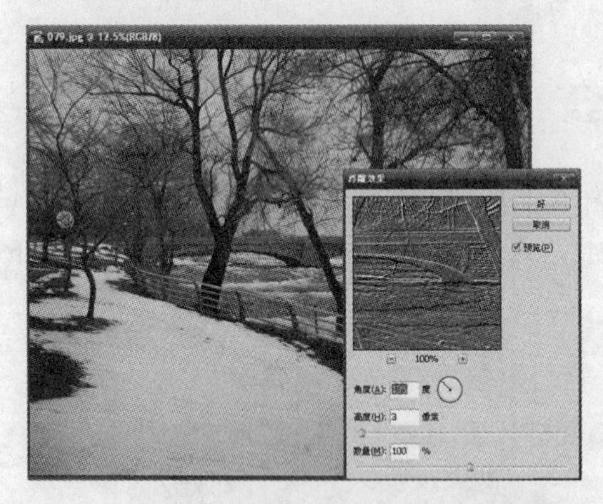

图 10-82

10.14.4 照亮边缘滤镜

该滤镜可以勾勒颜色的边缘,并添加类似霓虹灯的光亮,如图 10 - 83 所示。

图10-83

10.14.5 风滤镜

该滤镜可在图像中创建细小的水平线条来模拟刮风的效果，如图 10-84 所示。

图 10-84

10.15 其他滤镜组

其他滤镜组中的滤镜允许用户创建自己的滤镜，或者使用滤镜修改蒙版以及在图像中使选区发生位移。该滤镜组包含 5 个滤镜：位移、最大值、最小值、自定和高反差保留。在这里我们就其中的几种滤镜予以介绍。

10.15.1 位移滤镜

该滤镜可以在水平或垂直方向偏移图像中的像素，在位移的同时，原位置变为空白区域，在空白区域我们可以设置背景色或者图像的一部分进行填充。如图 10-85 所示。

• 水平：设置水平偏移的距离，正值右移，左侧留下空缺；负值左移，右侧留出空缺。

• 垂直：设置垂直偏移的距离，正值下移，上侧留出空缺；负值上移，下侧留出空缺。

• 未定义区域：用来设置图像偏移后产生空缺处的填充方式。“设置为背景”将以背景色填充；“重复边缘像素”将在图像边缘填充扭曲边缘的像素颜色；“折回”将在空缺部分填充溢出图像之外的图像内容。

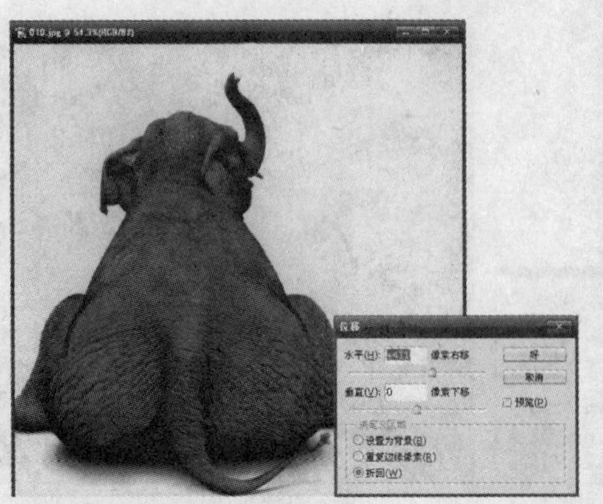
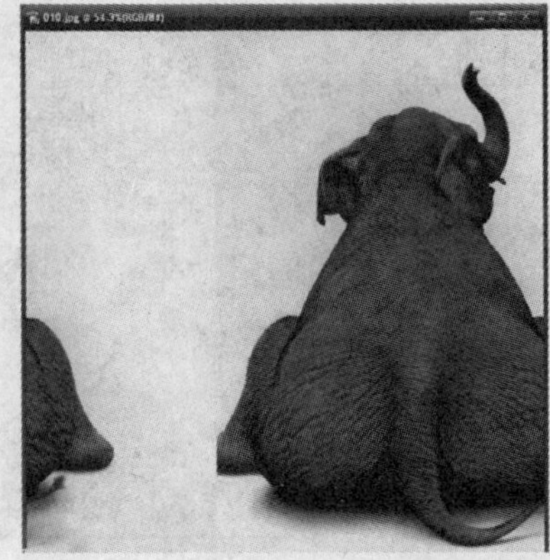

图 10-85

10.15.2 最大值/最小值滤镜

该对滤镜有着相反的功能,“最大值”可以加强图像亮部色调,缩小暗部色调,如图 10-86 所示。而“最小值”可以加强图像暗部区域色调,缩小亮部区域的范围,如图 10-87 所示。这两个滤镜的调节均是通过“半径值”来控制范围大小的。

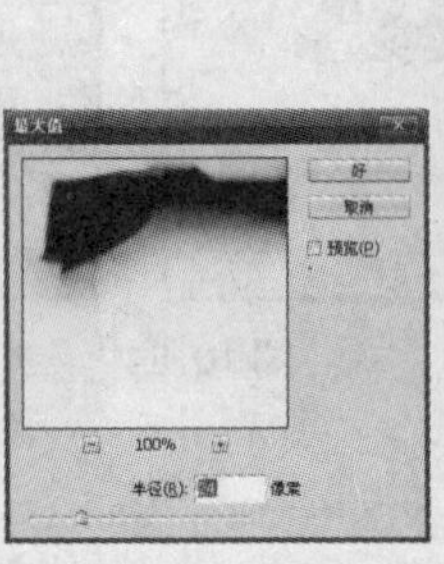

图 10-86

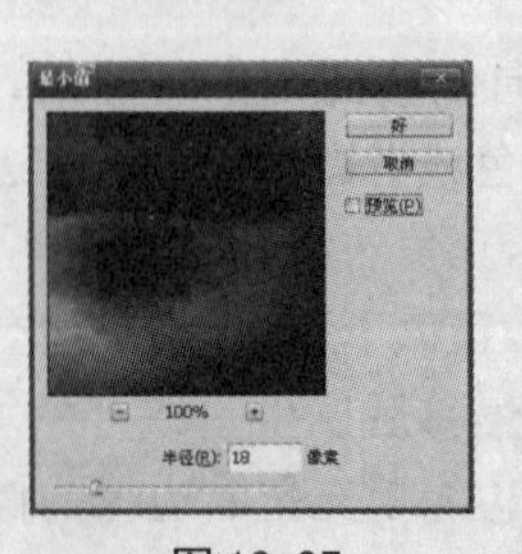

图 10-87

10.15.3　高反差保留滤镜

该滤镜可在有强烈颜色变化的区域按照指定的半径保留边缘细节。通过对话框中“半径”的设置可以调整图像需要保留的程度，数值越高，所保留的图像像素越多。如图 10－88 所示。

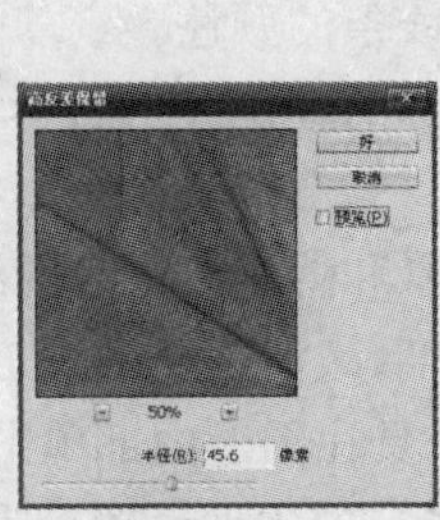

图 10-88

10.16　抽出滤镜

抽出滤镜的原理是使图像中某一部分从图像中分离出来，一般我们会将其功能应用于抠图，执行“滤镜”→“抽出”，弹出如图 10－89 所示对话框。

图 10-89

• 边缘高光区工具：可以使用该工具为图像边缘勾勒出一个封闭的轮廓，如边缘较为清晰，选择较小的笔触；边缘较为复杂，则选择大的笔触进行覆盖。**注意**：在勾勒轮廓时最好将对象和背景略微重合。

• 填充工具：在勾勒出的轮廓内进行颜色填充，填充后可点击右方“预览”按钮进行观察抽出的结果。

• 橡皮擦工具：可以擦除轮廓边缘描绘的线条。

• 吸管工具：可以使用该工具在对象内部单击取样。

• 清除工具：可以擦除抽出图像中的一些背景杂色，按住 Alt 键可以还原图像。

• 边缘修饰工具：使用该工具涂抹图像边缘，可使模糊的边缘变得清晰。

• 缩放工具：在预览图像区域单击可以放大图像，按住 Alt 单击可缩小图像。

• 抓手工具：可使用该工具在画面上移动以查看超出画面的部分。

工具选项：

• 画笔大小：通过该选项设置勾勒边缘线条的粗细程度。

• 高光：用来设置勾勒出轮廓的线条的颜色。

• 填充：用来设置填充于轮廓内部的颜色。

抽出选项：

• 带纹理的图像：如果图像的前景和背景有大量的纹理，可以勾选此项。

• 平滑：用来设置轮廓的平滑程度，减淡明显的人工痕迹。

• 强制前景：勾选此项，用吸管工具在图像内部单击，系统会自动分析高光区域，保留与鼠标单击处相近的颜色，将图像分离出来，这种设置较为适合单色调图像。

预览选项：

• 显示：可以在下拉菜单中切换原始图像与抽出图像。

• 效果：可以在下拉列表中选择图像在不同的背景下的预览效果。

下面我们来对这个图像进行抽出的练习。

(1) 在执行“滤镜”→“抽出”命令后，我们先选择“边缘高光区工具”将人物外形勾勒起来，如图 10 - 90 所示。

(2) 选择“填充工具”对其进行填充，如图 10 - 91 所示。

图 10-90

图 10-91

(3) 点击“预览”按钮，在右侧选项中选择“黑色杂边”，选择清除工具对主体图像外的背景瑕疵进行清除，按住 Alt 键对损失的图像细节进行还原，如图 10 - 92 所示。完成后单击“好”按钮，效果如图 10 - 93 所示。

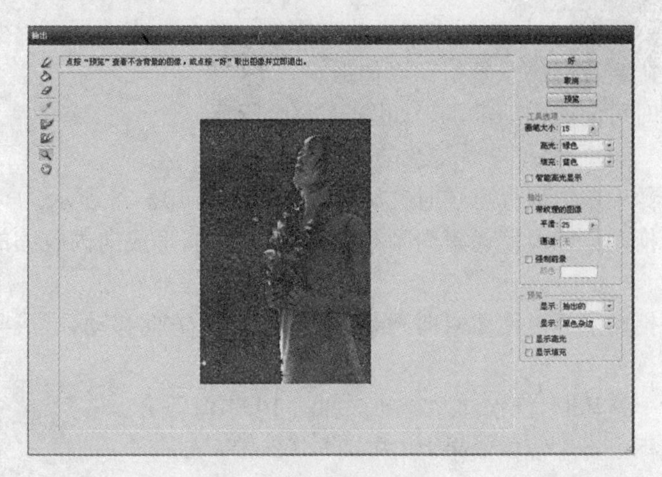

图 10-92

图 10-93

(4) 打开一个背景文件,如图 10 - 94 所示,更换背景,完成最后效果,如图 10 - 95 所示。

图 10-94

图 10-95

10.17　液化滤镜

该滤镜通过涂抹的方式使图像产生变形效果。执行“滤镜”→“液化”命令,弹出如图 10 - 96 所示对话框。

图 10-96

“液化”对话框中的各种变形工具使用时只需要将鼠标放在图像上单击并拖动即可。变形效果集中在画笔区域中心,并且随着鼠标的重复拖动而加强。

• 向前变形工具：在拖动鼠标时可向前推动像素。如图 10－97 所示。

• 重建工具：用于恢复图像。

• 顺时针旋转扭曲工具：在图像中单击鼠标可顺时针旋转像素。如图 10－98 所示。

• 褶皱工具：在图像中单击并拖动鼠标可使像素向画笔中心区域移动,形成向内收缩的效果,如图 10－99 所示。

• 膨胀工具：在图像中单击并拖动鼠标可使像素向画笔中心区域以外方向移动,形成向外膨胀的效果,如图 10－100 所示。

• 左推工具：在图像上垂直向上拖动时,像素向左移动。如图 10－101 所示。

• 镜像工具：在画面上拖动鼠标可产生镜像效果,如图 10－102 所示。

• 湍流工具：在图像区域拖动后可平滑地混杂像素,创建类似火焰、云彩等效果,如图 10－103 所示。

• 冻结蒙版工具：要对图像中某一区域进行处理而不影响其他区域可使用该工具在需要处理的图像上绘制即可,如图 10－104 所示。

• 解冻蒙版工具：涂抹冻结区可解除冻结。

• 抓手工具：当图像比例放大后可用此工具移动画面来观察图像的不同部分。

• 缩放工具：在图像预览区内进行图像比例的放大。

图 10-97　图 10-98　图 10-99　图 10-100

图 10-101　图 10-102　图 10-103　图 10-104

10.18 图案生成器滤镜

图案生成器滤镜可以使用拼贴背景的图像作为混合图像的边缘,将图像创建成水平或垂直排列的图案。

(1) 打开一个文件,如图 10-105 所示,执行"滤镜"→"图案生成器"命令,弹出如图 10-106 所示对话框。

图 10-105

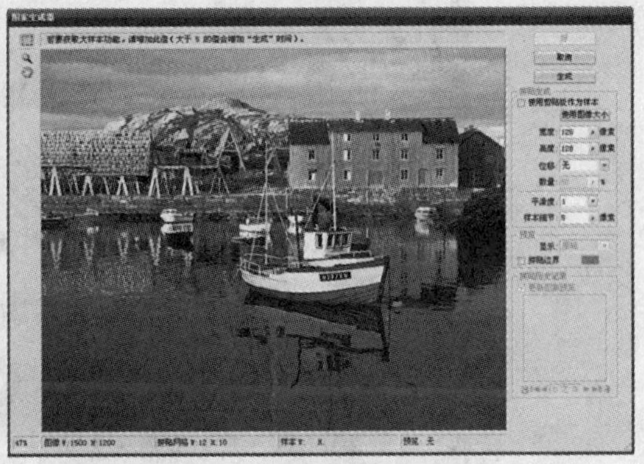

图 10-106

(2) 在图像预览框中绘制一个矩形,如果对于形状不满意,按住 Alt 键单击,则原来右侧的"取消"按钮变成"复位"按钮,可以再次框选,如图 10-107 所示。

(3) 点击右侧"生成"按钮,可出现如图 10-108 所示效果。

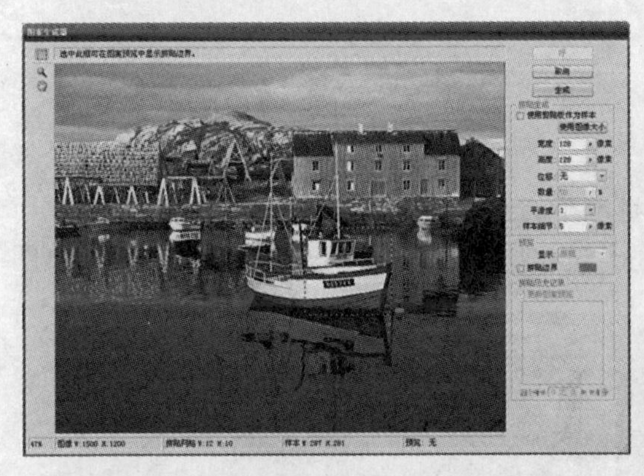

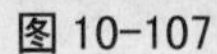

图 10-107

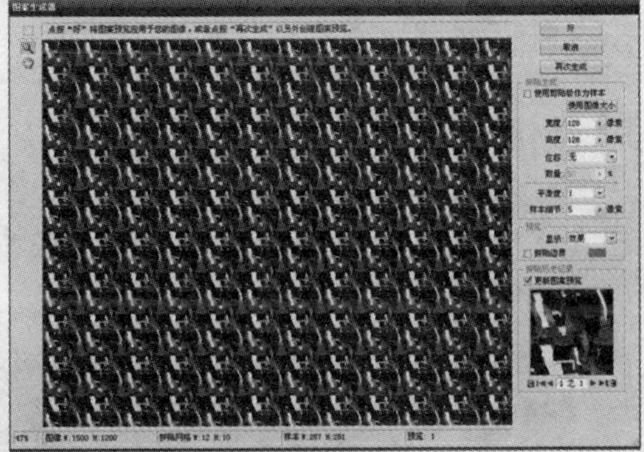

图 10-108

(4) 如果对于效果不满意的话,点击"再次生成"按钮,可出现新的图像。点击"好"按钮完成最终效果。

10.19 实战练习

我们通过制作宝马汽车相框的例子(如图 10－109 所示),来掌握和巩固本章内容。

图 10-109

关键步骤提示:

• 钢笔选区。
• 其他/最小值滤镜。
• 扭曲/玻璃滤镜。
• 渲染/镜头光晕。
• 图层效果。

(1) 打开宝马汽车的文件,使用钢笔工具将汽车的选区抠出,如图 10－110 所示。

(2) 打开一张云的图片,将上方的云抠出选区,并执行"Ctrl＋C"复制命令,如图 10－111 所示。

图 10-110

图 10-111

(3) 打开一张道路的文件，也将上方的云作选区，执行“编辑”→“粘贴”命令，则刚才所选的云彩粘贴了进来，如图 10-112 所示。

(4) 将刚才的宝马车移至画面中，并调整到适合大小，将下方两块蓝色区域清除。同时将地面上的杂点瑕疵用修复画笔工具清除，如图 10-113 所示。

图 10-112

图 10-113

(5) 合并所有图层，并复制图层，执行“图像”→“调整”→“反相”命令，并将该图层的模式设置为“颜色减淡”，如图 10-114 所示。

(6) 执行“滤镜”→“其他”→“最小化”命令两次，设置数值为 1，将图像转换为水彩效果，为下一步做水彩效果作准备，如图 10-115 所示。

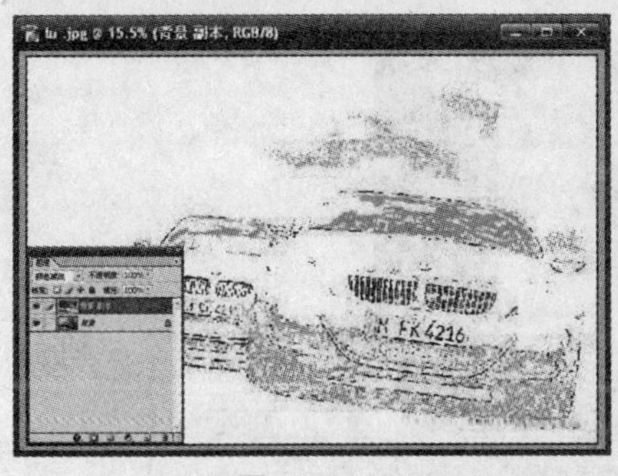

图 10-114

图 10-115

(7) 选中最上方的图层，右键选择“混合选项”命令，在面板中，按住 Alt 键将下一图层的左边黑色滑块向右滑行，增加背景图层的深色区域，同时也为画面增加细节，制造钢笔水彩效果，如图 10-116 所示。

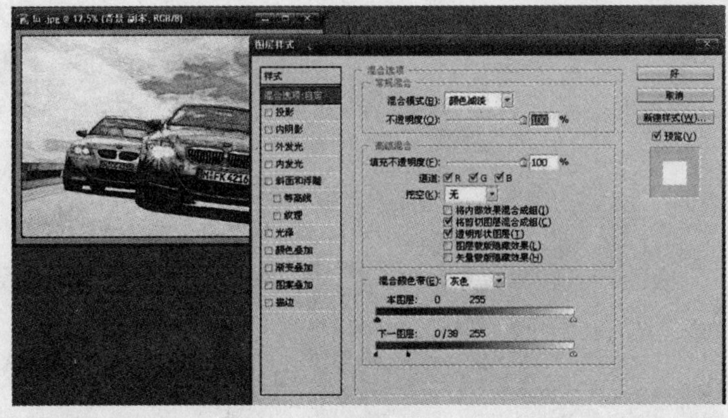

图 10-116

(8) 在画面左上角键入文字,字体选择粗体,并用灰色渐变,制作金属效果,执行黑色描边,如图 10 - 117 所示。

(9) 合并图层,并将其移至另一张新建的 A4 纸张上,新建图层,建立矩形选区框,填充深黄色,执行“滤镜”→“纹理”→“纹理化”命令,为其制作材质,同时执行图层效果中的“斜面与浮雕”,调整其参数,完成效果如图 10 - 118 所示。

(10) 最后为图像添加一个黑色背景,建立蒙版,制作投影,裁剪构图,完成最终效果,如图 10 - 119 所示。

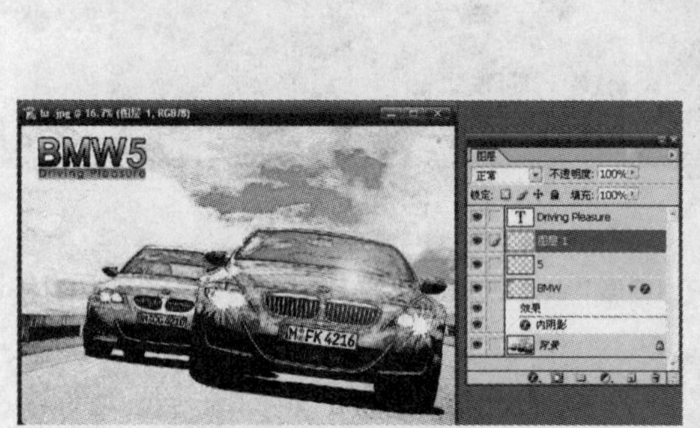

图 10-117

图 10-118

图 10-119

第11章　动　　作

11.1　动作概述

当我们进行 Photoshop 图像处理的时候，会经常遇到需要进行一些重复性的操作：比如我们打开若干张图片后，发现每张图片均要使用到同一滤镜处理、调整色调、保存和关闭文件等相同命令，如果我们一张张操作的话会很麻烦，假设遇到上百张的话，工作量是可想而知的。动作的原理便是将刚才所有的这些操作记录成一个命令，再将此命令直接应用到你所需要操作的图片上。

11.2　动作调板

Photoshop 中所有关于动作的命令和控制选项都位于"窗口"菜单下的"动作"面板上，如图 11－1 所示，图 11－2 为动作面板中的菜单。

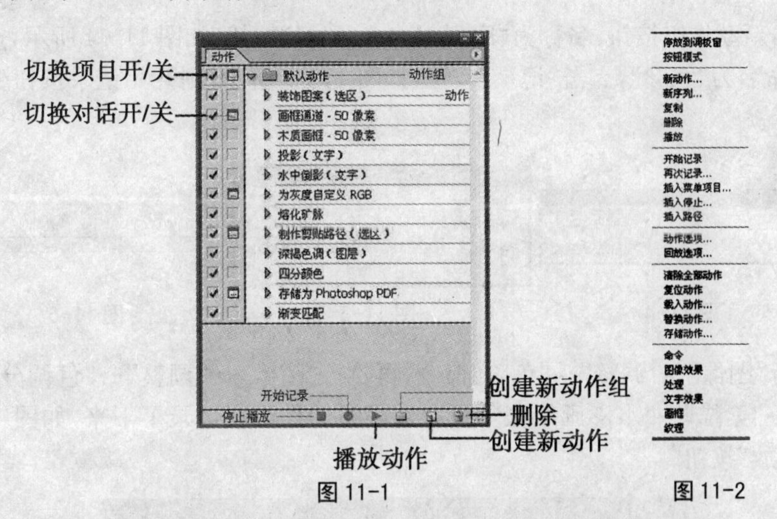

图 11-1　　图 11-2

• 切换项目开/关：当动作或者命令前有"√"这个符号，表示该动作或者命令可以被执行，反之则不可执行。

• 切换对话开/关 ▭：如果命令前面出现该灰色标志，表示该动作执行到此处会暂停，在打开相应的对话框后进行参数设置可以继续执行，如果出现了 ▭，表示该动作的部分命令设置了暂停。

• 动作组：一系列动作的集合。

• 动作：一系列命令的集合。

- 停止播放：用来停止播放或停止记录。
- 开始记录：单击该按钮，可录制动作，在录制过程中，按钮呈现红色。
- 播放动作：选定一个动作后，单击该按钮可播放动作。
- 创建新动作组：可创建一个新的动作组以保存新建动作。
- 删除：单击该按钮，可将所选择的动作组、动作和命令删除。

11.3 创建/播放动作

(1) 我们先打开一个文件，并调出动作面板，如图 11－3 所示。

图 11-3

(2) 单击新动作组按钮，名称为“序列 1”，点击“好”按钮，如图 11－4 所示，点击“创建新动作”按钮，命名为“水彩”，点击“记录”按钮，如图 11－5 所示，则开始记录按钮变为红色，如图11－6 所示。

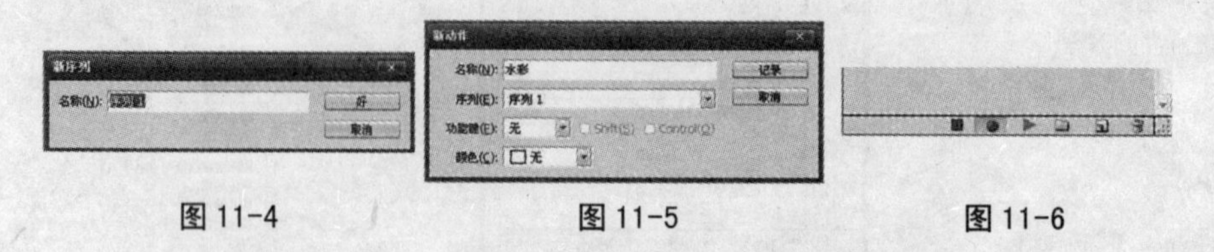

图 11-4　　图 11-5　　图 11-6

(3) 执行“图像”→“调整”→“色阶”命令，再执行“图像”→“调整”→“色调分离”命令，再执行“滤镜”→“素描”→“水彩画纸张”，所有步骤被动作面板记录了下来，如图 11－7 所示，点击“停止播放”按钮。

图 11-7

(4) 打开三个文件，调出动作面板，选中水彩，分别点击“播放”三角按钮，即可得到如图11－8所示效果，这样便节省了时间，提高了效率。

图 11-8

除了使用自己录制的动作以外，还可以使用系统自带的预设动作，打开某张图片，选择动作面板中的木质画框，单击下方播放按钮，即可得到如图11－9所示木质画框效果。

图 11-9

11.4 动作的编辑

• 复制动作与命令：将动作面板中某一动作或命令直接用鼠标拖拽到创建新动作按钮上，即可复制。

• 删除动作与命令：将动作面板中某一动作或命令直接用鼠标拖拽到删除按钮上即可。

• 修改动作名称：在动作调板上双击动作组或动作名称，即可显示文本输入框，在其中便可输入名称并进行修改。

• 修改命令参数：双击动作面板中的一个命令可打开该命令选项对话框，然后进行相应的参数设置。

• 指定回放速度：执行动作菜单中的“回放选项”，如图 11－10 所示，在对话框中可以设置动作回放速度或将其暂停，以便进行调试。

• 加速：在播放动作时，播放速度较快。

• 逐步：在播放动作时，显示每个命令产生的效果，然后再进入下一个命令，播放速度较慢。

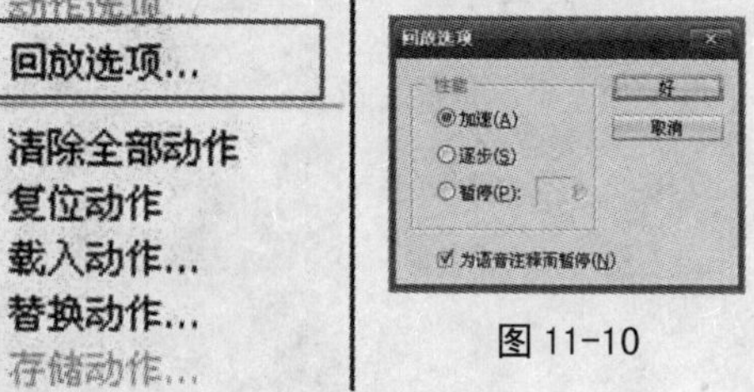

图 11-10

• 暂停：当选择此选项时，可在右侧的数值栏中设置每一个命令之间的间隔时间。

11.5　批处理概述

“批处理”命令即将指定的动作应用于你所需要的所有目标文件。通过批处理完成大量相同的、重复性的操作，可以节省时间，并且在提高工作效率的同时实现图像处理自动化。

11.6　批处理面板

在进行批处理前，应先在动作面板中录制好动作，然后执行“文件”→“自动”→“批处理”命令，打开“批处理”对话框，如图 11－11 所示，进行设置与保存，建议进行批处理的文件在处理前尽可能存储到一个文件夹内。

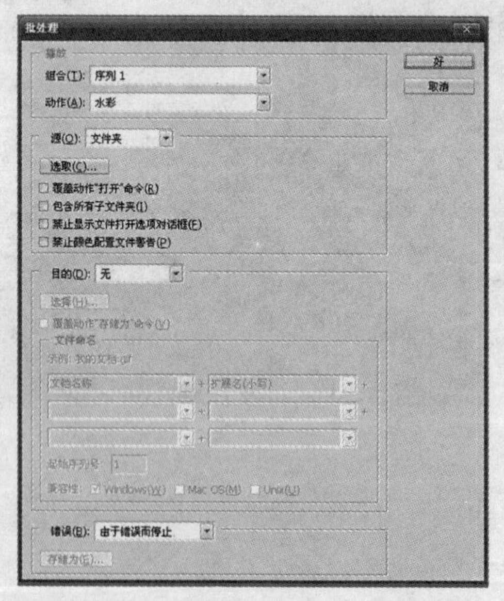

图 11-11

• 播放：在播放选项区域内设置进行批处理时播放的动作组和动作，在此我们还是选择上次的序列1动作组中的水彩动作。

• 源：在源的选项区域内可以指定要处理的文件，点击“选取”按钮则定位你的文件夹。

• 目标：在目标设置区域内可以设置文件在处理完成之后所保存的位置。

• 无：表示文件在执行批处理后不予保存，仍为打开状态。

• 存储并关闭：将批处理后的文件保存到指定文件夹并覆盖原文件。

• 文件夹：可将批处理后的文件存入指定文件夹。

• 错误：该选项提供了可以在出现错误时的处理方法。

• 由于错误而停止：即在出现错误时，出现提示信息，并暂时停止操作。

• 将错误记录到文件：不会出现任何提示，不会停止批处理。

注意：在进行批处理过程中，按下键盘上的Esc键可以中止批处理操作。

11.7　创建快捷批处理

快捷批处理是一个可以完成批处理操作的应用程序，只需将图像或者文件夹拖拽到该快捷批处理的程序图标上即可迅速实现批处理操作，同理，在进行快捷批处理前必须从动作面板中设置好要执行的动作。

执行“文件”→“自动”→“创建快捷批处理”，打开“创建快捷批处理”面板对话框，如图11－12所示，在播放选项中指定好组和动作，点击“将快捷批处理存储于”下的“选取”按钮，存入指定路径，单击“保存”按钮，这时可以在“选取”按钮旁看到快捷批处理所存储的路径，如图11－13所示。这时打开我的文档，就可以看到如图11－14所示的箭头形状的快捷批处理图，可以不用打开Photoshop，直接将文件或文件夹拖拽到该图标上即可。

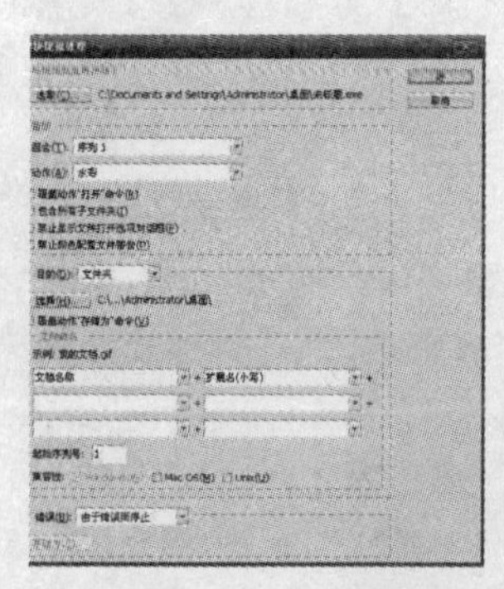
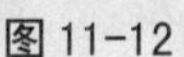

图11-12

图11-13

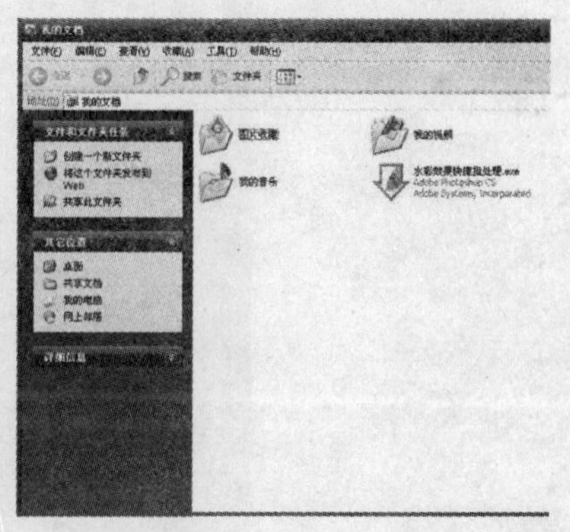

图11-14

第 12 章　实例与精讲

通过之前的讲解，我们基本上对于 Photoshop 有了一个全面的了解和掌握，我始终认为人脑决定电脑，电脑永远只是一个工具，就像绘画一样，你可以使用铅笔、毛笔、油画笔、色粉……但是评价你作品的好坏永远是你最终的效果以及你的想法。

下面我们通过三个例子来更好地了解如何将你的思维通过电脑形式表现出来，同时也对于该软件作进一步的掌握。

12.1　实例一：《国际广告》杂志封面以及配套 CD 光盘设计

《国际广告》是广告人的必备手册，其知名度家喻户晓，该例子的要点是掌握和了解杂志的开本，设计时包含的主体图形、标题和其他的一些细节以及最后完成后的立体效果展示。如图 12－1 所示。

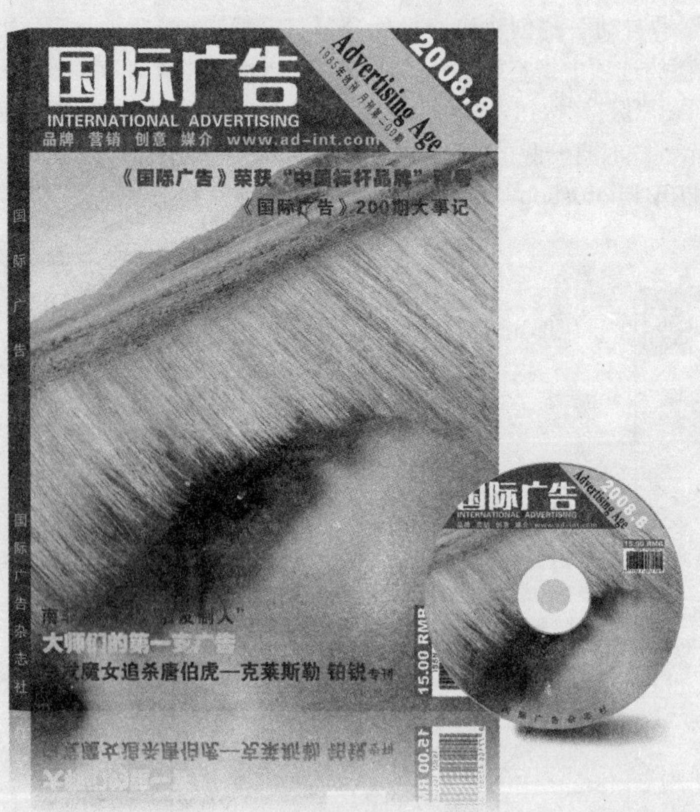

图 12-1

(1) 新建文件，尺寸为 A4，分辨率为 300 dpi，RGB 模式，一般说来大多数杂志的开本都是这个尺寸。

(2) 打开图片“089”并将图像中右下方的船只和人物(见图 12－2(a))使用修复画笔工具处理干净，在处理时注意选择合适的柔化笔触，完成效果如图 12－2(b)所示。

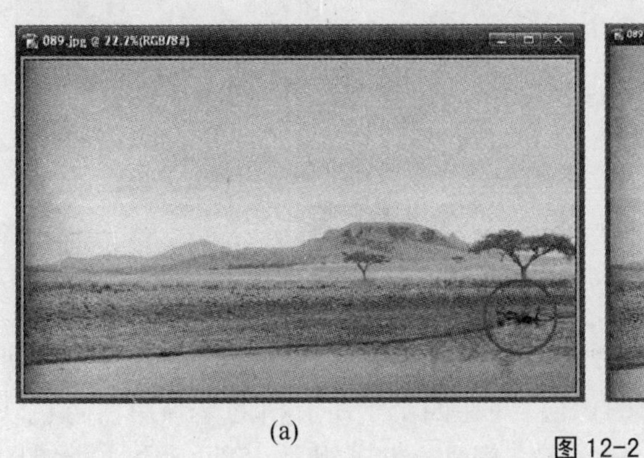

(a)

(b)

图 12-2

(3) 打开图片“095”并用移动工具拖拽至刚才我们新建的 A4 纸张，并调整大小位置，位于 A4 下方，宽度和 A4 一致，注意在变换时按住 Shift 键进行等比缩放，如图 12－3 所示。

(4) 选择“画笔修复工具”在工具选项栏中勾选“对齐”，将光标定位于头发上，向上方进行复制，为下一步合成图片做铺垫，如图 12－4 所示。

(5) 将刚才我们修复好的图片“089”也移至该画面中，位置放置在头发上方，按下“Ctrl＋T”组合键，变换图像为倾斜，如图 12－5 所示。

(6) 为该图层建立一个蒙版，选择黑色柔角画笔进行涂抹，隐藏下部元素，使上下两部分自然融合，如图 12－6 所示。

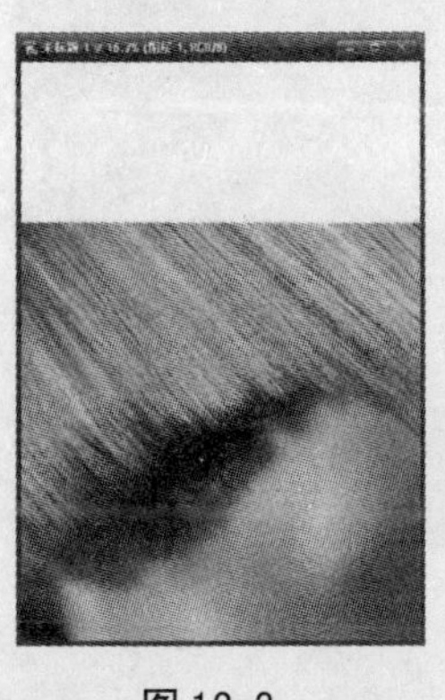

图 12-3

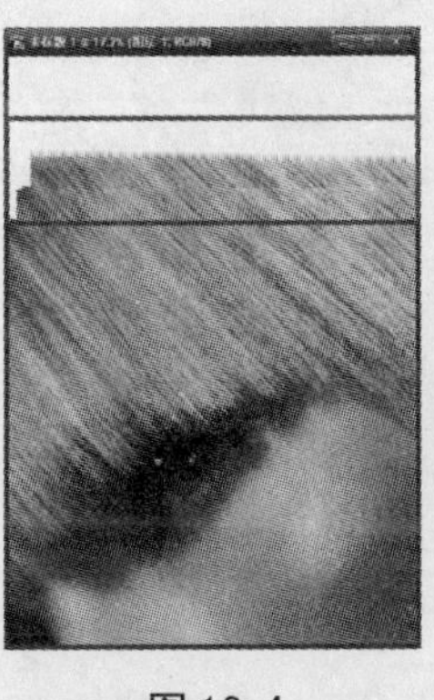

图 12-4

图 12-5

图 12-6

(7) 选择人物图层，用套索工具建立头发选区，设置羽化为 5，执行“图像”→“调整”→“可选颜色”命令，在对话框中选择黄色，并适当降低黄色中红和黑的成分，使头发和河岸的融合更加自然真实，如图 12－7 所示。

(8) 新建图层，创建矩形选区，宽度和 A4 一致，高度大约为 5 cm，并填充成深绿色，如图 12－8 所示。

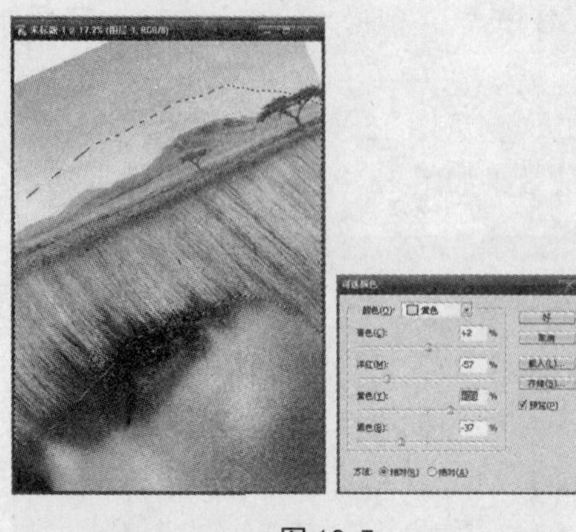

图 12-7

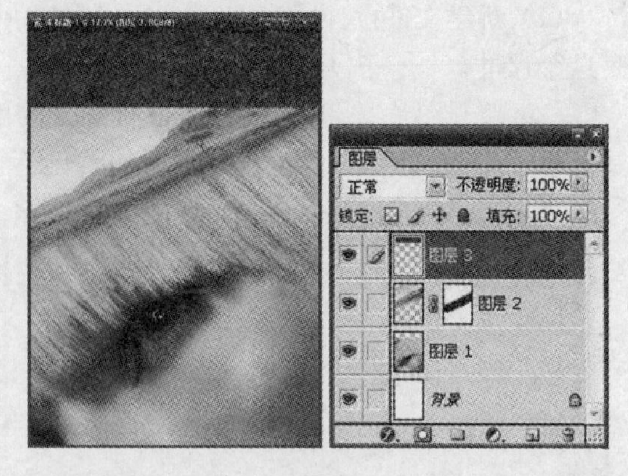

图 12-8

(9) 在绿色色块中键入杂志名称“国际广告”,选择合适的较粗的字体,并在图层处右键选择“栅格化图层”命令,将其转化为图像层,并在四个字所有横的笔画用白色色块进行连接,同时在“广告”两字之间略微缩小其字间距,造成视觉上的一致性。如图 12-9 所示。

(10) 同时新建图层,并绘制平行四边形黄色色块,键入其他小文字,完成杂志标题设计,如图 12-10 所示。

(11) 下面我们来制作条形码,先新建一个图层,用矩形选区绘制一个白色矩形,再次新建一个图层,绘制黑色矩形,然后选择使用不同的宽度矩形工具框选并删除,并在上方和下方添加数字,完成效果如图 12-11 所示。

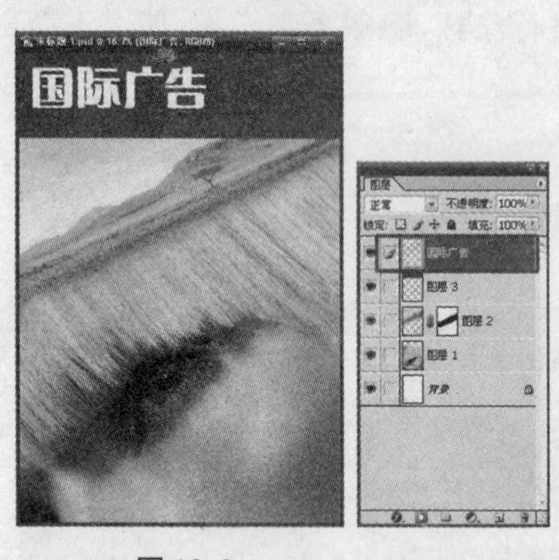

图 12-9 　　图 12-10　　图 12-11

(12) 为条形码下添加红色矩形并键入杂志售价,垂直翻转至杂志合适位置及大小,如图 12-12 所示。

(13) 在杂志封面上输入一些关键性的标题,注意色彩和字体种类不宜过多,如图 12-13 所示。

(14) 执行“图像”→“画布大小”命令,高度数值不变,宽度设置为 22 cm,定位于右上角,色彩设置为绿色,形成杂志的书脊,并键入竖排文字的书名以及出版社,完成效果如图 12-14 所示。保存图像为 PSD 格式。

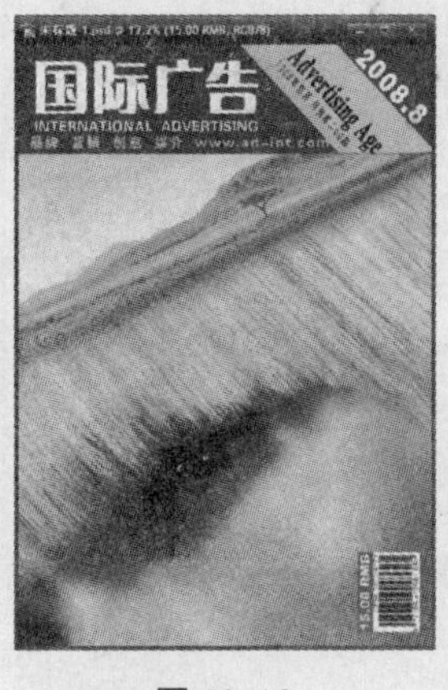

图 12-12

图 12-13

图 12-14

(15) 下面我们来制作相应配套的光盘，其实光盘上的元素均来自书籍的封面，在刚才的书籍封面上绘制一个正圆，调整圆形的大小与位置，尽可能多地将主体内容包括进去，按下“Ctrl＋C”组合键，再次新建 A4 纸，将其粘贴，如图 12－15 所示。

(16) 用参考线找出圆心，按住 Ctrl 键，将光盘选区调出，执行“编辑”→“描边”命令，为光盘绘制一个淡灰色的宽度为 15 的边缘，如图 12－16 所示。

(17) 在光盘上以圆心绘制一个圆形选区，半径为光盘直径的四分之一，按下 Delete 键删除，并执行灰色描边。同理，在光盘中心绘制一个小圆，填充浅灰色，并用深灰色进行描边，完成最终的光盘效果，如图 12－17 所示。

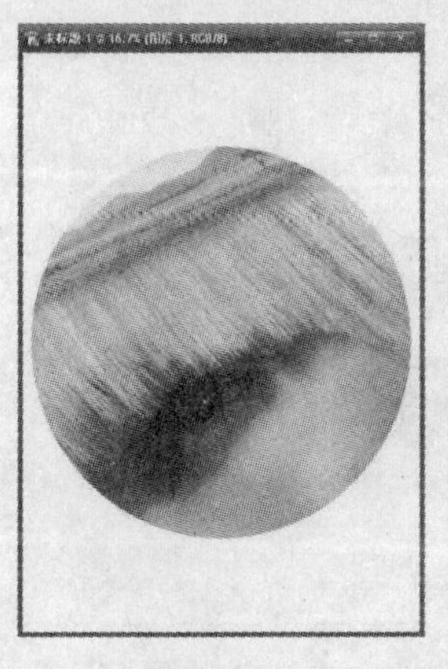

图 12-15

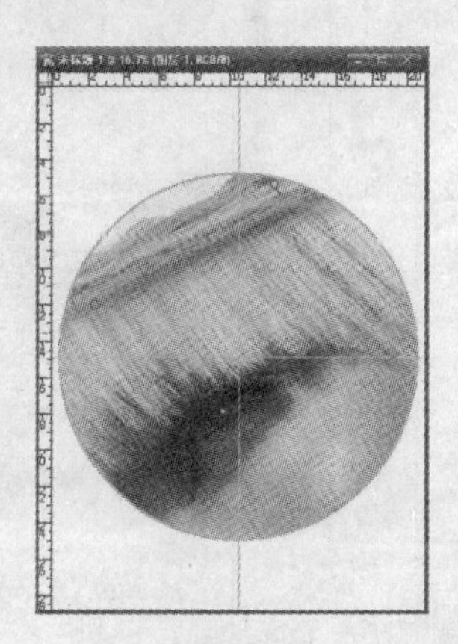

图 12-16

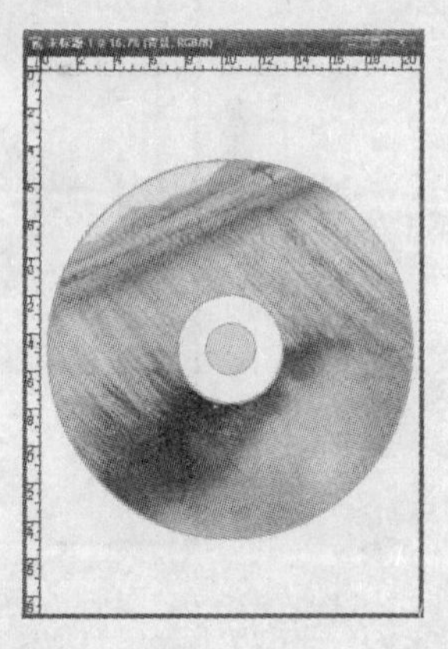

图 12-17

(18) 新建图层，以圆心绘制一个圆形选区，按住 Alt 键，在其下方绘制一个矩形，得到一个半圆，填充为绿色，将封面上的文字置入过来，调整位置，如图 12－18 所示。

(19) 同理，将刚才封面中黄色的平形四边形移过来，绘制圆形，执行反选，将多余部分删除，加入文字，如图 12－19 所示。

(20) 在光盘下方输入文字“国际广告杂志社”，并在文字变换中选择“扇形”效果，最后放入条形码调整大小以及位置，得到最后效果如图 12－20 所示，保存图形。

图 12-18

图 12-19

图 12-20

(21) 新建 A4 纸张，完成立体效果的制作，将封面中所有元素合并图层，将书脊中所有元素合并图层，将两个图层移至 A4 纸上，如图 12 - 21 所示。

(22) 调整书脊图层的色阶，使之变暗，同时将书脊进行透视变形。为这两个图层进行复制图层，垂直翻转，添加蒙版，制作垂直投影。

(23) 将光盘移至画面中，注意与书的大小比例，同时制作投影完成最终效果，最终效果如图12 - 22 所示。

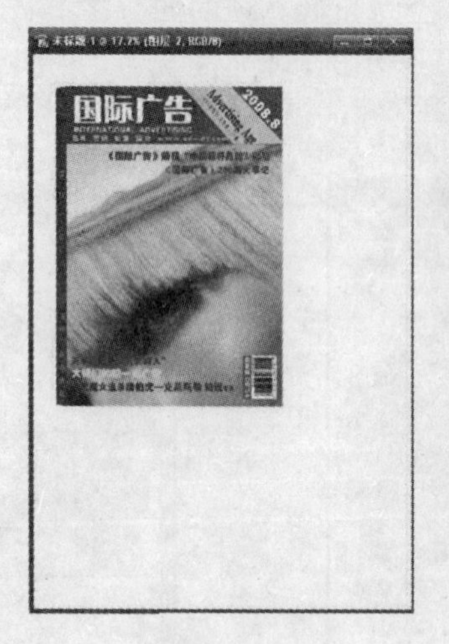

图 12-21

图 12-22

12.2 实例二：IP 电话卡系列设计与真实效果

IP 电话卡的设计不必拘泥，尽可能发挥自己的想象力，使其在设计上更具趣味性。该例子主要是使我们了解 IP 电话卡的包括要素及排版，并且最终如何将做好的卡片放置在真实的环境中进行模拟，在今后的 VI 设计中会经常用到这样的技法。最终效果如图 12 - 23 所示。

图 12-23

(1) 打开文件“背景 1”,将多余部分裁剪后移至 A4 纸上并调至适合大小,如图 12 - 24 所示。

(2) 新建图层,制作一个红色到黄色的径向渐变,并把模式设置为正片叠底,如图 12 - 25 所示。

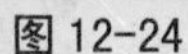

图 12-24

图 12-25

(3) 新建电话卡的尺寸为 8.5 cm×5.5 cm,分辨率为 300 dpi,将刚才的图像移至画面上并变换调整到合适大小,用圆角矩形绘制选区,执行反选,删除多余部分,形成电话卡的外形,如图 12 - 26 所示。

(4) 打开“人物 1”文件,略微调整色阶中的亮部将其提亮,用魔术棒工具点击背景白色,反选中人物。如图 12 - 27 所示。

(5) 将人物复制粘贴到画面中,调整位置以及大小,并添加图层外发光效果,如图 12 - 28 所示。

图 12-26

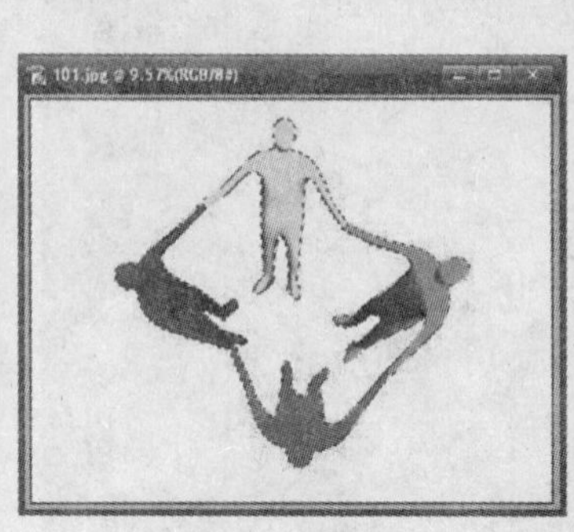

图 12-27

图 12-28

(6) 新建图层,在人物脚下制作黑色区域,添加蒙版,执行黑白渐变,为其制作投影,并复制至其他人物下,如图 12 - 29 所示。

(7) 新建图层,绘制一个白色的圆形。再次新建图层,用钢笔绘制如图 12 - 30 所示图形,将其复制,水平翻转、垂直翻转并调整位置与大小,效果如图 12 - 31 所示,按住 Ctrl 键,调出选区,回到白色圆形图层上按下 Delete 键,效果如图 12 - 32 所示。

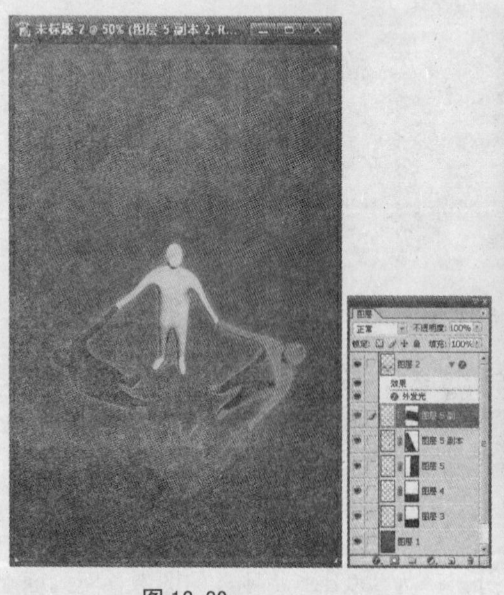

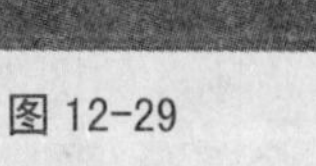

图 12-29

图 12-30

图 12-31

图 12-32

(8) 同理,删除另外一个并键入“中国网通”和“CNC”字样,如图 12 - 33 所示。

(9) 在画面右上角输入金额与装饰,如图 12 - 34 所示。

图 12-33

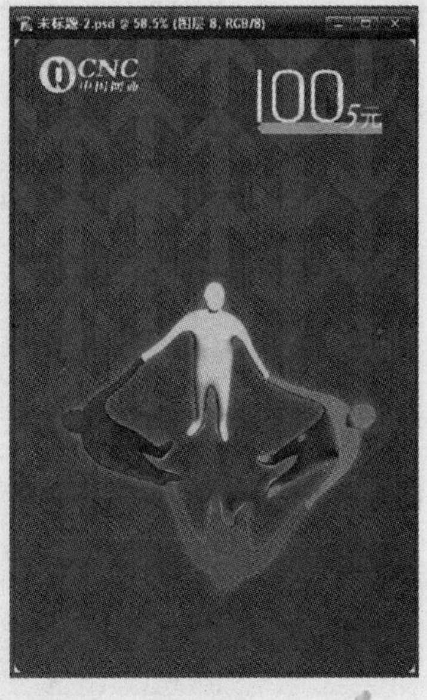

图 12-34

(10) 新建图层,选择圆形选取工具,通过两个圆形相减得到如图 12 - 35 所示图形,并填充为白色,调整位置以及大小。

(11) 在图形右侧输入“IP 电话卡”以及英文,在下方输入小文字信息,与上方标志形成中轴线对齐,如图 12 - 36 所示。

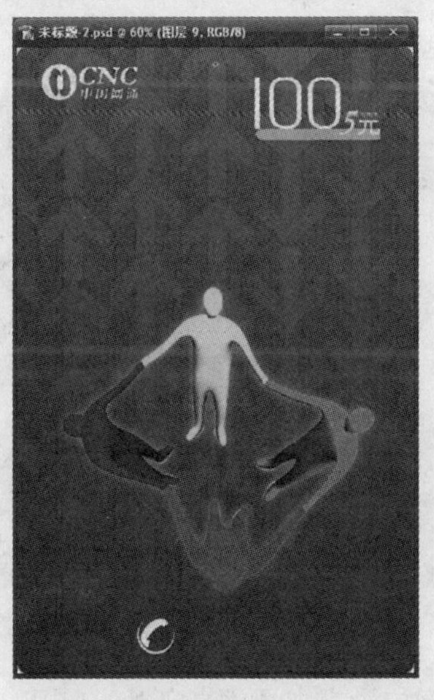

图 12-35

图 12-36

(12) 以同样的方式完成另外两张电话卡,在这里我们就不再赘述,如图 12-37、12-38 所示。

图 12-37

图 12-38

(13) 将这三个文件合并图层,并移至 A4 纸上,如图 12-39 所示。

(14) 打开"扑克"的文件,用钢笔工具将画面中人物的手部选区抠出来,如图 12-40 所示。

(15) 按下"编辑"→"复制",执行"编辑"→"粘贴"命令将手的图层复制一个。将三张卡片分别拖拽到画面中,同时用"Ctrl+T"命令调整细节位置,最后将刚才复制的手的图层放至最上方,如图 12-41 所示。

图 12-39

图 12-40

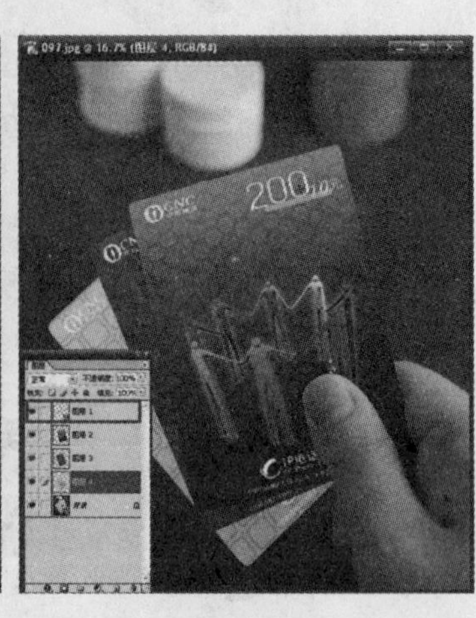

图 12-41

(16) 在人物手握电话卡的部分用加深工具略微加深,增加画面真实感,如图 12-42 所示。

(17) 将电话卡的 3 个图层合并,按住 Ctrl 键,调出选区,反相,并保存为 Alpha 通道,如图 12-43 所示。

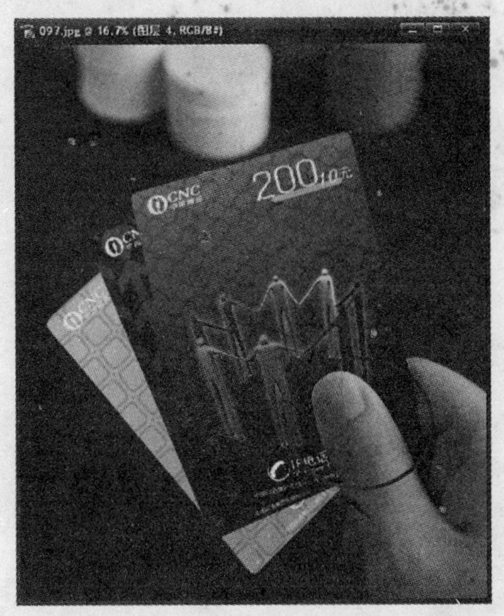

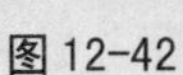

图 12-42

图 12-43

(18) 合并图层,执行“滤镜”→“模糊”→“镜头模糊”命令,在深度映射中选择 Alpha 通道,调节半径,增加电话卡周围物体的模糊程度,缩小画面中景深,突出主体,如图 12 - 44 所示。

(19) 最后将这张图片移至刚才的 A4 纸上,填充黑色背景,排版,完成最终效果如图 12 - 45 所示。

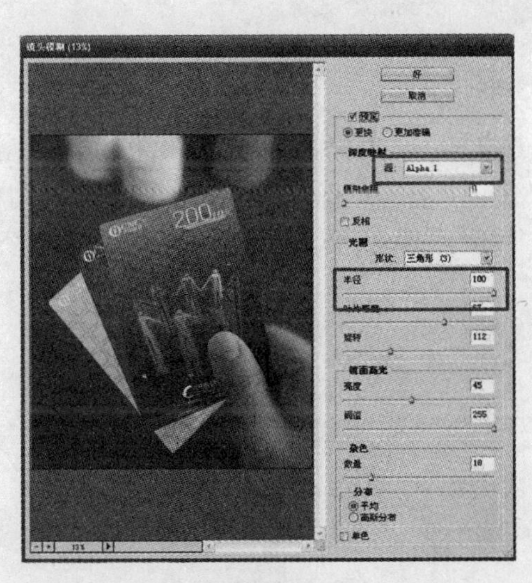

图 12-44

图 12-45

12.3　实例三:“中国风音乐会”海报招贴

招贴的种类很多,文化招贴作为其中的一类,其主要功能是传递信息于受众,通过本案例我们来更好地了解完整的招贴设计制作过程，最终效果如图 12 - 46 所示。

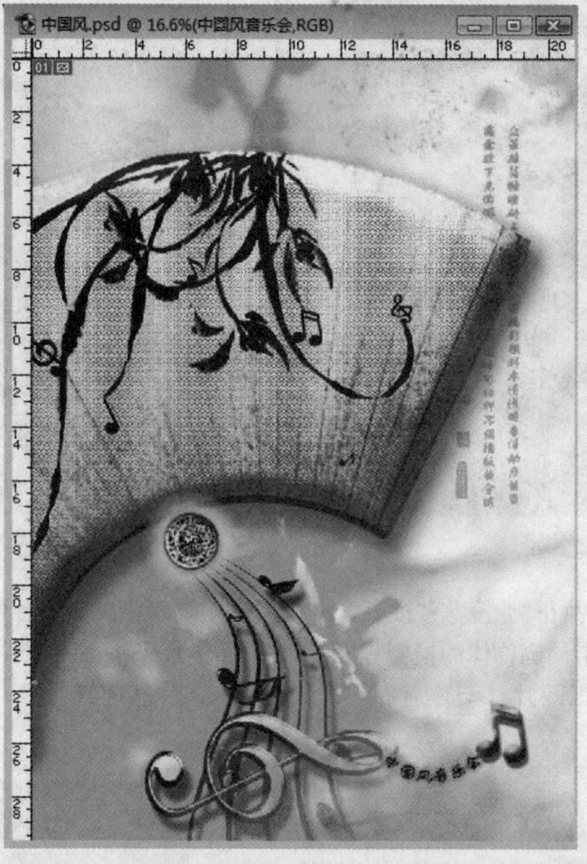

图 12-46

(1) 执行“文件”→“新建”命令，设置纸张大小为 A4，分辨率为 300 dpi，模式为 RGB 颜色，内容为白色，命名为“中国风”，如图 12 - 47 所示。打开如图 12 - 48 所示的图片并用移动工具将此图片移至新建纸张中，并按下“Ctrl+T”组合键调整至 A4 大小，如图 12 - 48 所示。

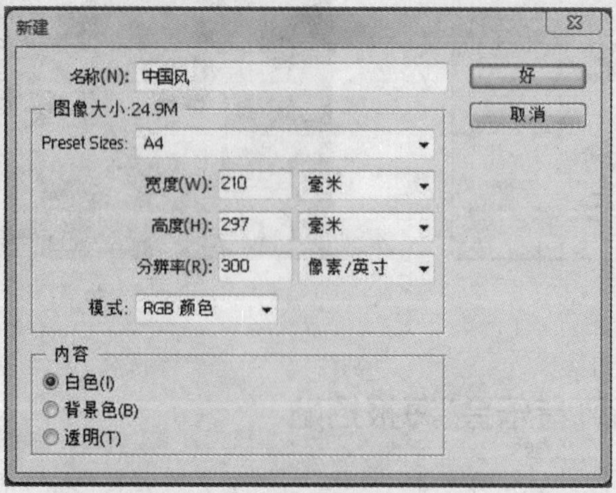

新建
名称(N): 中国风
好
取消
图像大小:24.9M
Preset Sizes: A4
宽度(W): 210 毫米
高度(H): 297 毫米
分辨率(R): 300 像素/英寸
模式: RGB 颜色
内容
白色(I)
背景色(B)
透明(T)

图 12-47

图 12-48

(2) 执行“图像”→“调整”→“色阶”命令，并输入色阶值为 109、0.62、249，如图 12 - 49 所示。同时将图像透明度更改为 30%，如图 12 - 50 所示。

图 12-49

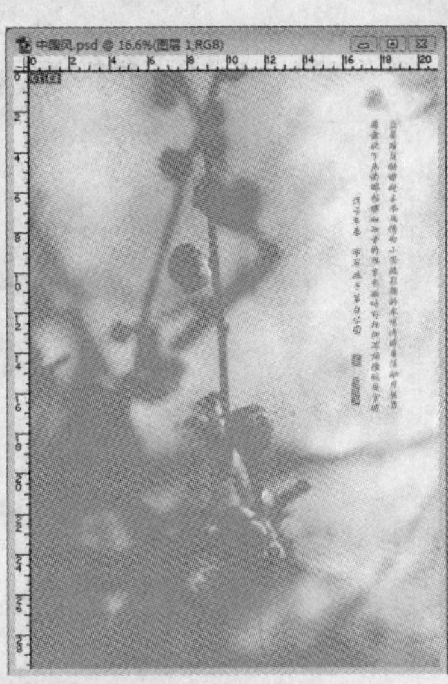

图 12-50

(3) 打开如图 12 - 51 所示图片，选择魔棒工具并设置其容差值为 30，将所需的扇形选中并拖拽进来。按下“Ctrl＋T”组合键，将图片拖拽至所需大小并单击鼠标右键，执行“水平翻转”和“旋转”，并放至合适位置。如图 12 - 52 所示。

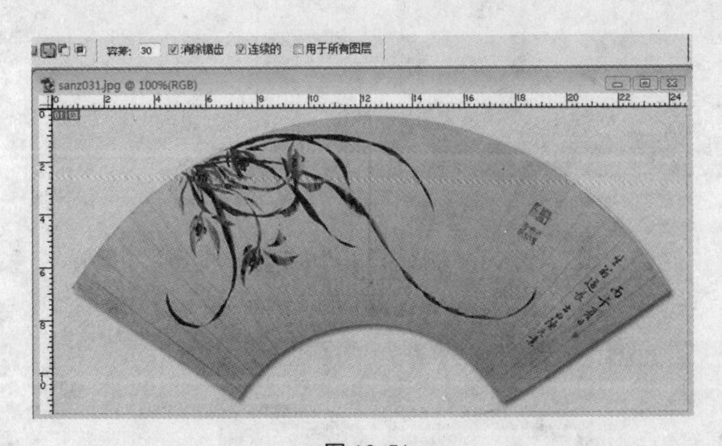

图 12-51

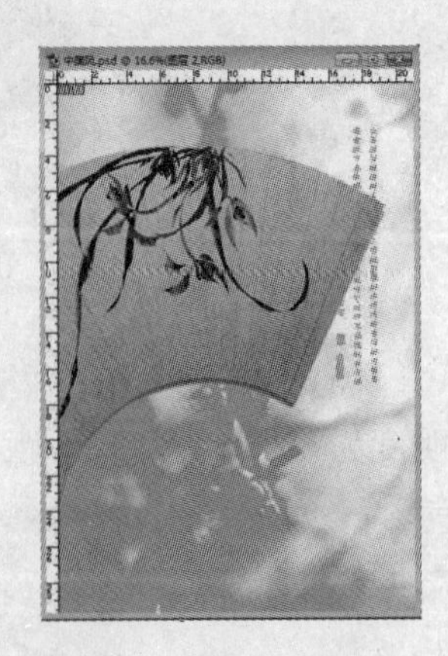

图 12-52

(4) 执行“图像”→“调整”→“色阶”命令，输入数值为 147、1.48、188，如图 12 - 53 所示。执行“图像”→“调整”→“曲线”命令，并且输入为 211，输出为 288，如图 12 - 54 所示。

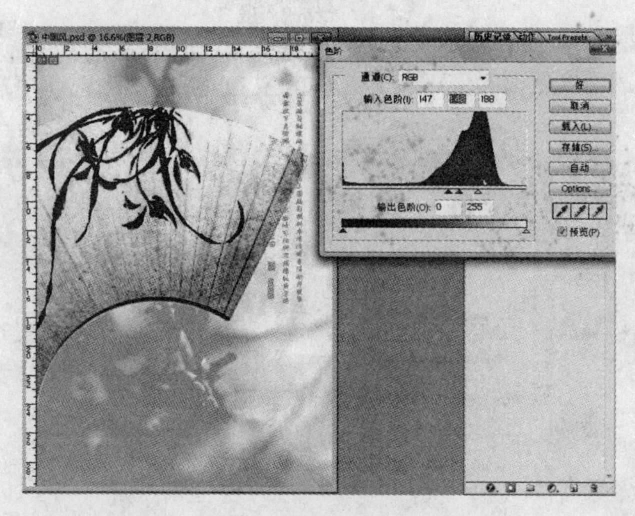

图 12-53

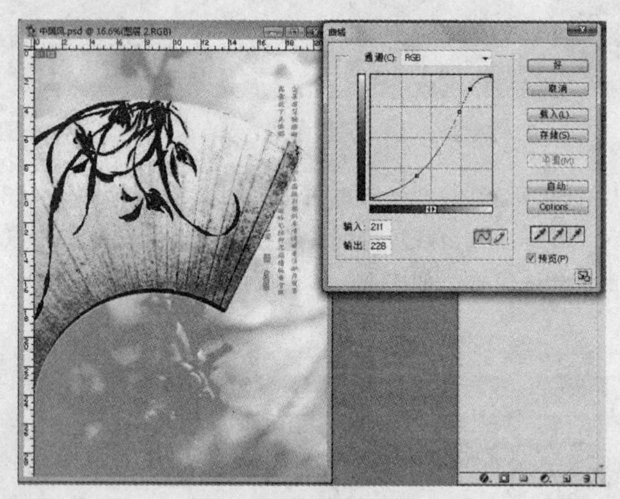

图 12-54

(5) 在图层上单击右键执行“混合选项”命令，在“图层样式”中选择“投影”并设置不透明度为 69，角度为 120，距离为 71，扩展为 10，大小为 103。如图 12－55 所示。

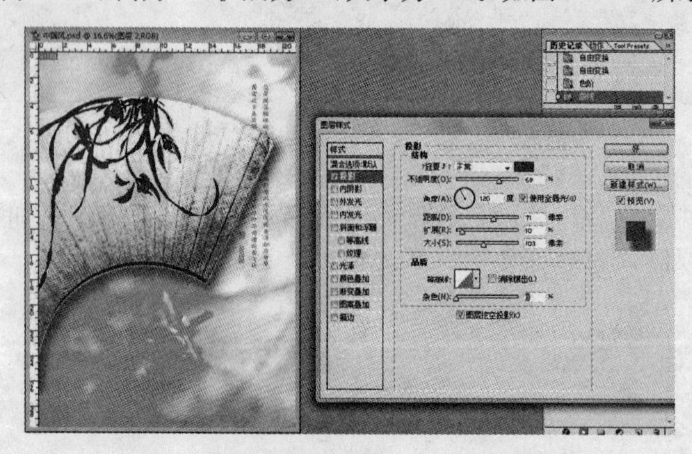

图 12-55

(6) 选择斜面和浮雕，深度为 321，方向为上，大小为 150，软化为 0，具体数值如图 12 - 56 所示。选择纹理，缩放为 101，深度为＋30，如图 12 - 57 所示。

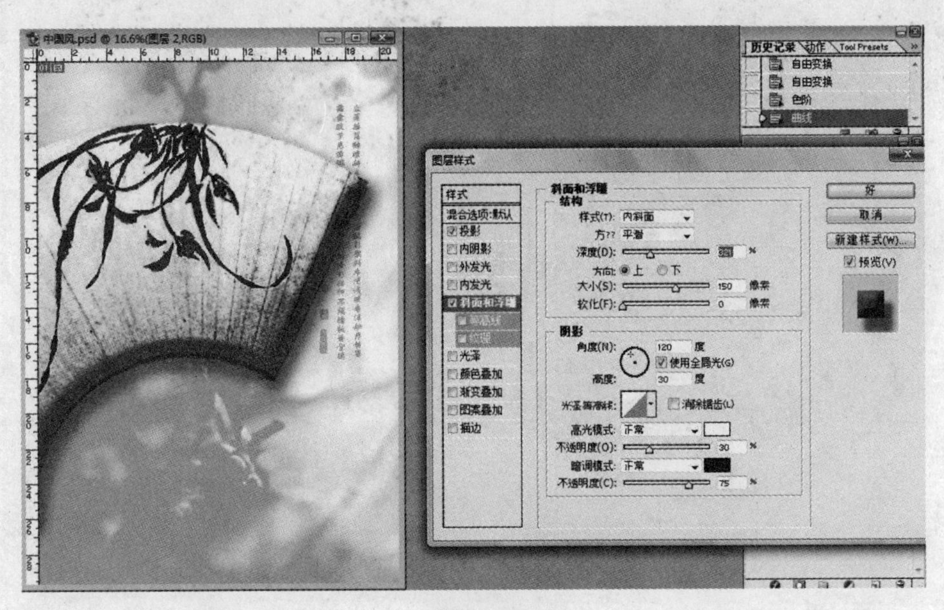

图 12-56

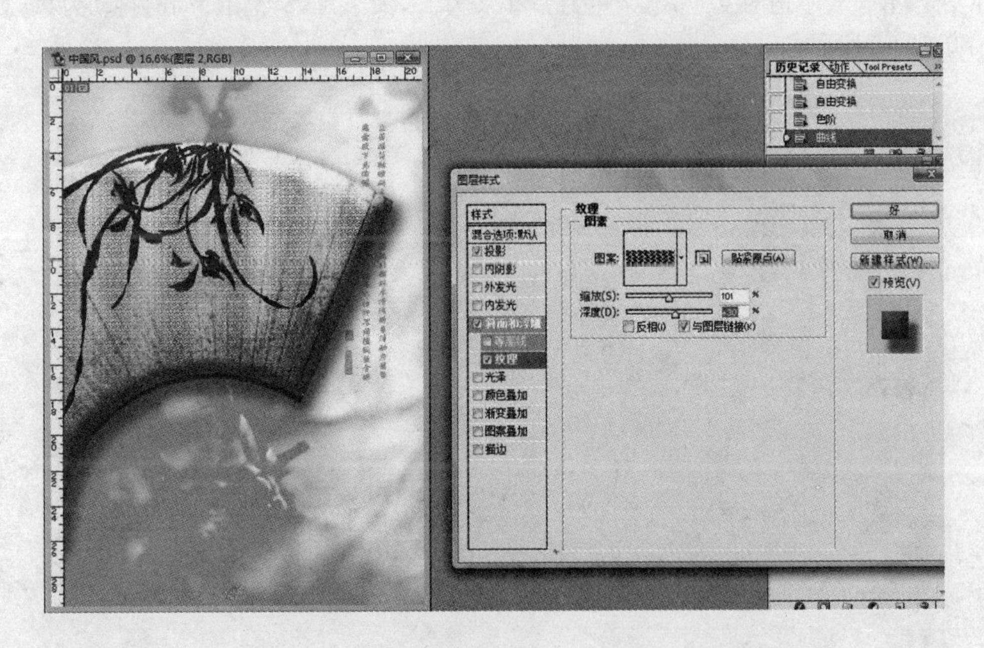

图 12-57

(7) 打开图片，选择魔棒工具，单击白色背景，选中外围白色背景，鼠标右击，执行“反选”命令，并将青花瓷盘拖入中国风图层中并调整至合适位置，如图 12 - 58、12 - 59 所示。

图 12-58　　　　图 12-59

(8) 执行图像色阶调整,并输入色阶为 113、1.24、189。选择混合选项,在图层样式中选择外发光,并设置不透明度为 75,杂色为 0,扩展为 13,大小为 95,范围为 46,抖动为 0。如图 12-60、12-61 所示。

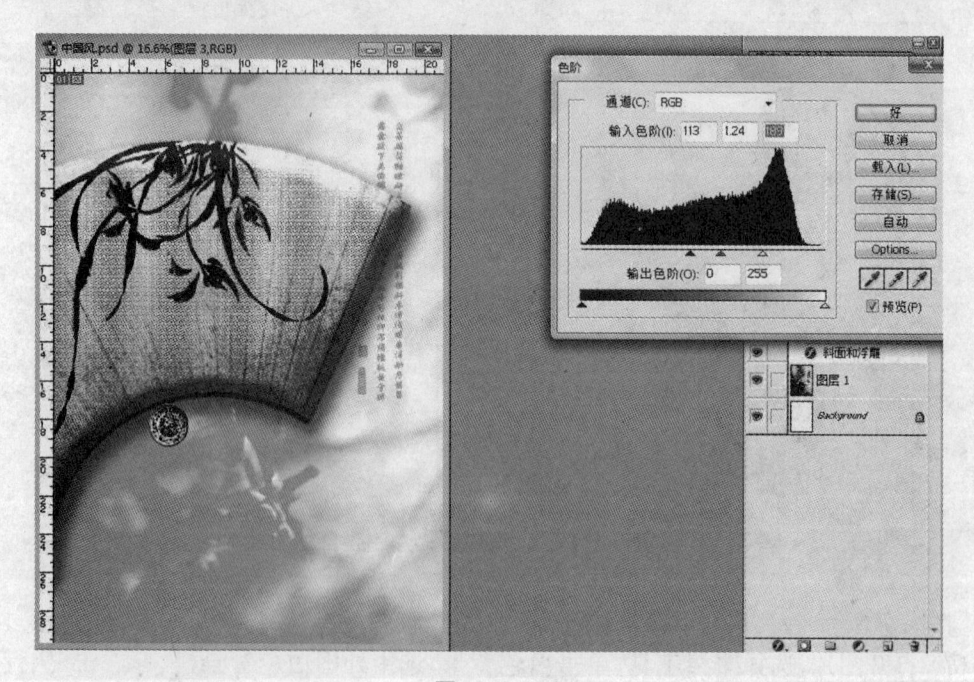

图 12-60

图 12-61

(9) 打开图片如图 12－62 所示，选择魔术棒工具将所需部位选中并拖动至该文件中，如图 12－63 所示。

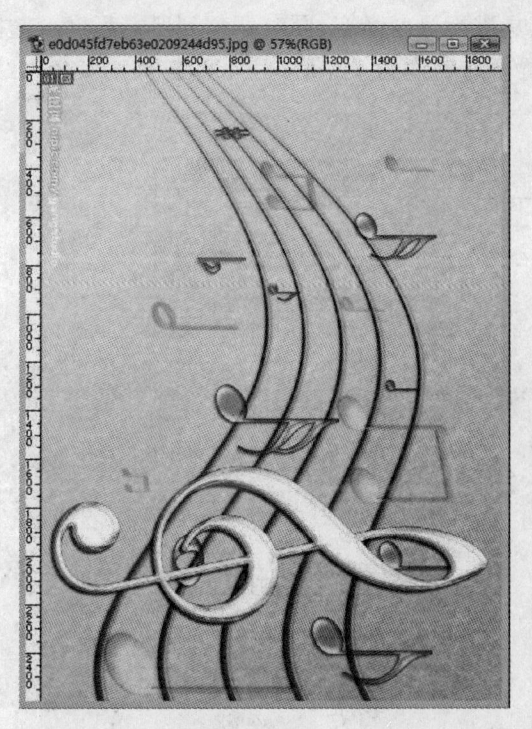

图 12-62

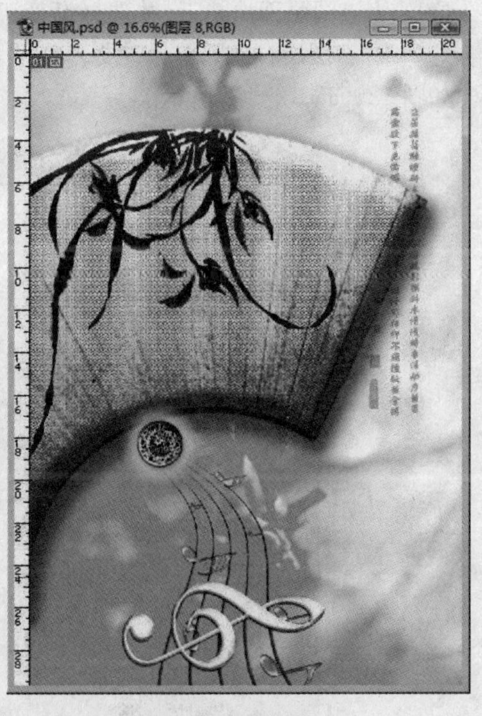

图 12-63

(10) 执行“图像”→“调整”→“色阶”命令，输入色阶为 220、0.56、247，如图 12－64 所示。

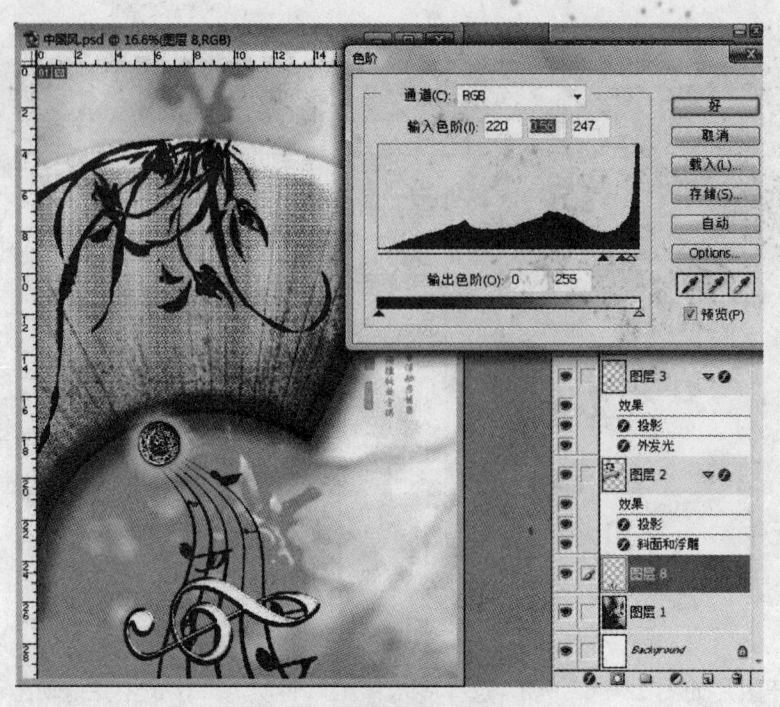

图 12-64

(11) 为该图层添加蒙版，并选择渐变工具进行黑白渐变，同时调整到所需程度。选择混合选项中的“图层样式”，选中“投影”，设置不透明度为 75，距离为 69，扩展为 0，大小为 21。如图 12－65、12－66 所示。

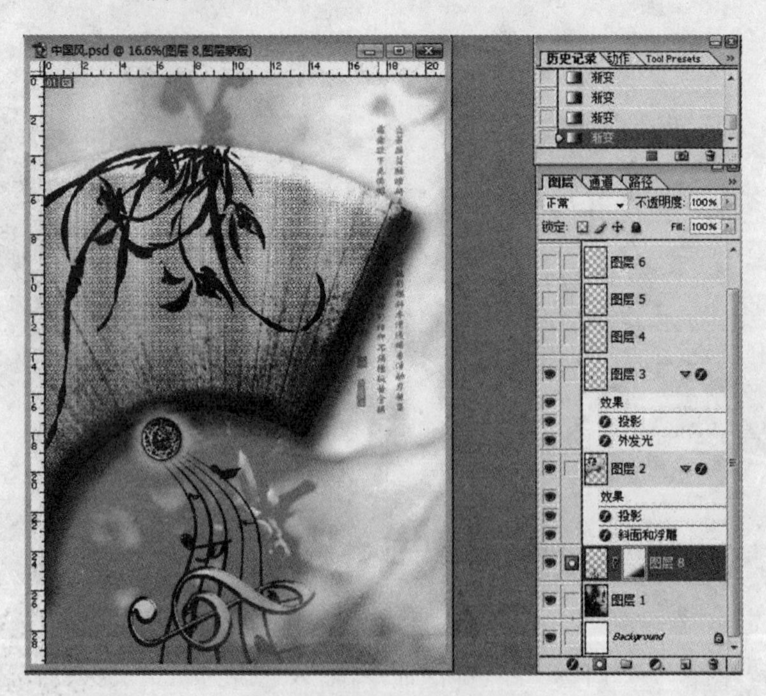

图 12-65

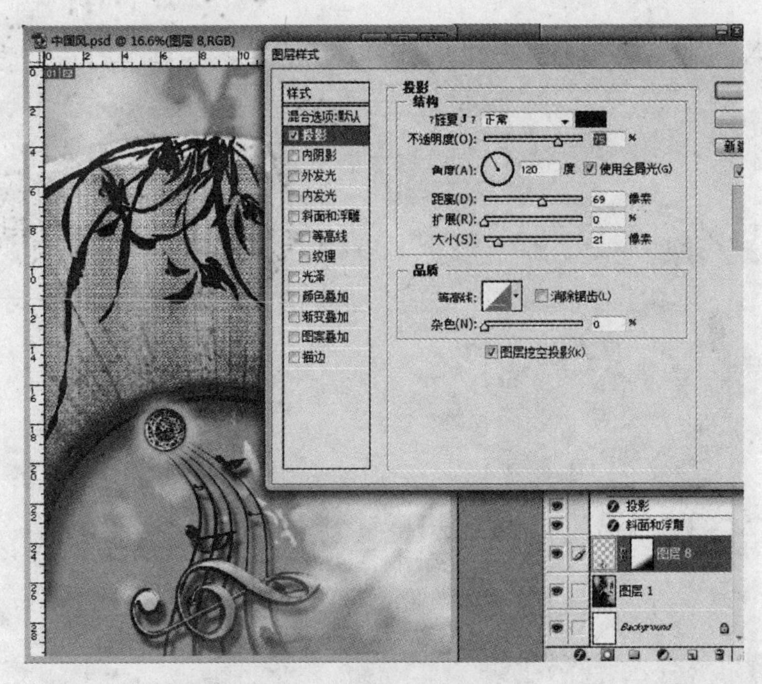

图 12-66

(12) 打开音乐符号素材,将其选中并拖拽至该文件中,并调整至合适位置,如图 12 - 67 所示。

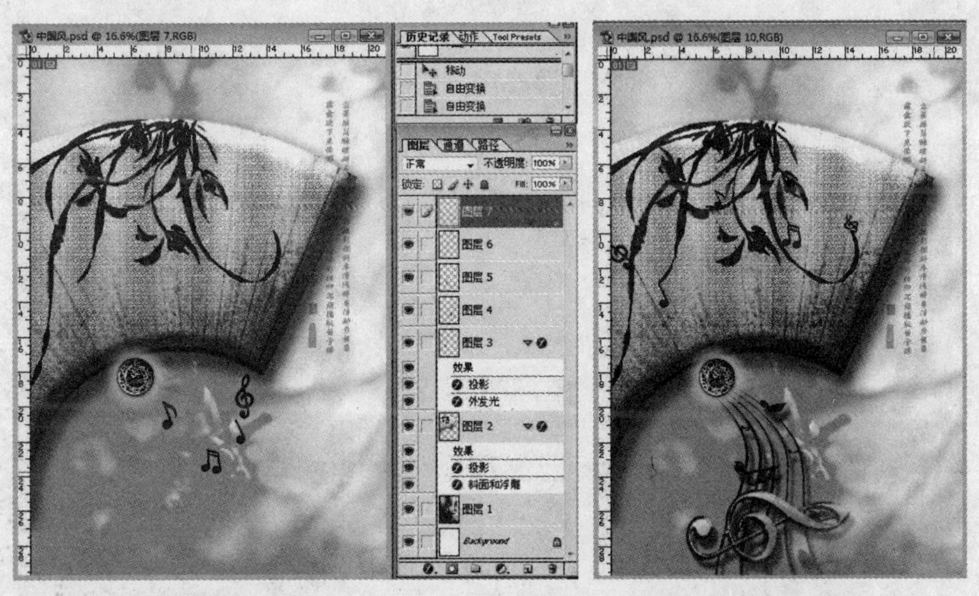

图 12-67

(13) 在选中音乐符号图层上右键单击选择“混合选项”→“图层样式”→“投影”设置不透明度为 75,角度为 120,距离为 25,扩展为 4,大小为 9,如图 12 - 68 所示。选择“斜面和浮雕”,设置深度为 100,方向为上,大小为 51,如图 12 - 69 所示。选择渐变叠加,具体设置如图 12 - 70 所示。

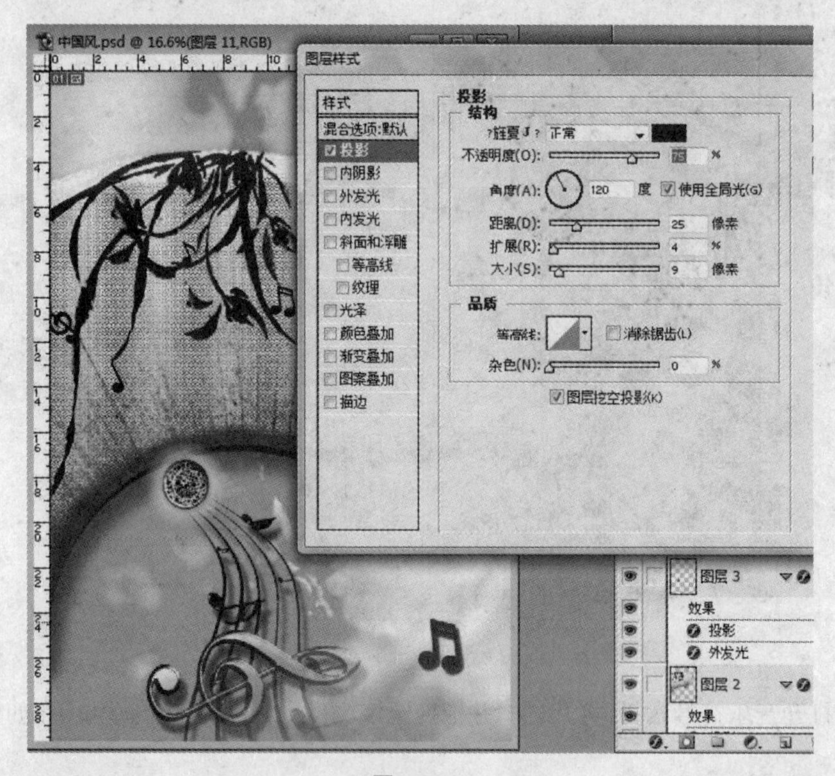

图 12-68

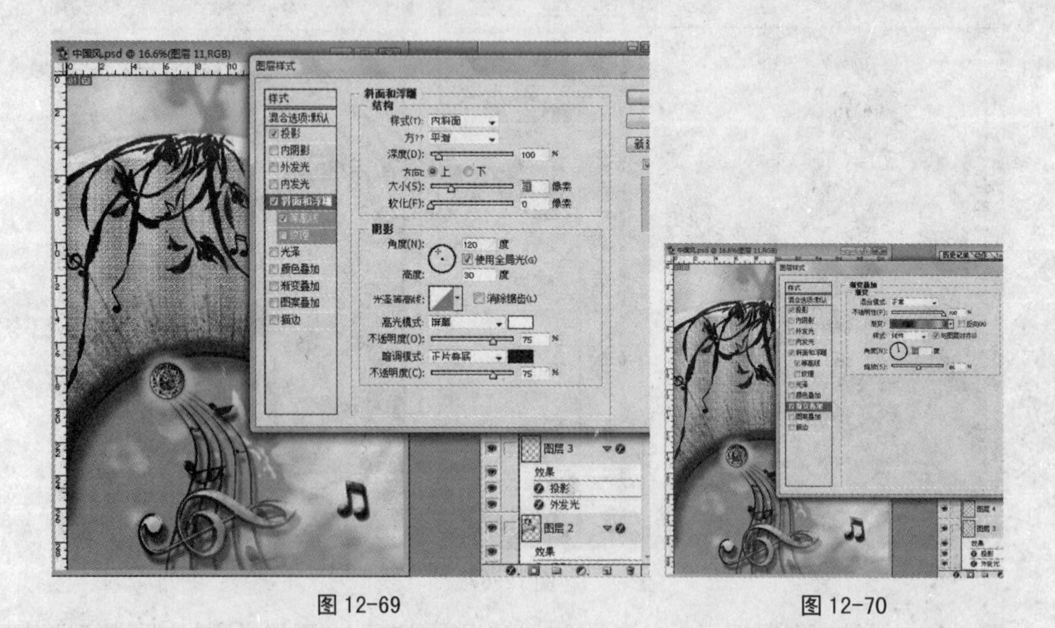

图 12-69　　　　　　图 12-70

(14) 选择文字工具,键入“中国风音乐会”,选择变形文字,样式为扇形、水平,弯曲为－50,如图 12－71、12－72 所示。

图 12-71

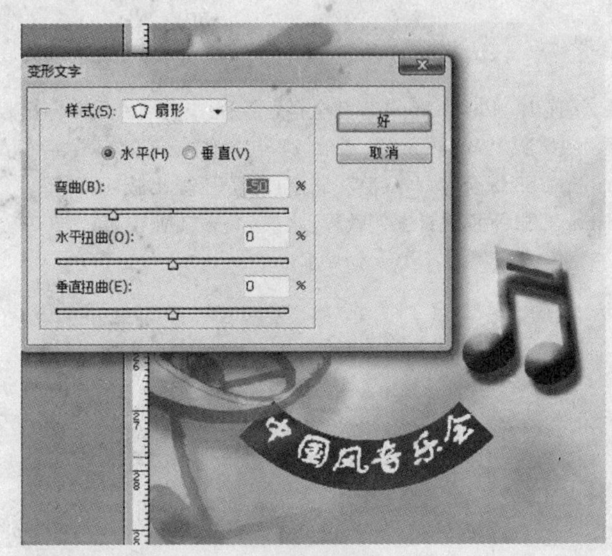

图 12-72

（15）选中“中国风音乐会”文字，选择“混合选项”中的“图层样式”中的“外发光”命令，设置不透明度为 50，杂色为 6，扩展为 6，大小为 23，范围为 67，抖动为 30，如图 12－73 所示。调整细节位置，完成最终效果如图 12－74 所示。

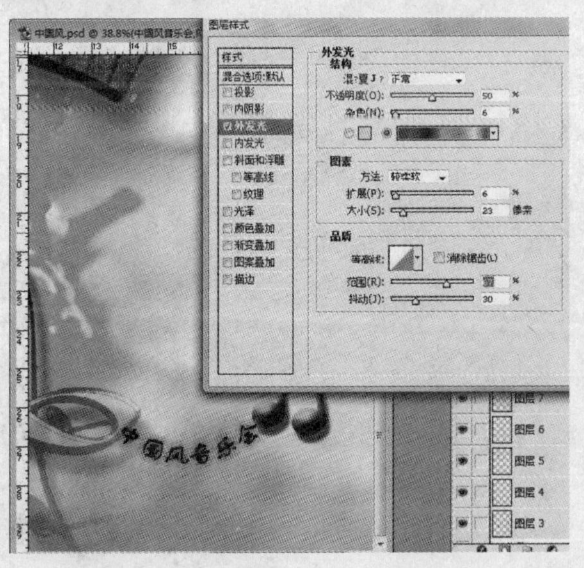

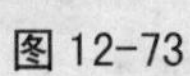
图 12-73

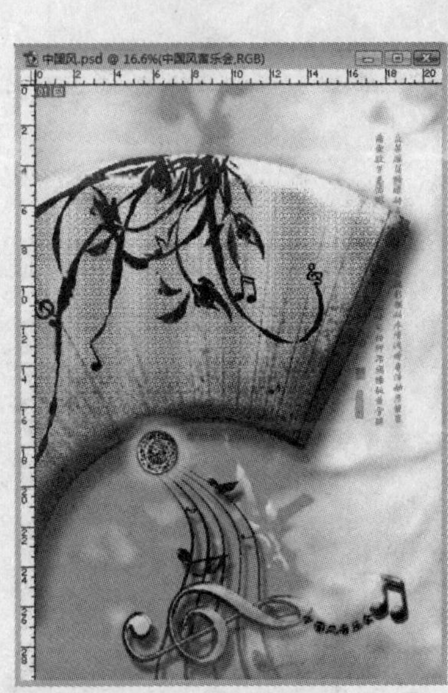

图 12-74

参考文献

[1] 李金明，李金荣，祈连山. Photoshop CS 完全自学教程. 北京：人民邮电出版社，2007

[2] 时春雨，徐日强. 中文版 Photoshop CS 基础教程与操作实录. 北京：清华大学出版社，2006

[3] 甘登岱. Photoshop CS3 综合应用零起点. 北京：航空工业出版社，2008

[4] 沈大林. Photoshop CS2 平面设计案例教程. 北京：电子工业出版社，2007